NEW TECHNOLOGIES FOR RAINSTORM FLOOD FORECASTING IN DATA-SCARCE AREAS

变化环境下水循环演变与预测丛书

乏资料地区
暴雨洪水预报新技术

郭 俊 朱 双 刘 懿 著

华中科技大学出版社
http://press.hust.edu.cn
中国 · 武汉

内 容 简 介

本书系统地介绍了乏资料地区暴雨洪水预报的研究进展及应用示范情况,主要内容包括乏资料地区复杂地形对水文气象影响机制分析及数值计算,乏资料地区降水短临和短期预报方法,乏资料地区暴雨洪水预报模型,乏资料地区径流区间预报模型和不确定性分析方法,乏资料地区暴雨洪水预报应用示范系统开发、集成与应用。

本书适用于水文学及水资源、环境科学、生态科学、水利工程等专业领域的科技工作者、工程技术人员,也可作为高等院校高年级本科生和研究生的教学参考书。

图书在版编目(CIP)数据

乏资料地区暴雨洪水预报新技术 / 郭俊,朱双,刘懿著. -- 武汉 : 华中科技大学出版社,2025. 7. -- ISBN 978-7-5772-1879-3

Ⅰ. P338

中国国家版本馆 CIP 数据核字第 2025Y1F249 号

乏资料地区暴雨洪水预报新技术
Fa Ziliao Diqu Baoyu Hongshui Yubao Xinjishu

郭俊 朱双 刘懿 著

策划编辑:王汉江
责任编辑:王汉江
封面设计:原色设计
责任监印:曾 婷
出版发行:华中科技大学出版社(中国·武汉)   电话:(027)81321913
     武汉市东湖新技术开发区华工科技园   邮编:430223
录 排:武汉市洪山区佳年华文印部
印 刷:武汉科源印刷设计有限公司
开 本:710mm×1000mm 1/16
印 张:18 插页:2
字 数:367千字
版 次:2025 年 7 月第 1 版第 1 次印刷
定 价:78.00 元

前 言

　　我国是洪水灾害频繁的国家。据 1950—2013 年中国水旱灾害公报统计数据,洪涝灾害年均导致受灾人口约 1.5 亿人次,死亡人口约 4327 人,直接经济损失达 1387.98 亿元。近年来,随着极端气候变化,暴雨洪水灾害依然呈高发态势,国家应急管理部公布的 2020 年全国十大自然灾害中,前 4 项均为暴雨洪涝灾害,因暴雨洪涝受灾人口达 5581 万人,因灾死亡、失踪约 279 人,直接经济损失达 2255 亿元。暴雨洪涝灾害是我国最严重的自然灾害之一。

　　开展暴雨洪涝灾害的预测预警是科学应对暴雨洪水灾害的重要技术保障,国内外在暴雨洪水规律及其预报模型研究方面取得了较大的进展,但是目前我国水文观测站点密度较小。据统计,全国每个水文站的控制面积为 150 平方公里至 1 万平方公里,特别是暴雨洪水灾害多发、环境恶劣的部分微地形区域,水文观测站点和观测数据更少。现有国内常用洪水预报模型,如新安江模型、单位线模型等,对水文观测资料的依赖程度较高,使得资料缺乏或无资料地区的暴雨洪水预报结果难以达到预想的精度要求。

　　因此,著者在国家自然科学基金、国家重点研发计划项目等的资助下,围绕乏资料地区微地形暴雨响应机理及暴雨洪水预报方法开展了系统性的研究工作,在乏资料地区复杂地形对水文气象影响机制分析及数值计算、乏资料地区降水短临和短期预报方法、乏资料地区暴雨洪水预报建模理论、乏资料地区径流区间预报模型和不确定性分析方法等方面都取得了重要创新和进展,可为乏

I

资料地区暴雨洪水预报建模提供一种新的思路。项目成果已在甘肃智慧水利项目中得到应用,有力支撑了白龙江舟曲段实现暴雨洪水灾害"10天风险预警,3天预报预警,实时监测预警",未来还可进一步在其他暴雨洪水多发的区域推广应用。

本书共6章。第1章简述乏资料地区暴雨洪水预报的背景与意义,并分析乏资料地区暴雨洪水预报存在的主要技术难题,由郭俊编写;第2章探讨乏资料地区复杂地形对水文气象的影响机制及数值计算方法,由郭俊、刘懿编写;第3章讨论乏资料地区降水短临和短期预报方法,由郭俊编写;第4章讨论乏资料地区暴雨洪水预报建模理论与方法,由朱双、郭俊编写;第5章讨论乏资料地区径流区间预报模型和不确定性分析方法,由朱双、郭俊编写;第6章介绍乏资料地区暴雨洪水预报应用示范系统开发、集成与应用,由刘懿编写。全书由郭俊统稿。

中国工程院张勇传院士在本书的编撰和出版过程中给予了诸多的指导和建议;常新雨、卫翔谦、舒海润、倪修、胡海、刘心怡、王岩、张圣楚、李沦、张茂煜等在校博士和硕士研究生参与了本书资料整理和文稿校对。在此一并表示感谢。

本书的出版得到了国家自然科学基金青年科学项目"乏资料地区微地形暴雨响应机理及自适应暴雨洪水预报方法研究"(编号:52109004)、"十四五"国家重点研发计划项目课题4"多业务融合知识平台构建技术及智慧管理决策方法"(编号:2023YFC3209104)等资助。

限于作者水平,书中难免会有错误、疏漏之处,请广大读者朋友不吝批评指正。

郭俊

2025年6月于喻园

CONTENTS

目录

第**1**章

绪论

1.1　研究背景与意义

我国是洪水灾害频繁的国家。据 1950—2013 年中国水旱灾害公报统计数据,洪涝灾害年均导致受灾人口约 1.5 亿人次,死亡人口约 4327 人,直接经济损失达 1387.98 亿元[1]。近年来,随着极端气候变化,暴雨洪水灾害依然呈高发态势,国家应急管理部公布的 2020 年全国十大自然灾害中,前 4 项均为暴雨洪涝灾害,因暴雨洪涝受灾人口达 5581 万人,因灾死亡、失踪约 279 人,直接经济损失 2255 亿元[2]。暴雨洪涝灾害是我国最严重的自然灾害之一。

开展暴雨洪涝灾害预测预警是科学应对暴雨洪水灾害的重要技术保障,2020 年 10 月党的十九届五中全会审议通过的《中共中央关于制定国民经济和社会发展第十四个五年规划和二○三五年远景目标的建议》中明确要求"提升水资源优化配置和水旱灾害防御能力",推进防洪减灾等重大项目建设[3];2020 年 8 月国家应急管理部组织编制的《防汛抗旱应急能力建设"十四五"规划大纲》也要求突出科技创新的引领支撑作用,统筹考虑江河洪水、山洪泥石流、城市内涝、台风、干旱等灾害风险,加强应急能力建设[4];当前国家水利部正在组织编制的"十四五"水安全保障规划中也将"加强水安全监测预警和风险防范能力"作为重点研究内容之一[5]。

近十年来,国内外在暴雨洪水规律及其预报模型研究方面取得了较大的进展,但是目前我国水文观测站点密度较小[6]。据统计,全国每个水文站的控制面积为150 平方公里至 1 万平方公里,特别是暴雨洪水灾害多发、环境恶劣的部分微地形区域,水文观测站点和观测数据更少。现有国内常用洪水预报模型,如新安江模型、单位线模型等,对水文观测资料的依赖程度较高,使得资料缺乏或无资料地区的暴雨洪水预报结果难以达到预想的精度要求。为解决资料缺乏或无资料地区的暴雨洪水预报问题,国际水文科学协会在上一个 10 年计划中提出了 PUB 计划(无资料地区水文预测),全世界水文学者踊跃参加该计划的研究,取得了非常丰硕的研究成果,大大推动了全世界尤其是发展中国家的水文预测水平。

然而,由于乏资料地区水文规律的复杂性,不同方法应用于同一模型,或同一方法应用不同模型时,结果各异,无普适规律可循[7]。乏资料地区暴雨洪水预报技术研究需求愈发迫切,乏资料地区暴雨洪水预报依然是当今水科学领域的前沿热门研究方向之一。其主要存在如下技术难题:

(1)现有的乏资料地区暴雨洪水预报研究主要重点关注地面的洪水形成过程,而暴雨洪水主要是由"空中降水"和"地面产汇流"共同形成,"空中降水"的准确性对预报结果有着至关重要的影响。乏资料地区缺乏可靠的降水观测数据,近年来,逐步引入卫星遥感数据作为降水观测数据的补充,但是在微地形区域,受地形凹陷、抬升等作用,引起近地面温度场、风场、水汽等微气象因素剧烈变化,产生局地暴雨增强效应,而卫星遥感数据观测尺度最小也仅为 10 km 左右,平均了地形的作用,且不能观测近地面气象要素,难以精确描述微地形对降水形成的影响机理,校准乏资料地区暴雨数据难度大;

(2)暴雨产流和汇流受流域下垫面地形、土地利用、植被覆盖等多因素影响,乏资料地区往往位于流域支流,其地文属性及气候气象特征更为复杂,常用的回归法、空间近似法及物理相似法等主要考虑流域产汇流的宏观特征,无法精确描述乏资料地区微观产汇流规律,准确推求乏资料地区产汇流计算参数十分困难。

1.2　国内外研究现状

无资料地区水文预测问题一直得到国内外学者广泛关注,在 PUB 计划的推动下,国内外科研工作者在无资料地区水文预报领域开展了大量的研究工作,并将研究工作在工程实际中应用和检验,有效推动了无资料地区水文预测的技术进步。提高乏资料地区暴雨洪水预测准确性的关键在于科学认识乏资料地区暴雨形成机理,建立能精细刻画乏资料地区产汇流特征的数学模型。下面主要从乏资料地区水文气象观测、乏资料地区产汇流计算方法两方面来对相关研究现状及发展动态进行分析。

1.2.1　乏资料地区水文气象观测国内外研究进展

乏资料地区由于水文气象观测站点稀疏,早期通过站点的空间插值来弥补乏观测资料地区的降水、气温、蒸发等要素,常用的空间插值算法主要有反距离插值、泰森多边形插值、克里金插值等,周祖昊等[8]根据大尺度的站点降雨量,采用距离平方反比法和泰森多边形插值法进行时空展布,补充大尺度流域缺少的降水观测;胡庆芳等[9]将克里金算法应用于大范围的降水空间插值;王舒等[10]提出了基于PER-Kriging 的降水空间插值方法,应用表明它比克里金算法更优。同时,相关学者也提出了其他改进型的空间插值算法,Gan 等[11]提出了考虑地理和地形影响的降水空间插值方法;刘虹利等[12]提出了 HM-Bayes 网络降水空间插值模型改进方法;黄华平等[13]提出了一种基于信息扩散理论的降雨空间插值方法;张升堂和张楷[14]提出了椭圆指数函数降水空间插值模型。这些改进的方法增加考虑了地理、地形等因素的影响,但受已有观测站点密度小的影响,分析的尺度往往为几十至数百公里,未分析局部微地形对降水及其相关气象要素的物理影响机理,且插值降水数据可靠性随稀疏站点的密度降低而急剧增大。

随着 3S 技术的发展,国内外研究学者逐渐将卫星遥感等技术引入乏资料地区的降水反演计算中,常用的卫星遥感降水反演算法主要有可见光/红外降水反演、被动微波降水反演、主动雷达降水反演、多传感器联合反演。近年来,采用上述卫星遥感降水反演算法生成了各种区域性和全球性的降水反演数据集:

(1)全球卫星降水制图数据(GSMaP)主要利用可见光/红外、被动微波成像仪反演降水,但其对海拔变化较小的海洋上反演效果高,在地形复杂的区域性能较差[15,16],且对强降水难以有效反演识别[17];

(2)全球降水气候项目数据(GPCP)综合了地表雨量观测和卫星遥感反演数据,其空间分辨率达 2.5°(约 300 km)[18];

(3)热带降水反演观测数据集(TRMM)结合可见光/红外、被动微波成像仪、降水雷达等传感器,生成热带、亚热带地区空间分辨率为 0.25°(约 30 km)的降水反演数据,是目前国内外应用最为广泛的降水反演数据,国外的 Awaka 等[19]、Collischonn 等[20]利用 TRMM 降水反演数据开展降水类型分析及降水径流模拟研究,国内的白爱娟等[21]、李万彪等[22]应用 TRMM 卫星资料进行陆面降水反演。但是,卫星遥感反演降水的空间尺度往往较大,且无法探测近地面的气象要素变化特征,仍可能遗漏微地形区域暴雨。

总之,目前乏资料地区降水观测主要采用已有稀疏站点的空间插值方法、卫星主动和被动遥感反演计算等,但是空间插值方法得到的降水数据可靠性随观测站点密度减小而急剧增大,且降水数据的空间有效分辨率达数十至几百公里;而卫星反演计算降水的空间分辨率为 $0.25°\sim2.5°(30\ km\sim300\ km)$,平均了地形的作用,无法分析微地形区域对降水的增强效应,难以有效校准乏资料区域降水准确性。

1.2.2 无资料地区产汇流计算国内外研究进展

无资料地区产汇流计算是地表水文研究的难题和挑战,传统的水文比拟法、地区经验公式法、参数等值线法、年径流系数法等方法的主要思路是资料的移植,而参考流域或参考观测站的选取缺乏有效的方法,难以得到稳定的应用效果[23]。而区域化方法通过流域属性选取有效的参考流域或观测站,利用有资料流域的模型参数推求无资料流域的模型参数,是目前解决无资料地区产汇流计算的有效方法之一[23]。常用的区域化方法主要有回归法、空间近似法、物理相似法。

早期研究较多的为回归法,其基本思路是统计模型参数与流域关键特征的关联关系,并用合适的数学函数进行描述,进而可将该数学函数用于求解乏资料流域的模型参数。Yokoo 等[24]建立了 TANK 模型产汇流参数与 16 个土壤、地形等流域特征指标之间的多元线性回归关系,并在 2 个流域得到有效验证;Chiew 和 Siri-wardena[25]采用多元线性回归方法,建立了 6 个流域特性指标与产汇流模型 SIM-HYD 中 5 个参数的数学关系,取得了一定效果;Kokkonen 等[26]以 6 个参数的产汇流计算模型为例,建立了流域特征指标与模型参数之间的相关关系,但该回归关系的预报性能劣于参数移植方法,表明回归法可能不一定适用于该流域;Wagener 等[27]指出了流域类型与地形特征之间关系密切,由此可间接推求无资料地区产汇流参数;张建云和何惠[28]、芮孝芳[29]、石朋等[30]提出了利用地形地貌资料直接推求 Nash 模型参数的方法;芮孝芳和蒋成煜[31]总结分析了流域水文参数与流域地貌特征之间关系;叶金印等[32]建立了地形地貌参数与 Nash 汇流模型参数之间的数学关系,以大别山区大沙河流域为例进行了洪水预报模拟实验,取得了较好的预报效果;庄广树[33]建立了 HBV 模型参数与流域的面积、河长及坡度、土地覆盖等流域属性的回归关系,并用于推求无资料区域的模型参数;蔡晓玲[34]以 IHACRES 模型、新安江模型、SCS 模型为例,应用回归法和距离权重法推求无资料流域模型参数;马珊[35]、冯娇娇[36]、彭安帮等[37]选取了流域面积、流域长度、流域平均高程等关键特征因子,采用主成分分析法分析并建立了模型参数与流域特征因子的相关关系,分别在河南省和辽宁东部短缺资料区域得到较好的应用效果。回归法的主要局限在于流域主要特征因子选取具有较大的主观性,当流域主要特征与模型参数的回归关系不显著时,难以得到较好的预报性能。

随着对流域分布式产汇流规律认识的深入以及相关无资料地区的预报实践经验的积累,空间近似法、物理相似法以及综合方法的研究不断增多。

空间近似法的基本思路是假定同一区域或相邻区域的水文特性变化具有连续性,因而可将一个或多个邻近流域的模型参数移植到乏资料流域。参数移植主要采用空间距离法、反距离权重法(IDW)及克里金法(Kriging)等方法。Zhang 和 Chiew[38] 在相关分析的基础上,引入距离因子,可综合距离属性和流域特征属性,提高了参数移植的可靠性;Young[39] 以 PDM 模型为例,在英国 260 个流域比较了回归法和空间近似法的预报性能,计算结果表明回归法预报效果更好;Oudin 等[40] 以 TOPMODEL 模型和 CRJ4 模型为例,比较了回归法和空间近似法在法国 913 个流域的预报性能,计算结果表明在观测站网较密集的区域,空间近似法比回归法的预报效果更优;Samuel 等[41] 以 MAC-HBV 模型为例,将空间近似法和回归法应用于加拿大安大略省的径流预报,分析结果表明空间近似法优于回归法;Viviroli 等[42] 采用 PREVAH 模型,提出了耦合回归、邻近流域及克里金法的综合参数区域化方法,取得了较单独采用各方法的更优的预报性能;施征等[43] 分析了 20 个水库的流域特征值,结果表明相似流域的水文参数在几何空间上距离较近,采用空间近似法将模型参数移植到无资料流域,取得较好的模拟结果;姚成等[44] 提出空间近似法与回归法相结合的方法,在大别山区及皖南山区的 29 个中小流域取得了较好的应用效果。空间近似法未考虑流域内部的地文和气候气象属性,而是直接根据流域之间的空间位置的距离,判断乏资料流域与有资料流域具有相似的水文特性,但若在流域特征变化较大的场景,则难以得到较好的预测性能。空间距离法仅适用于地形地貌和气候条件变化较小的区域[7]。

物理相似法的基本思路是若流域的地文和气候气象特征相似,则其产汇流特性与参数也应相似。因而,可将水文信息从有资料的流域移植至乏资料流域。Parajka 等[45] 选取地形作为关键影响因子,将地形相关的参数移植到澳大利亚的 320 个流域,取得了较好的预报效果;Garambois 等[46] 将地形地貌影响的参数移植到法国地中海区域,通过 117 场山洪资料验证了该方法的有效性;Bao 等[47] 将 VIC 模型应用于中国的 55 个流域,在半干旱区流域中,利用物理相似法取得了比回归法更好的预测性能;Sellami 等[48] 将 SWAT 模型应用于法国南部的 6 个地中海流域,采用物理相似法将参数从有资料流域移植至无测站流域,分析结果表明:物理特征相似的流域的产汇流规律也高度相似;Zhang 和 Chiew[38] 将改进新安江模型和 SIMHYD 模型应用于澳大利亚东南的 210 个流域,取得了一定的效果,但其预报性能劣于空间近似法;Oudin 等[40] 以法国 913 个流域为研究对象,预报模型选用

4 个参数的 GR4J 模型,检验了回归法、空间近似法、物理相似法的适用性,空间近似法取得了最高的预报精度,物理相似法预报精度最低;吴国群[49]等选取流域面积、流域平均高程、流域平均坡度、流域长度、流域平均宽度、流域形状系数及流域平均曲率等 7 个流域宏观属性特征指标,采用模糊聚类方法,针对 12 个子流域进行水文相似性分析和参数移植,径流模拟相对误差和纳什系数均得到较好的结果;姜璐璐等[50]分析发现空间近似法和物理相似法对测站密度较为敏感;Gebeyehu等[51]提出了一种综合全局平均值、物理相似性和空间邻近性等三种方式的无资料地区预报模型加权平均法,在测试流域中比所有三种单独方法的性能约高出30%。物理相似法的局限在于流域特征因子的选择主观性较强,无法保证能够全面反映流域的实际情况。

总之,已有的乏资料地区产汇流计算方法主要分析乏资料地区地文特征(平均坡度、坡向、特征河长、河底比降等)、气象因子(平均气温、气压、降水等)、水文因子(汇流时间、基流指数等)、土地利用(土地利用百分比)、土壤、流域地理位置距离等流域宏观特征因子与有资料地区的相似性。但是,基于流域主要宏观特征因子的相似性分析方法无法精细刻画不同区域的产汇流微观特征,然而,正是由于缺乏流域不同区域的微观产汇流特征的分析,目前尚未建立成熟的流域产汇流模型库用于推广应用于其他乏资料地区。

综上所述,国内外已有乏资料地区水文预报技术难以有效校准降水观测的准确性,无法精细刻画不同区域的产汇流微观特征,尤其是在复杂地形乏资料区域中微地形对暴雨的影响机理、考虑产汇流微观特征的暴雨洪水预报方法方面的研究尚未见诸报道。因此,在当前极端暴雨洪涝灾害频发的背景下,开展乏资料地区微地形暴雨响应机理及自适应暴雨洪水预报方法研究具有重要的理论价值与实践意义。

1.3　本研究的特色与创新

本书以国家自然科学基金青年项目"乏资料地区微地形暴雨响应机理及自适应暴雨洪水预报方法研究"为依托,通过开展微地形区域暴雨近地面气象要素分析,揭示不同气象、地形条件下的暴雨形成机制,校准乏资料区域降水准确性;研究乏资料地区微观精细产汇流特征分析方法,建立标准产汇流计算模型库;构建乏资料地区暴雨精细预报模型和自适应产汇流预报模型,提升乏资料地区暴雨洪水预报准确率,为应对暴雨洪水灾害提供决策支撑,具有重要科学意义和工程实用价值。其主要创新体现在以下几个方面。

1. 乏资料地区流域微地形降水响应机理分析

现有的稀疏站点降水空间插值数据可靠性较低,卫星遥感技术无法观测近地面气象要素,且降水空间分析分辨率大,无法准确识别微地形区域暴雨。分析不同区域的地形、植被特征,研究典型微地形区域辨识方法,开展微地形区域微波辐射计、测云雷达等气象要素分析,建立微地形区域气象要素与大尺度气象要素的对应关系,阐明微地形区域降水变化响应机理,提出微地形区域降水物理计算模型,提升微地形区域暴雨数据准确性,研究耦合雷达和深度学习的乏资料地区降水短临预报方法,建立融合三维气象要素场的乏资料地区降水短期预报模型,为乏资料地区暴雨产汇流模型计算提供重要观测数据基础。

2. 乏资料地区流域产汇流微观特征分析方法研究

现有基于特征河长、河底比降、植被覆盖等流域主要宏观特征变量的产汇流参数计算方法,无法精确描述乏资料地区产汇流规律。研究基于图像识别的流域地形、植被、气象气候特征等全空间要素的微观相似性分析方法,提出流域全要素产汇流微观相似性评价指标体系,研究能表征流域产汇流微观特征的小尺度空间单元"元流域"自适应分解方法,建立典型的产汇流"元流域"标准库,实现乏资料地区小尺度微观产汇流规律精细刻画。

3. 乏资料地区自适应暴雨洪水预报建模方法研究

根据校准的精细暴雨观测数据,优化乏资料地区中小尺度耦合暴雨预报模式,在此基础上嵌套暴雨微地形物理计算模型,实现乏资料地区暴雨精细化预报;将乏资料地区暴雨产汇流分解为若干个具有水力联系的"元流域"构成,通过分析乏资料地区的地形、植被、气象气候等特征,自动匹配优选微观产汇流规律相似的"元流域"模型,建立乏资料地区自适应暴雨洪水预报模型,构建物理机制和数据挖掘双驱动耦合预报框架,提出暴雨洪水预报不确定分析和概率区间预报方法,实现乏资料地区的暴雨洪水精准预报。

参 考 文 献

[1] 万金红,张葆蔚,刘建刚,等. 1950—2013 年我国洪涝灾情时空特征分析[J]. 灾害学,2016,31(2):63-68.

[2] 中华人民共和国应急管理部. 应急管理部公布 2020 年全国十大自然灾害[EB/OL]. [2021-

01-04]https://www.cma.gov.cn/2011xwzx/2011xmtjj/202110/t20211029_4010917.html.

［3］中华人民共和国中央人民政府. 中共中央关于制定国民经济和社会发展第十四个五年规划和二〇三五年远景目标的建议［EB/OL］.［2020-11-03］http://www.qstheory.cn/yaowen/2020-11/03/c_1126693429.htm2020.

［4］张妍.《防汛抗旱应急能力建设"十四五"规划大纲》通过应急管理部评审［J］. 水力发电, 2020, 46(10)：131.

［5］中华人民共和国中央人民政府. "十四五"水安全保障规划［EB/OL］.［2022-01-12］https://www.gov.cn/xinwen/2022-01/12/content_5667779.htm.

［6］吕林英. 无资料地区产汇流计算方法研究［D］. 郑州：郑州大学, 2015.

［7］于瑞宏, 张宇瑾, 张笑欣, 等. 无测站流域径流预测区域化方法研究进展［J］. 水利学报, 2016, 47(12)：1528-1539.

［8］周祖昊, 贾仰文, 王浩, 等. 大尺度流域基于站点的降雨时空展布［J］. 水文, 2006, 26(1)：6-11.

［9］胡庆芳, 胡艳, 杨大文, 等. 面向大范围降水空间插值的普通克里金模型开发与实例分析［J］. 应用基础与工程科学学报, 2014, 22(1)：106-117.

［10］王舒, 严登华, 秦天玲, 等. 基于PER-Kriging插值方法的降水空间展布［J］. 水科学进展, 2011, 22(6)：756-763.

［11］Gan W, Chen X, Cai X, et al. Spatial interpolation of precipitation considering geographic and topographic influences：A case study in the Poyang Lake Watershed, China［C］//Geoscience and Remote Sensing Symposium (IGARSS), 2010 IEEE International, IEEE, 2010：3972-3975.

［12］刘虹利, 王红瑞, 孙沁田, 等. HM-Bayes网络降水空间插值模型的改进及其应用［J］. 系统工程理论与实践, 2016, 36(11)：2964-2976.

［13］黄华平, 梁忠民, 任立新, 等. 一种基于信息扩散理论的降雨空间插值方法［J］. 水电能源科学, 2017, 35(11)：1-5.

［14］张升堂, 张楷. 椭圆指数函数降水空间插值模型［J］. 南水北调与水利科技, 2015, 13(3)：530-533,542.

［15］Kubota T, Ushio T, Shige S, et al. Verification of high-resolution satellite-based rainfall estimates around Japan using a gauge-calibrated ground-radar dataset［J］. Journal of the Meteorological Society of Japan, 2009, 87A：203-222.

［16］Kubota T, Shige S, Hashizume H, et al. Global Precipitation Map Using Satellite-Borne Microwave Radiometers by the GSMaP Project：Production and Validation［J］. IEEE Transactions on Geoscience & Remote Sensing, 2007, 45(7)：2259-2275.

［17］Aonashi K, Awaka J, Hirose M, et al. GSMaP passive microwave precipitation retrieval algorithm：Algorithm description and validation［J］. Journal of the Meteorological Society of Japan, 2009, 87A：119-136.

［18］Huffman G J, Adler R F, Morrissey M M, et al. Global Precipitation at One-Degree Daily

Resolution from Multisatellite Observations[J]. Journal of Hydrometeorology，2001，2 (1):36-50.

[19] Awaka J，Iguchi T，Okamoto K. Early results on rain type classification by the Tropical Rainfall Measuring Mission (TRMM) precipitation radar[C]// Proc 8th URSI Commission F. Open Symp. Averior, Portugal，1998：134-146.

[20] Collischonn B，Collischonn W，Tucci C E M. Daily hydrological modeling in the Amazon basin using TRMM rainfall estimates[J]. Journal of Hydrology，2008，360(1-4)：207-216.

[21] 白爱娟，方建刚，张科翔. TRMM 卫星资料对陕西及周边地区夏季降水的探测[J]. 灾害学，2008，32(2)：45-49.

[22] 李万彪，陈勇，朱元竞，等. 利用热带降雨测量卫星的微波成像仪观测资料反演陆地降水 [J]. 气象学报，2001，59(5)：591-601.

[23] 李红霞. 无径流资料流域的水文预报研究[D]. 杭州：浙江大学，2009.

[24] Yokoo Y，Kazama S，Sawamoto M，et al. Regionalization of Lumped Water Balance Model Parameters Based on Multiple Regression[J]. Journal of Hydrology，2001，246(1-4)：209-222.

[25] Chiew F H S，Siriwardena L. Estimation of SIMHYD Parameter Values for Application in Ungauged Catchments[C]// MODSIM 2005 International Congress on Modelling and Simulation. Melbourne, Victoria, Australia：Modell. and Simul. Soc. of Aust. and N. Z.，2005：2883-2889.

[26] Kokkonen T S，Jakeman A J，Young P C，et al. Predicting daily flows in ungauged catchments：model regionalization from catchment descriptors at the Coweeta Hydrologic Laboratory，North Carolina[J]. Hydrological Processes，2003，17(11)：2219-2238.

[27] Wagener T，Sivapalan M，Troch P，et al. Catchment classification and hydrological similarity[J]. Geography Compass，2007，1(4)：901-931.

[28] 张建云，何惠. 应用地理信息进行无资料地区流域水文模拟研究[J]. 水科学进展，1998，12(4)：345-350.

[29] 芮孝芳. 利用地形地貌资料确定 Nash 模型参数的研究[J]. 水文，1999，3:6-10.

[30] 石朋，芮孝芳，翟思敏. 由 DEM 确定 Nash 汇流模型的参数[J]. 河海大学学报(自然科学版)，2003，31(4)：378-381.

[31] 芮孝芳，蒋成煜. 流域水文与地貌特征关系研究的回顾与展望[J]. 水科学进展，2010，21(4)：444-449.

[32] 叶金印，李致家，吴勇拓. 一种用于缺资料地区山洪预警方法研究与应用[J]. 水力发电学报，2013，32(3)：15-33.

[33] 庄广树. 基于地貌参数法的无资料地区洪水预报研究[J]. 水文，2011，31(5)：68-71.

[34] 柴晓玲. 无资料地区水文分析与计算研究[D]. 武汉：武汉大学，2005.

[35] 马珊. 河南省无资料地区产流特性及参数区域化研究[D]. 大连：大连理工大学，2019.

[36] 冯娇娇. 辽宁东部短缺资料地区洪水预报方法研究[D]. 大连：大连理工大学，2018.

［37］彭安帮，刘九夫，马涛，等. 辽宁省资料短缺地区中小河流洪水预报方法[J]. 水力发电学报，2020，39(8)：79-89.

［38］Zhang Y，Chiew F H S. Relative merits of different methods for runoff predictions in ungauged catchments[J]. Water Resources Research，2009，45：W07412.

［39］Young A R. Streamflow simulation within UK ungauged catchments using a daily rainfall-runoff model[J]. Journal of Hydrology，2006，320(1-2)：155-172.

［40］Oudin L，Andreassian V，Perrin C，et al. Spatial proximity，physical similarity，regression and ungaged catchments：a comparison of regionalization approaches based on 913 French catchments[J]. Water Resources Research，2008，44(3)：164-178.

［41］Samuel J，Coulibaly P，Metcalfe R A. Estimation of continuous streamflow in Ontario ungauged basins：Comparison of regionalization methods[J]. Journal of Hydrologic Engineering，2011，16(5)：447-459.

［42］Viviroli D，Mittelbach H，Gurtz J，et al. Continuous simulation for flood estimation in ungauged mesoscale catchments of Switzerland-Part II：Parameter regionalisation and flood estimation results[J]. Journal of Hydrology，2009，377(1-2)：208-225.

［43］施征，包为民，瞿思敏. 基于相似性的无资料地区模型参数确定[J]. 水文，2015，35(2)：33-38.

［44］姚成，邱桢毅，李致家，等. API 模型和新安江模型的参数区域化研究与应用[J]. 河海大学学报(自然科学版)，2019，47(3)：189-194.

［45］Parajka J，Merz R，Blöschl G. A comparison of regionalisation methods for catchment model parameters[J]. Hydrology and Earth System Sciences，2005，9(3)：157-171.

［46］Garambois P A，Roux H，Larnier K，et al. Parameter regionalization for a process-oriented distributed model dedicated to flash floods[J]. Journal of Hydrology，2015，525：383-399.

［47］Bao Z X，Zhang J Y，Liu J F，et al. Sensitivity of hydrological variables to climate change in the Haihe River Basin，China[J]. Hydrological Processes，2012，26(15)：2294-2306.

［48］Sellami H，Jeunesse I L，Benabdallah S，et al. Uncertainty analysis in model parameters regionalization：A case study involving the SWAT model in Mediterranean catchments (Southern France)[J]. Hydrology and Earth System Sciences Discussions，2014，18(6)：2393-2413.

［49］吴国群，甘升伟，刘金涛. 基于模糊聚类法的无资料流域水文过程模拟[J]. 水电能源科学，2018，36(10)：13-16.

［50］姜璐璐，吴欢，Alfieri L，等. 基于遥感与区域化方法的无资料流域水文模型参数优化方法[J]. 北京大学学报(自然科学版)，2020，56(6)：1152-1164.

［51］Gebeyehu B M，Jabir A K，Tegegne G，et al. Reliability-weighted approach for streamflow prediction at ungauged catchments[J]. Journal of Hydrology，2023，624：129935.

第2章

乏资料地区复杂地形对水文气象影响机制分析及数值计算

2.1 乏资料复杂地形对水文气象影响机制分析

2.1.1 现有雨量观测站数据的不足分析

暴雨灾害一般由小尺度对流性天气系统产生,突发性非常强,具有明显的空间不均匀特征,且逐次降水过程中差异明显。

本项目选取湖南省柘溪水库流域进行分析,柘溪水库流域建设有 32 个雨量观测站点,基于已建设的 32 个雨量观测站点和气象部门建设的 3000 个遥测站观测数据进行对比分析。

1. 2013 年 4 月 24~30 日暴雨过程分析

如图 2-1 所示,椭圆 A 区域存在 130 mm 的局地暴雨中心,而最邻近的雨量观测站雨量仅为 91 mm,偏小 30.8%;椭圆 B 区域存在 147 mm 的局地暴雨中心,而最邻近的雨量观测站雨量仅为 103 mm,偏小 29.9%;椭圆 C 区域存在 146 mm 的局地暴雨中心,而最邻近的雨量观测站雨量仅为 123 mm,偏小 15.7%。

2. 2013 年 5 月 5~15 日暴雨过程分析

如图 2-2 所示,椭圆 A 区域存在 101 mm 的局地暴雨中心,而最邻近的雨量观测站雨量仅为 66 mm,偏小 34.7%;椭圆 B 区域存在 90 mm 的局地暴雨中心,而最邻近的雨量观测站雨量仅为 64 mm,偏小 28.9%;椭圆 C 区域存在 127 mm 的局地暴雨中心,而最邻近的雨量观测站雨量仅为 76 mm,偏小 40.2%;椭圆 D 区域存在 106 mm 的局地暴雨中心,而最邻近的雨量观测站雨量仅为 52 mm,偏小 50.9%。

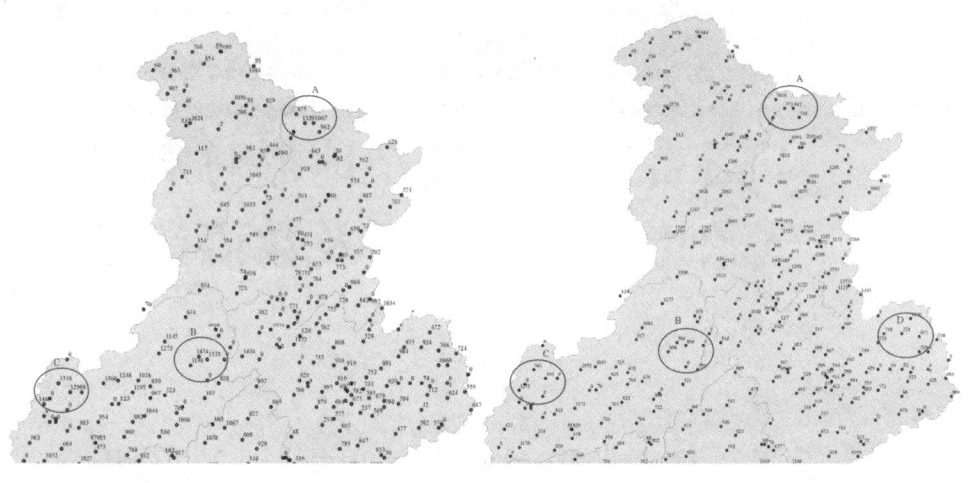

图 2-1 2013 年 4 月 24~30 日暴雨观测图   图 2-2 2013 年 5 月 5~15 日暴雨观测图

3. 2014 年 6 月 19~25 日暴雨过程分析

如图 2-3 所示,椭圆 A 区域存在 133 mm 的局地暴雨中心,而最邻近的雨量观测站雨量仅为 68 mm,偏小 48.9%;椭圆 B 区域存在 89 mm 的局地暴雨中心,而最

图 2-3 2014 年 6 月 19~25 日暴雨观测图

邻近的雨量观测站雨量仅为 70 mm,偏小 21.3%;椭圆 C 区域存在 234 mm 的局地暴雨中心,而最邻近的雨量观测站雨量仅为 131 mm,偏小 44.1%;椭圆 D 区域存在 80 mm 的局地暴雨中心,而最邻近的雨量观测站雨量仅为 65 mm,偏小 18.8%。

由上述分析可知,常规的雨量观测站点无法完全覆盖暴雨易发的微地形区域,容易造成局地暴雨的漏测。因此,在分析流域降水时,不能仅仅依靠常规的少数雨量观测站点数据,还需要结合卫星、雷达等多种其他的观测手段。

2.1.2 暴雨与地形的关联关系分析

本研究以湖南省为研究区域,降水数据为近 30 年的年平均总降水量,数据分辨率为 30 m,该数据融合了常规雨量观测站和卫星的反演降水数据;地形高程数据为 30 m 分辨率的 SRTM1 v3.0 数据。

1. 全省暴雨与地形关联分析

提取了湖南全省各网格点的降水量和海拔高程数值,绘制了海拔高程与年平均降水量的散点图,如图 2-4 所示。

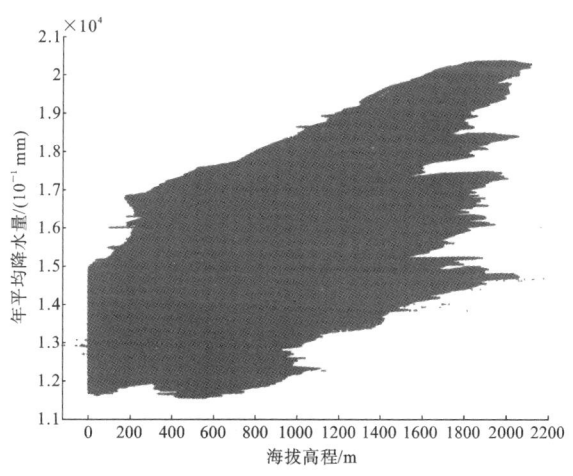

图 2-4　湖南全省海拔高程与年平均降水量的散点图

从图 2-4 可以看出,年平均降水量有随着海拔增加而增强的大致趋势,但相关性不是特别强。计算两者的相关系数为 0.57,通过了 95% 置信度的假设检验。分析其主要原因,存在以下两种可能。

(1) 不同的地区,由于地形结构不同,地形对降水的增强效应可能存在明显不同,所以导致散点图中总体的地形高程与降水量的相关程度降低。

（2）不同的地区，气象条件存在显著差异，不同的气象条件下地形对降水的增强效应不同，所以也可能导致散点图中总体的地形高程与降水量的相关程度降低。

2. 局部地区暴雨与地形关联分析

以湖南省资水流域下游局部区域为例，具体位置如图 2-5 所示的矩形区域。

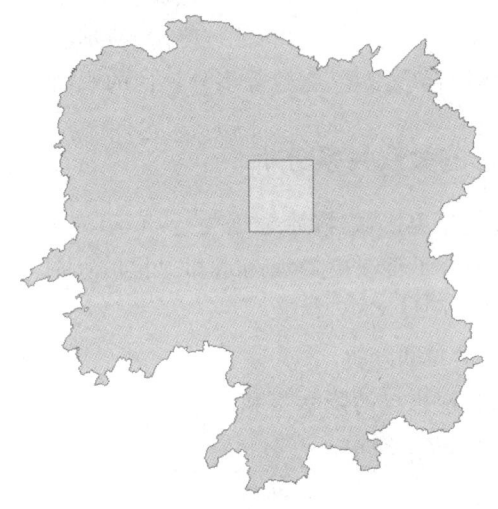

图 2-5　资水流域下游局部区域地理位置

提取该区域各网格点的降水量和海拔高程数值，绘制了海拔高程与年平均降水量的散点图，如图 2-6 所示。

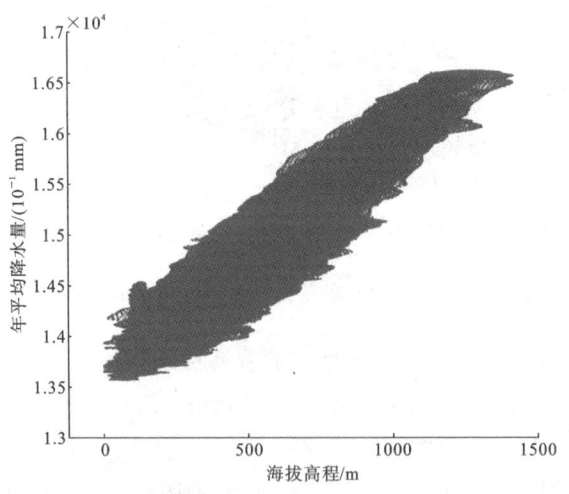

图 2-6　资水流域下游局部区域海拔高程与年平均降水量的散点图

从图 2-6 可以看出,年平均降水量随着海拔增加明显增强,两者的相关性很高。计算两者的相关系数为 0.93,通过了 95% 置信度的假设检验。同时,图中还有一个特征是低海拔的分散程度比高海拔的分散程度更高,且高海拔地区降水量有趋于饱和的情况,分析其主要原因可能是:从山脚开始随着海拔高度的增加,地势抬高形成的地形雨造成降水量逐渐增多,到了一定的高度后,空气里的水汽由于大量的降水而减少,降水量就会随着海拔的继续上升导致增长趋势减缓。

3. 暴雨在不同地形条件下的响应物理机制分析

根据降水数据和地形的联合分析,发现发生暴雨的地形特征区域主要包括迎风坡型、喇叭口型、峡谷型、河谷\山谷\盆地型等四种地形,下面分析其主要的物理机制。

(1) 在迎风坡型地形区域(见图 2-7),在山顶及迎风坡侧,含有大量水汽的气团在风力作用下,沿山坡强制上升而绝热膨胀,使得过水滴含量增大,导致降水增加。

(2) 在喇叭口型地形区域(见图 2-8),由于气流汇集加速,更容易形成对流性不稳定结构,产生很强的上升运动,导致降水增强。

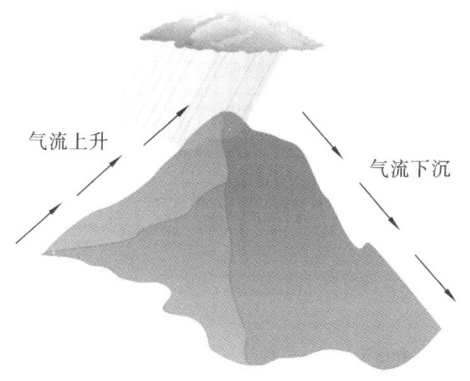

图 2-7 迎风坡型地形

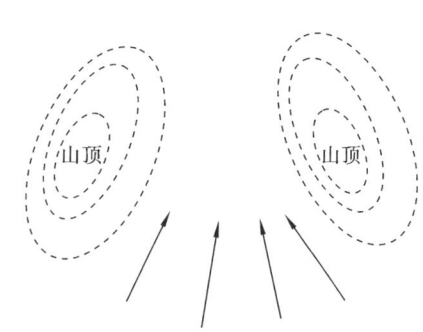

图 2-8 喇叭口型地形

(3) 在峡谷型地形区域(见图 2-9),通过狭管效应产生较大的风速,同样更容易形成对流性不稳定结构,产生很强的上升运动,将导致降水的大幅度增加。

(4) 在河谷\山谷\盆地型地形区域(见图 2-10),由于地形复杂,气流爬坡、抬升复杂,局地会有降水大值中心。

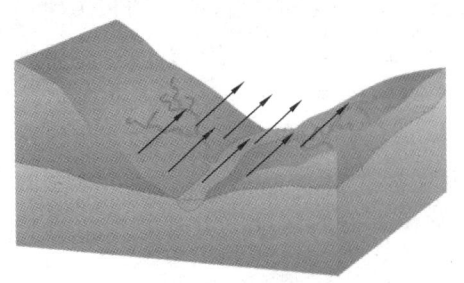

图 2-9　峡谷型地形

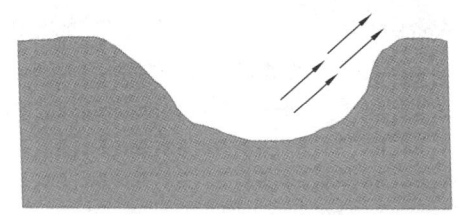

图 2-10　河谷\山谷\盆地型地形

4. 乏资料复杂地形对水文气象影响机制分析结论

近年来,随着全球气候变化,极端暴雨灾害频发,暴雨成为当前影响国民经济安全的重要灾害。为此,准确地计算暴雨大小成为防治暴雨灾害的首要任务,本项目以湖南省的降水数据为例,分析了常规雨量观测站易出现降水漏测的不足,其主要原因是由于地形的影响导致了局部降水的增强效应。同时,结合湖南省 30 m 分辨率的多源融合的降水数据和数字高程数据,分析发现局地降水量的大小与海拔高程的相关系数达到 0.93,表明降水量会显著地随着海拔的增加而增强。进一步,通过迎风坡型、喇叭口型、峡谷型、河谷\山谷\盆地型四种典型的地形特征,分析了不同地形条件下暴雨增强的物理机制,为准确地计算暴雨量级提供有效的技术手段,也为后续开展微地形的暴雨数值精细预测提供理论基础。

2.2　复杂地形下气象要素精细化计算模型

2.2.1　复杂地形下气象要素精细化计算难题

复杂地形条件下的风场模拟在多个领域具有广泛应用。如气象暴雨预测方面,一般在强对流触发前会有低空急流,产生瞬时强风天气,而瞬时强风遇到高山阻碍会被迫抬升,从而形成强对流天气,因而复杂地形下的风场预测在强降水预警方面具有重要的参考价值[1]。同时,雷达回波外推方法作为短临降水实况预测的重要手段,其准确性在很大程度上依赖于对风场的准确估算。在复杂地形条件下,地形对风场和雷达回波路径的影响不容忽视。

此外,在大气污染物扩散和山火蔓延预警方面,复杂地形条件下的风场模拟也发挥着不可替代的作用。地形特征会显著影响风场的分布和变化,进而影响污染物的扩散路径和山火的蔓延趋势。因此,通过模拟复杂地形下的风场,可以更准确地预测污染物扩散的范围和速度,以及山火的可能蔓延方向。另外,在风力发电等工程领域,地形风场的模拟和评估也至关重要。风能资源的开发和利用受到地形条件的严重影响,通过对复杂地形下的风场进行模拟和分析,可以为风力发电场的建设和优化提供科学依据。

传统上,在获取复杂地形条件下的风场数据时,业界通常依赖于物理模型,如气象领域广泛使用的 WRF(Weather Research and Forecasting)模型[2-4]和以 Fluent 等工具为代表的计算流体力学(Computational Fluid Dynamics,CFD)模型[5],这些模型基于大气动力学原理和流体力学方程,能够有效模拟复杂地形下的风场特征[6]。然而,物理模型的特点在于其计算资源消耗较大,通常部署在服务器或云端,这在一定程度上限制了其在实时性和轻量化应用中的适用性。

在众多业务场景中,使用者更倾向于选择轻量级的风场模型,这类模型仅需输入初始风场数据,便能迅速完成地形适应,并输出相应的风场结果。与此同时,研究者同样需要探索更为高效便捷的算法模型,而非仅限于部署在大型服务器的物理模型。因此,构建能够快速动力降尺度的算法模型显得尤为重要。这类模型在导入粗分辨率的站点数据或气象再分析资料后,能够迅速估算出复杂地形条件下的自适应风场数据,从而满足不同学科领域对实时风场信息的迫切需求。因此,寻找一种便捷、轻量化的风场模拟方法已成为当前研究的热点。

近年来,深度学习算法用于复杂地形下风场模拟的研究已有广泛成果[7,8]。深度学习技术具有强大的非线性建模能力和自适应学习能力,能够从大量的气象数据中自动分类和提取特征[9,10],从而实现对风场的准确估算。与传统物理求解方法相比,深度学习技术能够快速地捕捉气象系统中的复杂关系和非线性特征[11,12],提高风场估算的精度和稳定性[13]。

深度学习模型在流体模拟领域已取得一定的进展,为复杂流体现象的模拟提供了新的途径,但仍存在一些不足之处。首先,深度学习模型的泛化能力仍需进一步加强,以应对不同流体条件和复杂地形下的模拟需求;其次,深度学习模型在计算流体方面通常需要消耗大量的计算资源。

本研究重点聚焦于提升深度学习模型在复杂地形风场模拟中的泛化能力[14];同时致力于简化主流的深度学习模型结构,以降低模型在计算资源方面的消耗;在保证模型的准确性前提下,本研究旨在构建简化且高效的风场模型[15],即模型能够接收初始风场信息作为输入,并快速输出对应的地形适配风场模型[16],通过这一研究,我们期望为复杂地形条件下的风场模拟提供一种更为高效和实用的方法[17]。

2.2.2 试验设计和模型介绍

2.2.2.1 建模公式

神经网络模型模拟在大气流场特征方面已有所建树,其代表性模型有 PINN (Physics Informed Neural Networks)模型[18]。本章的研究重点是:在前人研究的基础上简化模型的计算量。

使用神经网络模型计算包含地形条件下的风场特征,模型设计采用 z 坐标系构造方程组,计算 2D 地形下 x-z 平面的风场特征分布。

大气运动过程中空气团会受风场扰动的影响造成气压波动,从而改变运动状态。单位时间内,假设空气团在 x 方向发生膨胀或挤压,那么空气团体积会发生变化,体积变化为

$$V_1 = V_0 \cdot \left(1 + \frac{\partial u}{\partial x}\right) \tag{2-1}$$

那么 x、z 方向的气团膨胀或挤压后体积变化为

$$V_1 = V_0 \cdot \left(1 + \frac{\partial u}{\partial x}\right) \cdot \left(1 + \frac{\partial w}{\partial z}\right) \tag{2-2}$$

根据 $p_0 \cdot V_0 = p_1 \cdot V_1$ 可知,气压变化与体积变化相关,则

$$p_1 = p_0 \cdot \frac{V_0}{V_1} = \frac{p_0}{\left(1 + \frac{\partial u}{\partial x}\right) \cdot \left(1 + \frac{\partial w}{\partial z}\right)} \approx \frac{p_0}{1 + \frac{\partial u}{\partial x} + \frac{\partial w}{\partial z}} \tag{2-3}$$

因此,可以得到单位时间内空气团状态变化前后的气压差为

$$\frac{\partial p}{\partial t} = \frac{p_1 - p_0}{\delta t} = \frac{p_0}{1 + \frac{\partial u}{\partial x} + \frac{\partial w}{\partial z}} - p_0 = \frac{p_0 \cdot \left(\frac{\partial u}{\partial x} + \frac{\partial w}{\partial z}\right)}{1 + \frac{\partial u}{\partial x} + \frac{\partial w}{\partial z}} \approx p_0 \cdot \left(\frac{\partial u}{\partial x} + \frac{\partial w}{\partial z}\right) \tag{2-4}$$

这里称 $\frac{\partial p}{\partial t}$ 为单位时间内气压的扰动量,扰动气压也可以近似为

$$\delta p \simeq p_0 \cdot \left(\frac{\partial u}{\partial x} + \frac{\partial w}{\partial z}\right) \cdot \delta t \tag{2-5}$$

一般而言,自然界中空气团受压缩和膨胀是在极短时间内完成的,所以 δt 取值极小。计算空气团的扰动气压,需要引入形变梯度 C 和形变量 J 的定义:

$$C = \frac{\partial u}{\partial x} + \frac{\partial w}{\partial z} \tag{2-6}$$

$$J = 1 + C \cdot \delta t \tag{2-7}$$

当形变量 $J > 1$ 时,表示空气团膨胀;当形变量 $J < 1$ 时,表示空气团被压缩;当

形变量 $J=1$ 时,表示空气团体积没有发生变化。

下面,用大气运动方程计算风速变化:

$$\frac{\partial u}{\partial t}=-\lambda \cdot \frac{1}{\rho} \cdot \frac{\partial \delta p}{\partial x} \tag{2-8}$$

$$\frac{\partial w}{\partial t}=-\lambda \cdot \frac{1}{\rho} \cdot \frac{\partial \delta p}{\partial z} \tag{2-9}$$

这里 λ 表示网格参数,它表示气压梯度的计算与网格尺寸之间有一定的比例关系。将形变量 J 代入运动方程,得到

$$\frac{\partial u}{\partial t}=-\lambda \cdot \frac{1}{\rho} \cdot \frac{\partial}{\partial x}(p_0 \cdot (J-1) \cdot \delta t) \tag{2-10}$$

$$\frac{\partial w}{\partial t}=-\lambda \cdot \frac{1}{\rho} \cdot \frac{\partial}{\partial z}(p_0 \cdot (J-1) \cdot \delta t) \tag{2-11}$$

令 $M=p_0 \cdot (J-1) \cdot \delta t$,代入公式(2-10)和公式(2-11),并使用有限差分法展开,得到公式(2-12)和公式(2-13):

$$\frac{u^{n+1}-u^n}{\Delta t}=-\lambda \cdot \frac{1}{\rho} \cdot \frac{M_{k+1}^n-M_k^n}{\Delta x} \tag{2-12}$$

$$\frac{w^{n+1}-w^n}{\Delta t}=-\lambda \cdot \frac{1}{\rho} \cdot \frac{M_{k+1}^n-M_k^n}{\Delta z} \tag{2-13}$$

2.2.2.2　模型架构

网格参数 λ 由模型训练得到。上述算法借鉴了 PINN 模型的计算方法,但是鉴于 PINN 模型的计算量较大,我们在 PINN 模型算法的基础上作了简化处理。

一般而言,轻量化的风场模型采用简化的计算过程,只需要输入一个初始风速,然后根据神经网络模型,计算得到适应地形后的风场即可,不需要考虑风速随时间的迭代过程。所以采用简化算法最大限度地避免了模型的时间迭代过程,从而降低模型的训练强度。

处理复杂地形风场的思路是:不直接对风矢量 (u,w) 训练,而是找到一个关键变量,通过神经网络模型训练该变量,然后把训练后的关键变量引入流体方程中,计算出地形自适应风场特征。这样做的好处是避免矢量运算,从而降低神经网络模型的训练难度。

经过测试,选取形变量 J 作为模型训练的关键变量,从而根据 J 的变化估算风场的变化,从而简化了 PINN 模型的计算流程。

如图 2-11 所示,选取形变量 J 作为神经网络模型的中间变量,根据初始风场,计算出形变梯度 C,从而算出形变量 J_{init},然后引入神经网络模型,计算形变量 J_{init} 随流场的变化 J_{out},最后根据流场形变 J 推算出复杂地形下的风场特征。

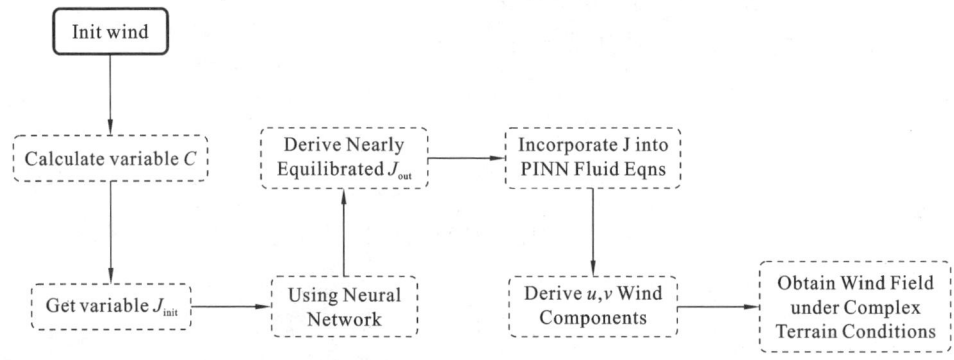

图 2-11　使用神经网络模型计算复杂地形下流场的扩散过程和风场

如图 2-12 所示，PINN 模型采用神经网络训练的方式，计算风速与气压之间的迭代关系，得到风场的最终结果，而简化模型继承了 PINN 模型使用气压计算风场的算法流程，但简化模型并不是通过计算风速与气压之间的迭代关系得到最终气压 p_{out}，而是使用神经网络计算形变量的变化，从而计算得到最终气压 p_{out}，然后推导出复杂地形条件下的风场。

使用形变量 J 的计算流场变化的优点主要体现在以下几个方面：

（1）形变量 J 的取值在 1 附近，而形变梯度 C 的取值在 0 附近，计算形变梯度

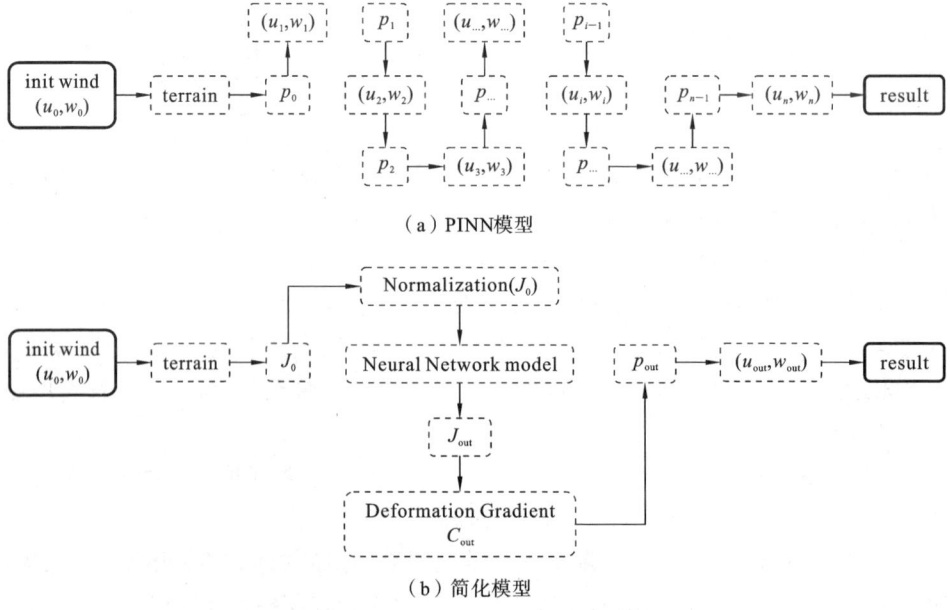

（a）PINN模型

（b）简化模型

图 2-12　PINN 模型与简化模型的计算流程图

C 的扩散会受到正负符号和 0 的干扰,而使用形变量 J 计算流场变化可以保证数值稳定;

(2)形变量 J 的空间传导符合物理规律,空气团被挤压或拉伸会产生形变,形变量会向邻近区域施加力的作用,产生传播机制;

(3)空气团形变会产生力的作用,改变流场特征,使用形变量 J 可以很方便地计算出流场气压梯度和风速。

与 PINN 模型相比,通过对形变量 J 的扩散预测,极大地简化了模型的运算量。

2.2.2.3 模型数据处理和训练方法

模型采用 z 坐标系,使用方形网格表示地形和空气团,按图 2-13 的方式,流场中的格点被标记为"地形"和"空气团",模型指定初始风速之后,标记为"地形"的格点风速值恒为 0。

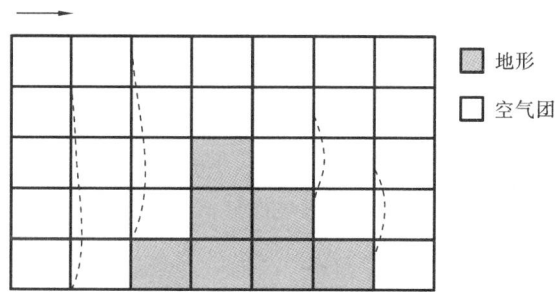

图 2-13 受风场的作用地形附近流场格点会产生微小形变

假设形变不仅存在于空气格点,标记为地形的格点也存在形变。流场形变会产生拉伸力,并且流场形变会从地形格点向周边传递形成地形适应流场。通常,采用有限差分的方式计算网格的形变梯度 C,即

$$C=\frac{\partial u}{\partial x}+\frac{\partial w}{\partial z}=\frac{u_{i+1}-u_{i-1}}{2 \cdot \Delta x}+\frac{w_{i+1}-w_{i-1}}{2 \cdot \Delta z} \tag{2-14}$$

然后根据公式(2-7),使用形变梯度 C 计算得到形变量 J_0,那么在地形格点的迎风坡,格点形变量 $J_0 < 1$;而在地形格点的背风坡,格点形变量 $J_0 > 1$。形变量 J_0 在输入神经网络模型前,先作归一化处理。令 $J_{input}=0.5 J_0$,然后将 J_{input} 作为模型的输入图层。

变量 J_{input} 经过神经网络模型处理之后,输出模型训练结果 J_{net},然后对 J_{net} 作反归一化处理,得到 $J_{out}=J_{net} \cdot 2$。

计算得到的形变量 J_{out} 代入式(2-10)和式(2-11),计算得到适应地形特征的风场条件。

需要注意的是,形变量 J 作为神经网络模型的训练输出,但形变量 J_{out} 要代入流体方程并计算出地形适应风场(u_{out}, w_{out})后,才使用地形适应风场(u_{out}, w_{out})作为计算结果与靶向风场(u, w)展开训练,从而得到神经网络模型的最优解,训练过程如图 2-14 所示。

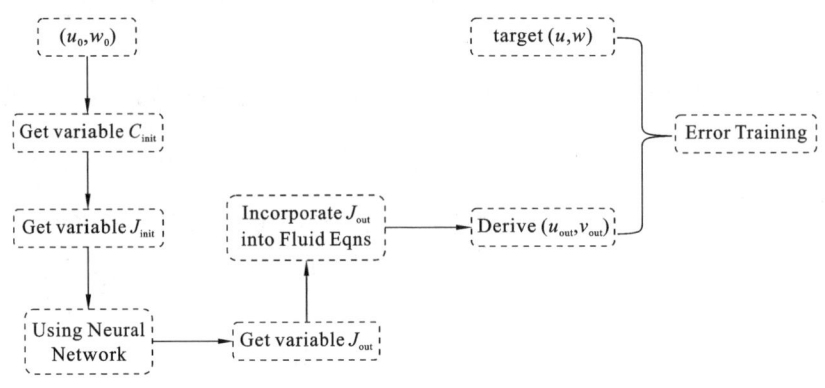

图 2-14 训练流程图

目前,使用卷积算法模拟物理量的空间扩散已有一些成果[19,20]。图 2-14 中提到的"Using Neural Network"环节采用卷积算法,通过多层次卷积的方式,计算物理量的空间扩散。

神经网络模型框架可用图 2-15 来表示。

卷积算法的优势在于方便处理物理量的空间关系,图 2-16 表示一次标准卷积的运算流程。卷积操作对邻近格点的数据进行传递和交互,实现了空间物理量的传递。

2.2.2.4 模型数据来源

实验使用 Fluent 模型输出的地形风场作为模型训练工具。Fluent 模型作为一种强大的流体动力学模拟工具,能够有效地模拟和预测大气中的流动现象。它利用先进的算法和物理模型,能够精准模拟大气中风的运动、传播以及与其他气象现象的相互作用,为气象预报提供了重要的数据支持。

主流气象模型如 WRF 等主要聚焦于中尺度数值模拟,但是在复杂地形条件下的空气流场模拟方面,Fluent 模型的精度更高。鉴于此,有学者选择采用 Fluent 模型作为中尺度模型的动力降尺度工具[21],以提高风场模拟的精确性和可靠性。

1. Fluent 模型理论依据

在 Fluent 中,流体力学问题的守恒方程组包括质量守恒方程、动量守恒方程

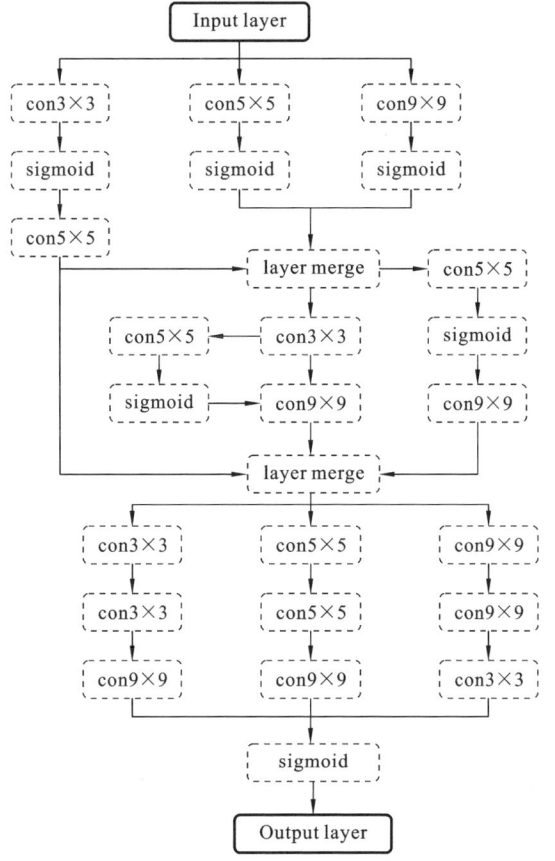

图 2-15　神经网络模型框架

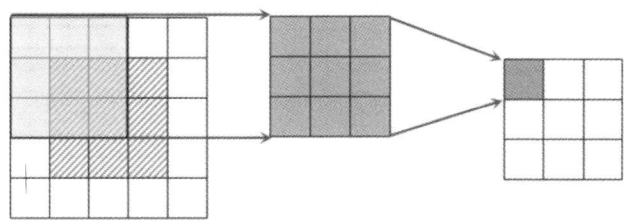

图 2-16　标准卷积的运算流程

和能量守恒方程[22]。这些方程可以用数学公式表示如下[23]。

质量守恒方程：

$$\frac{\partial \rho}{\partial t} + \nabla \cdot (\rho \vec{V}) = 0 \qquad (2-15)$$

动量守恒方程：

$$\frac{\partial(\rho u_i)}{\partial t}+\nabla\cdot(\rho u_i\vec{V})=\rho\left(\frac{\partial u_i}{\partial t}+\vec{V}\cdot\nabla\vec{V}\right) \tag{2-16}$$

运动方程方程：

$$\frac{\partial u}{\partial t}+\nabla\cdot(u\vec{V})=\nabla\cdot(\mu\nabla u)-\frac{1}{\rho}\frac{\partial p}{\partial x}+F_x \tag{2-17}$$

$$\frac{\partial v}{\partial t}+\nabla\cdot(v\vec{V})=\nabla\cdot(\mu\nabla v)-\frac{1}{\rho}\frac{\partial p}{\partial y}+F_y \tag{2-18}$$

$$\frac{\partial w}{\partial t}+\nabla\cdot(w\vec{V})=\nabla\cdot(\mu\nabla w)-\frac{1}{\rho}\frac{\partial p}{\partial z}+F_z \tag{2-19}$$

其中，u、v、w 表示 x、y、z 方向的风速，ρ 表示空气密度，p 表示空气压强。

能量方程方程：

$$\frac{\partial(\rho E)}{\partial t}+\nabla\cdot[u_i(\rho E+p)]=\nabla\cdot(k\nabla T)+Q \tag{2-20}$$

其中，E 表示系统能量，μ 表示流体黏滞系数，Q 表示热量输入。

湍流方案采用 k-omega SST(Shear Stress Transport)湍流模型[24]，该方案在模拟各种流动问题时具有较好的适用性，能够更准确地预测湍流的发展和边界层的行为[25]。

鉴于 Fluent 在气象动力降尺度方面有优良的表现，使用 Fluent 模型模拟复杂地形条件下的风场特征，并输出接近稳定条件下的风场。

2. Fluent 模型输出数据

Fluent 模型的优势在于可以灵活设置初始风场，然后导入流场网格，模拟出适配地形特征的风场，如图 2-17 所示。

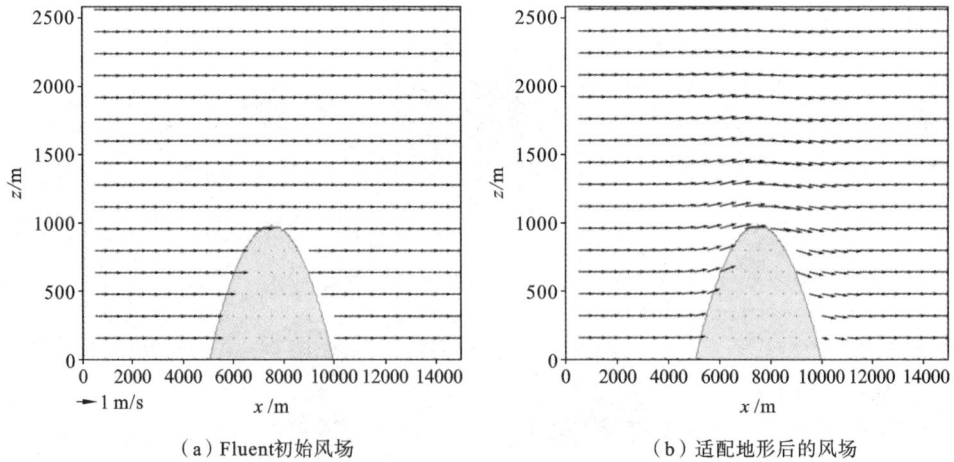

（a）Fluent初始风场　　　　　　　　（b）适配地形后的风场

图 2-17　Fluent 模型

图 2-17(a)为 Fluent 设置的初始风场,图 2-17(b)为模型风场适应地形特征后输出的适配风场。模型设置为"稳态模拟",所谓"稳态模拟"是指:假设流体流动的特性在整个模拟过程中保持不变,不考虑时间的影响。在这种模拟中,流体的速度场、压力场等参数在空间上可能会发生变化,但在任意给定点上随时间的变化很小,可以忽略不计。

鉴于 Fluent 模型可以灵活设置初始风场,实验设计使用 Fluent 模拟特定地形条件下、不同初始风速状态下的地形适应风场,初始水平风速分别设置为 1 m/s,2 m/s,3 m/s,…,10 m/s,初始风场垂直速度设置为 0,分别得到对应的地形适应风场。一般而言,气象模型的分辨率最高精度通常介于 400 m~1 km 之间。因此,设定将较高精度的 Fluent 模型数据插值到分辨率为 400 m 的格点,用于作为神经网络模型的训练数据,旨在研究气象模型动力降尺度的方法。

Fluent 模型的初始设置风场和输出的地形适应风场作为样本数据,使用该样本数据作为神经网络模型的训练数据。

2.2.2.5　误差评判公式

模型的输入数据:初始风场(u_0,w_0)、地形掩码数据。

模型训练的靶向数据:Fluent 计算得到的风场数据。

模型训练的误差评估公式为

$$\text{MSE} = \frac{\sum\limits_{i=1}^{n}(y_i - y_i')^2}{n} \tag{2-21}$$

MSE 用于评估模型预测值 y' 与真实值 y 的接近程度。在训练模型过程中,当 MSE 误差低于判定条件,并且趋于稳定时,可以认为模型训练完成。

2.2.3　复杂地形下气象要素精细化计算结果

本研究基于风速扰动使流体产生"形变"这一原理,通过神经网络模型预测地形对流场的整体扰动特征。根据这一特征,采用流体模型的压力梯度修正算法求解受地形扰动后的风场形势。

2.2.3.1　神经网络模型的训练效果

在未考虑地形条件的风场中引入地形障碍物,如图 2-18(a)所示,观察到气流与山体障碍物之间产生了风速梯度差(记作 $\nabla \cdot V$),流场中的速度差会使流体微元被挤压或膨胀,从而使流体微元产生形变。

由于形变量 C 是很小的量,为了便于展示,图 2-18(b)和图 2-18(c)采用公

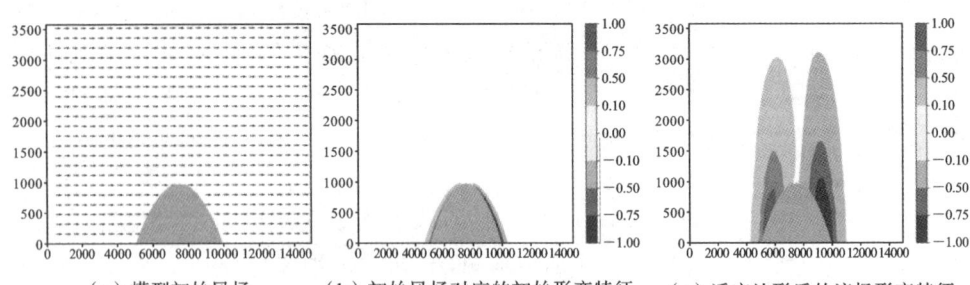

（a）模型初始风场　　　　　（b）初始风场对应的初始形变特征　　　　（c）适应地形后的流场形变特征

图 2-18　考虑地形障碍物的风场计算

式（2-22）的归一化算法：

$$C_{show} = \frac{C}{|C_{max}|} \qquad (2-22)$$

图 2-18（b）展示了初始风场对应的流场形变特征，图 2-18（c）展示了地形适应风场对应的流场整体形变特征。

2.2.3.2　地形自适应风场的模拟

使用 Fluent 模型输出的地形适应风场，作为神经网络模型的训练数据，分析训练结果，并与 Fluent 模型结果进行比较。

图 2-19 所示，以 2 m/s 的初始风速为例，图 2-19（a）是神经网络模型的模拟结果，图 2-19（b）是 Fluent 模型的计算结果，两者展现出了较好的一致性。尤其是在山体对气流阻挡和气流被迫抬升等物理现象方面，神经网络模型能够输出较为合理的结果。虽然两种模型在山体表面附近存在一些差异，但整体而言，地形对风场扰动的影响在两组模型中都得到了准确表征，并且能够传播到高空。

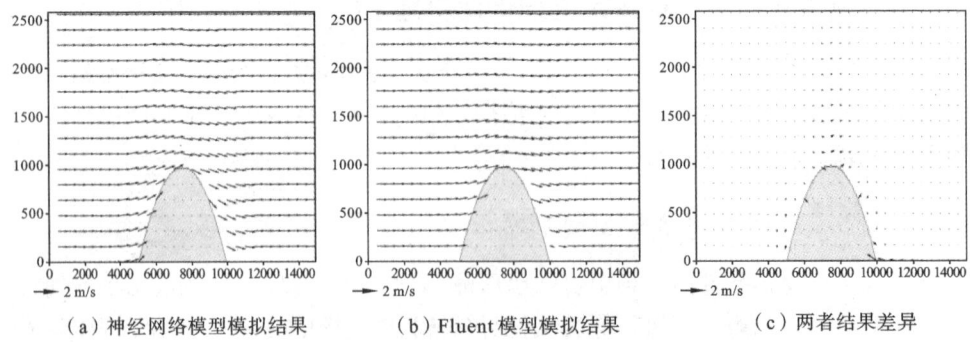

（a）神经网络模型模拟结果　　　　（b）Fluent 模型模拟结果　　　　（c）两者结果差异

图 2-19　初始风速 2 m/s 情形下的计算结果对比

如图 2-20 所示,当初始风速由 2 m/s 提升至 5 m/s 时,神经网络模型与 Fluent 模型所输出的风场在规律性上仍保持一致,风矢量的分布形态维持稳定。经过测试验证,在 1~10 m/s 的风速范围内,这两种模型计算得出的地形扰动风场分布形态总体一致。

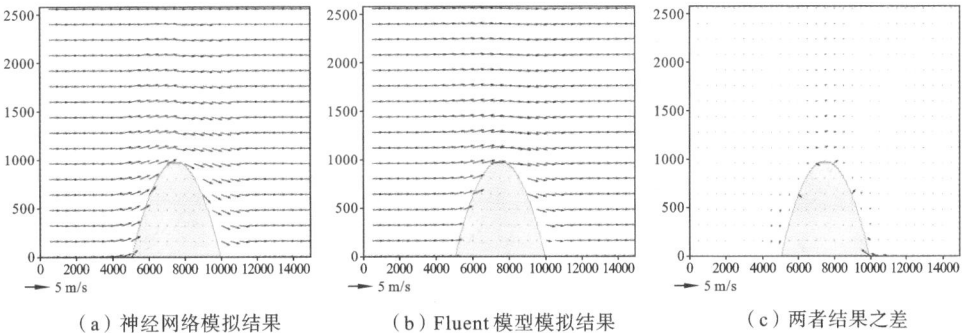

（a）神经网络模拟结果　　　（b）Fluent 模型模拟结果　　　（c）两者结果之差

图 2-20　初始风速 5 m/s 情形下计算结果对比

2.2.3.3　气流的抬升效应

在地形风场模型中,地形对风场的抬升模拟是大气模型中重要的指标。

如图 2-21 所示,在迎风坡上空选取代表性的点位,作为"监测点"和"监测线",用于观察监测点位置附近的垂直速度变化,并以其作为评判指标来验证神经网络模型的模拟能力。

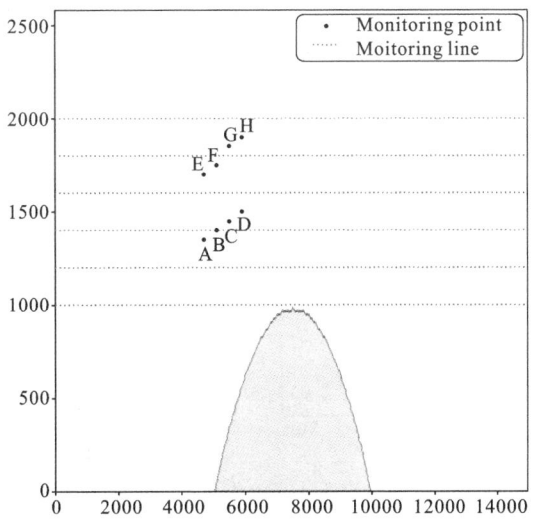

图 2-21　山坡上空风场观测点设置

图 2-22 选取了各个监测点的垂直风速,比较两种模型在相同初始风速状态下垂直风速的差异。结果表明,神经网络模型在模拟山体对气流场的抬升扰动方面的能力可以达到 Fluent 模型的模拟效能,当然存在一定的误差。随着初始水平风速的增大,地形抬升效应增强,地形扰动所产生的垂直风速增加,同时会放大两种

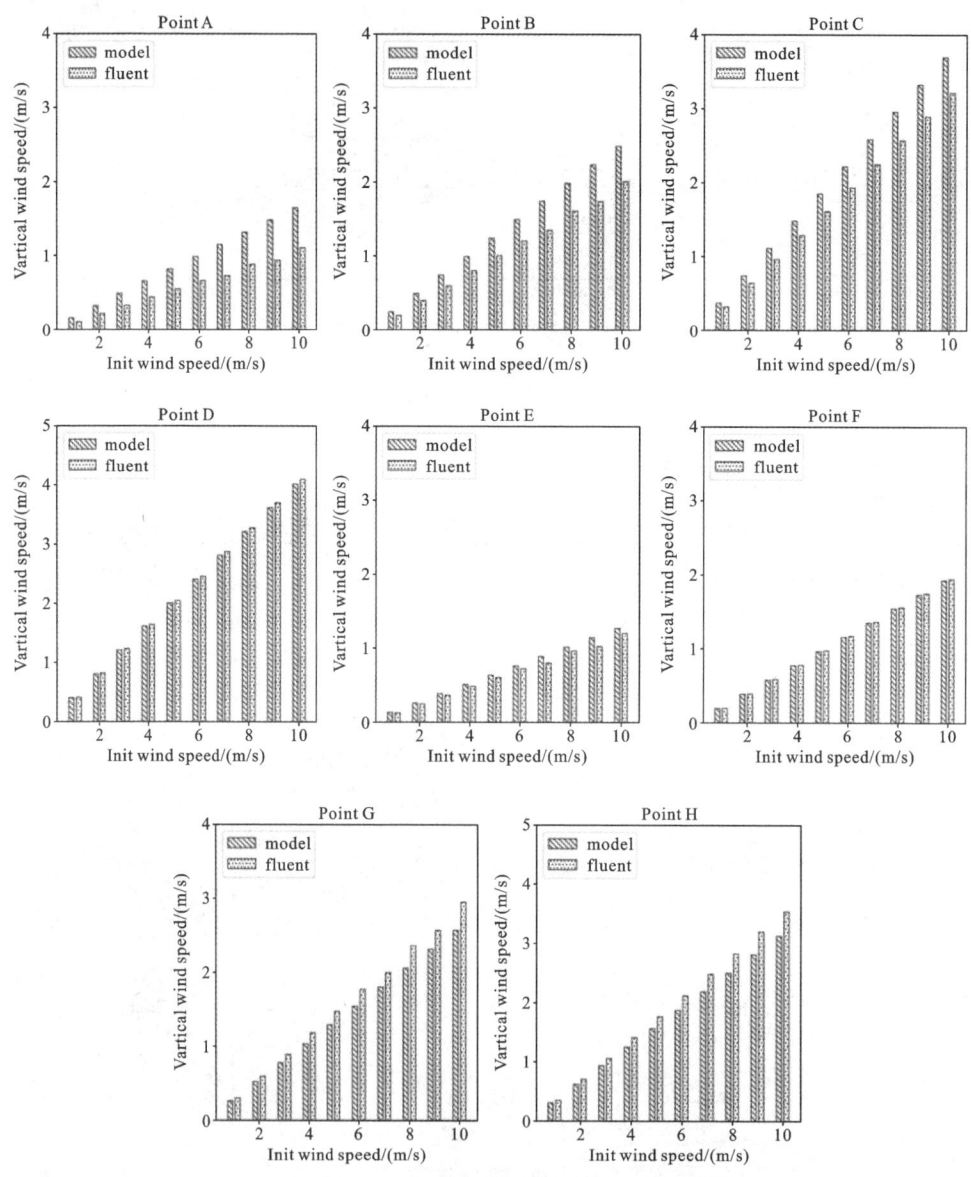

图 2-22 不同初始风速条件下各监测点的垂直速度分布

(横轴表示输入模型前的初始水平风速(单位:m/s);纵轴表示垂直风速(单位:m/s))

模型之间的误差。

为了深入探究山体两侧的垂直速度分布情况,按图 2-23 的虚线分布选取了不同海拔高度(1000 m、1200 m、1400 m、1600 m、1800 m、2000 m)处的垂直速度分布数据,并将其展示在图 2-23 中,以评估水平初始速度为 5 m/s 的情况下地形扰动对垂直速度分布的影响。研究结果显示,在迎风坡上,气流上升运动随着接近坡面而增强;而在背风坡上靠近背风坡的位置,气流下沉运动明显。值得注意的是,神经网络模型输出的数据在趋势上与 Fluent 模型基本一致,但在计算结果上存在一定误差,仍有提升空间。

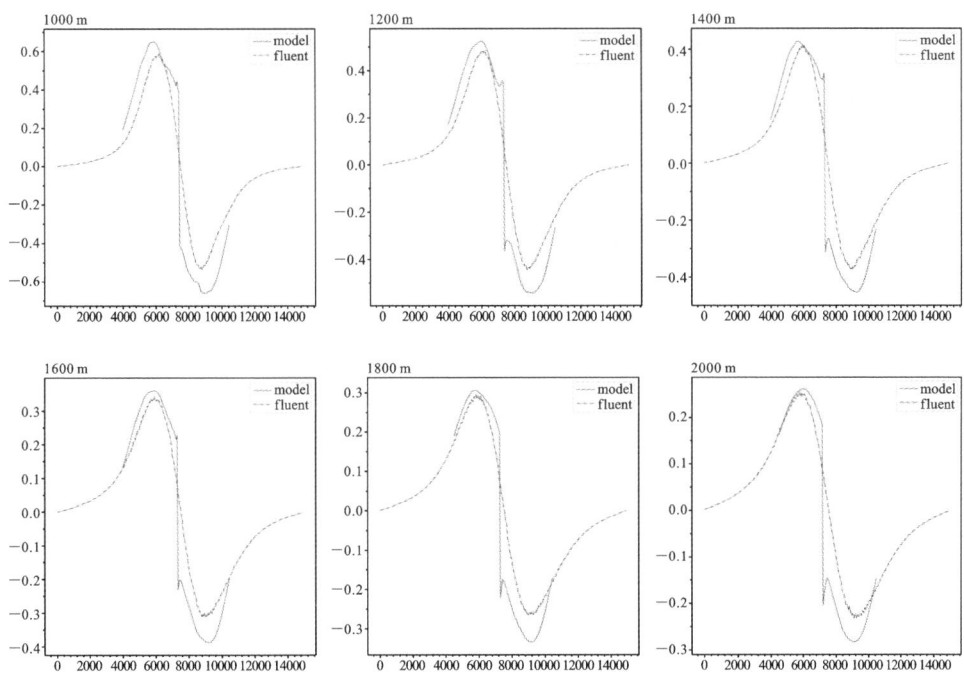

图 2-23　相同高度条件下不同位置的垂直速度

2.2.3.4　改变地形条件后的模拟效果

为了测试神经网络模型的"泛化"能力,即对地形变化的适应能力,特意设计了两组测试实验:

(1)水平平移案例中的山体位置,观察模拟效果;

(2)改变案例中的山体形状,观察模拟效果。

以 5 m/s 初始风速为例,将山体中心点横坐标从 $x=7500$ 平移到 $x=10000$ 的位置,分别得到神经网络模型和 Fluent 模型模拟的风场,并将其呈现在图 2-24 中。

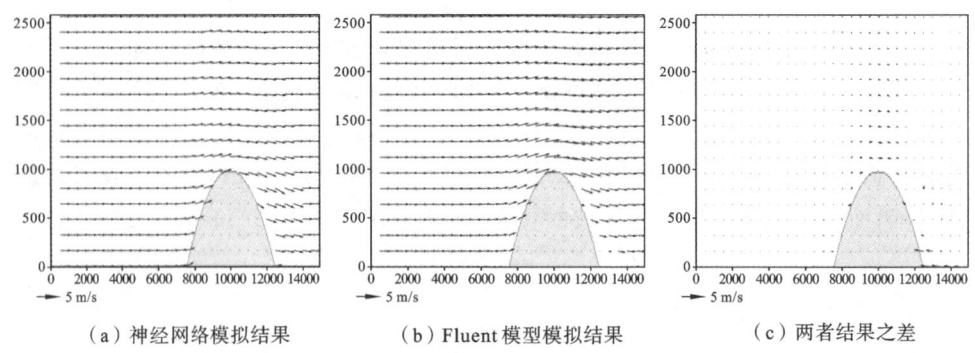

（a）神经网络模拟结果　　　　（b）Fluent 模型模拟结果　　　　（c）两者结果之差

图 2-24　不同位置处初始风速 5 m/s 情形下计算结果对比

在模拟气流上升运动的过程上中,神经网络模型结果与 Fluent 模型模拟的结果基本吻合。但在背风坡面存在一定的模拟误差,这可归因于背风坡上气流易产生湍流,而神经网络模型尚不具备湍流模拟的功能。然而,值得强调的是,神经网络模型对地形条件的变化具有一定的适应能力。

以 5 m/s 初始风速为例,持续保持山体中心点横坐标在 $x=10000$ 的位置不变,但改变山体的形状,随后对模拟效果进行比较。具体实验情况请参考图 2-25。

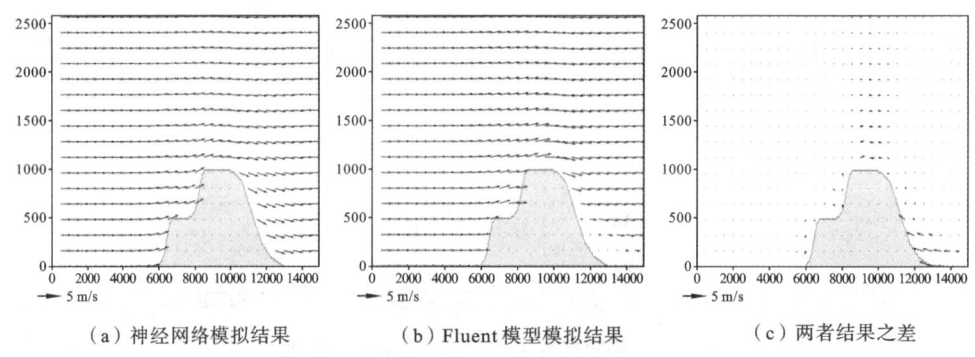

（a）神经网络模拟结果　　　　（b）Fluent 模型模拟结果　　　　（c）两者结果之差

图 2-25　复杂地形情形下计算结果对比

为验证神经网络模型在多样地形条件下的普适性,进行了精细的数值模拟。如图 2-26 所示,改变山体形状,分别使用神经网络模型和 Fluent 模型模拟了流场特征。观察到在山体形状变化时,背风坡附近产生了明显的湍流现象。由于神经网络模型在湍流模拟方面的局限性,在背风坡下风向附近的模拟结果与 Fluent 模型模拟的结果存在一定偏差,但能较准确地模拟迎风坡气流上升过程。

综上所述,尽管在改变地形山体形状的情况下,神经网络模型仍能够模拟出气流的流场特征,这表明其具有一定的"泛化"能力。

2.2.3.5 模型计算速度

为了比较 Fluent 模型和神经网络模型之间的计算速度,特意统计了样例的计算耗时。为了证明计算耗时的有效性,Fluent 模型和神经网络模型均采用同一台计算机设备(型号:Xeon E5 2650),并统一使用单核 CPU 计算。Fluent 模型基于 C++框架网格大约迭代 500 次达到平衡,所以统计迭代 500 次的总时间,神经网络模型基于 Python 框架在设计过程中需要迭代 2 次,故统计这两次迭代的耗时。

从表 2-1 可以看出,在都使用单核 CPU 的情况下,神经网络模型消耗的时间低于 Fluent 模型达到收敛所需的时间,神经网络模型在计算效率上潜力巨大。

表 2-1 平均计算时间

模型类别	Fluent 模型	神经网络模型
消耗时间	136.2 s	32 s

2.2.3.6 研究局限性

本研究在计算过程中出现的误差受多个因素影响。首先,Fluent 模型在模拟时采用了高密度的网格划分,而神经网络模型则采用了相对粗糙的网格,这在一定程度上降低了神经网络模型的模拟精度。其次,本章所采用的扩散模型在技术上还存在一些不完善之处,具体如下:

(1) 数据训练的不足。模型的训练样本选择相对有限,仅依赖于 Fluent 模型的特定地形条件下的一套计算结果作为训练样例,并从中提取训练参数作为神经网络模型的通用参数。这种做法可能导致训练样本的代表性不够强,从而影响模型的泛化能力。

(2) 应用范围的限制。本模型的构建基于平衡状态下的风场假设,未充分考虑到风场随时间变化的情况。因此,在处理非稳态风场时,模型的适用性可能会受到限制。

(3) 未考虑的影响因素。气流在背风坡通常会产生湍流,然而由于湍流特征的复杂性和多样性,本章的模型并未充分考虑这一重要影响因素,这可能导致模型在某些情况下的预测精度不足。

2.2.4 结论

针对复杂地形下,风场数据的动力降尺度和地形适应的问题,本研究提出了采用流体形变预测的方式训练模型。与 PINN 模型相比,本章提出的模型简化了计

算流程,降低了计算资源消耗。神经网络模型结果与 Fluent 模型结果进行比较时表现良好。其创新点如下:

(1) 本实验创新性地从初始(u,w)风场矢量数据中提取标量数据作为关键训练参数,替代了对风矢量的直接训练,实现了复杂地形条件下风场的自适应模拟。该方法的优势在于避免了对矢量的直接训练,降低了训练难度,并增强了模型的"泛化"能力。

(2) 本实验提出了以流体形变量 J 作为模型训练的核心参数。形变量 J 在处理网格中的地形格点和流体格点时表现出良好的通用性,有效降低了流场中处理地形格点的难度。相较于形变梯度 C,形变量 J 避免了正负号运算的复杂性,从而消除了训练过程中由正负符号和数字 0 运算可能带来的干扰,进一步降低了流体模型的训练难度,并有助于提升模型的"泛化"能力。

(3) 与传统的 Fluent 流体模型相比,采用神经网络模型进行流场计算明显简化了流体模型的建模复杂性,从而扩大了流体模型的应用范围。

2.3　小　　结

针对现有的稀疏站点降水空间插值数据可靠性较低,卫星遥感技术无法观测近地面气象要素,且降水空间分析分辨率大,无法准确识别微地形区域暴雨的问题,结合 30 m 分辨率的多源融合的降水数据和数字高程数据,分析了暴雨量级与地形的关联关系。同时,通过迎风坡型、喇叭口型、峡谷型、河谷\山谷\盆地型四种典型的地形特征,阐明了不同地形条件下暴雨增强的物理机制。进一步,为克服常规物理模型对于复杂地形作用下风场计算量巨大的不足,提出了微地形区域暴雨关键气象要素精细建模与快速计算方法,构建了基于卷积神经网络扩散模型的复杂地形风场快速计算方法,在多种不规则地形下实现了与 Fluent 物理仿真接近的计算精度,同时大幅提高了计算效率。

参 考 文 献

[1] Dai B, Seljak U. Learning effective physical laws for generating cosmological hydrodynamics with Lagrangian deep learning[J]. Proceedings of the National Academy of Sciences of the U-

nited States of America，2021，16.

[2] Turið Poulsen，Bárður A Niclasen，Gregor Giebel，et al. Validation of WRF generated wind field in complex terrain[J]. Meteorologische Zeitschrift，2021，30(5)：413-428.

[3] Yihao Zhou，Shuguang Wang，Juan Fang. Diurnal Cycle and Dipolar Pattern of Precipitation Over Borneo During the MJO：Linear Theory and Nonlinear Sensitivity Experiments[J]. Journal of Geophysical Research：Atmospheres，2023，128(5)：2022JD037616.

[4] Miao J E，Yang M J. A modeling study of the severe afternoon thunderstorm event at taipei on 14 june 2015：The roles of Sea Breeze，microphysics，and terrain(Article)[J]. Journal of the Meteorological Society of Japan，2020，98(1)：129-152.

[5] Luo Xiaoyu，Cao Yiwen. Simulation of the wind fields over complex terrain with coupling of CFD and WRF[J]. Journal of Computational Methods in Sciences & Engineering，2021，21(5)：1155-1166.

[6] Flores-Maradiaga A，Benoit R，Masson C. Enhanced method for multiscale wind simulations over complex terrain for wind resource assessment[C]. Journal of Physics Conference Series，2016：082030.

[7] Jérôme Dujardin，Michael Lehning. Wind-Topo：Downscaling near-surface wind fields to high-resolution topography in highly complex terrain with deep learning[J]. Quarterly Journal of the Royal Meteorological Society，2022，148(744)：1368-1388.

[8] Zhang Fugui，Lai Can，Chen Wanjun. Weather Radar Echo Extrapolation Method Based on Deep Learning[J]. Atmosphere，2022，13(5)：815.

[9] Guo Jun，Xu X J，Lian W W，et al. A new approach for interval forecasting of photovoltaic power based on generalized weather classification[J]. International Transactions on Electrical Energy Systems，2019，29(4)：e2802.

[10] Ren Pu，Rao Chengping，Liu Yang，et al. PhyCRNet：Physics-informed convolutional-recurrent network for solving spatiotemporal PDEs[J]. Computer Methods in Applied Mechanics & Engineering，2022，389：114399.

[11] Tingzhao Yu，Ruyi Yang，Yan Huang，et al. Terrain-Guided Flatten Memory Network for Deep Spatial Wind Downscaling[J]. IEEE Journal of Selected Topics in Applied Earth Observations and Remote Sensing，2022，15：9468-9481.

[12] Guo J，Feng T，Cai Z L，et al. Vulnerability Assessment for Power Transmission Lines under Typhoon Weather Based on a Cascading Failure State Transition Diagram[J]. Energies，2020，13(14)：3681.

[13] Dalei Qiao，Shun Wu，Ge Li，et al. Wind speed forecasting using multi-site collaborative deep learning for complex terrain application in valleys[J]. Renewable Energy，2022，189：231-244.

[14] Mansoor Khan，Muhammad Rashid Naeem，Essam A Al-Ammar，et al. Power Forecasting of Regional Wind Farms via Variational Auto-Encoder and Deep Hybrid Transfer Learning

[J]. Electronics,2022,11(206):206.

[15] Chen Hao, Birkelund Yngve, Zhang Qixia. Data-augmented sequential deep learning for wind power forecasting[J]. Energy Conversion & Management,2021,248.

[16] Jingwei Meng,Danhong Dong,Wulong Zhang. Downscaled Correction of Temperature Forecast Algorithm with Encoder-Decoder over the Hengduan Mountains[C]//2021 IEEE 4th International Conference on Computer and Communication Engineering Technology (CCET),2021.

[17] Afzali Jamal, Casas César Quilodrán, Arcucci R. Latent GAN: Using a Latent Space-Based GAN for Rapid Forecasting of CFD Models[J]. Lecture Notes in Computer Science (including subseries Lecture Notes in Artificial Intelligence and Lecture Notes in Bioinformatics), 2021,12746:360-372.

[18] Laubscher R, Rousseau P. Application of a mixed variable physics-informed neural network to solve the incompressible steady-state and transient mass, momentum, and energy conservation equations for flow over in-line heated tubes[J]. Applied Soft Computing, 2022, 114: 108050.

[19] Xu J Z, Zhang H R, Cheng Z, et al. Approximating Three-Dimensional (3-D) Transport of Atmospheric Pollutants via Deep Learning[J]. Earth and Space Science,2022,9(7):1-12.

[20] Bo Zhang, Zhihao Wang, Yunjie Lu, et al. Air Pollutant Diffusion Trend Prediction Based on Deep Learning for Targeted Season——North China as an Example[J]. Expert Systems with Applications,2023,232:120718.

[21] Li,Sun,Zhang,et al. A Study on Microscale Wind Simulations with a Coupled WRF-CFD Model in the Chongli Mountain Region of Hebei Province, China[J]. Atmosphere, 2019, 10 (12):731.

[22] Pramod Kumar Sharma, Vilas Warudkar, Siraj Ahmed. Application of a new method to develop a CFD model to analyze wind characteristics for a complex terrain[J]. Sustainable Energy Technologies and Assessments, 2020,37:100580.

[23] Balogh M, Parente A, Benocci C. RANS simulation of ABL flow over complex terrains applying an Enhanced k-epsilon model and wall function formulation: Implementation and comparison for fluent and OpenFOAM[J]. Journal of Wind Engineering and Industrial Aerodynamics, 2012,104:360-368.

[24] Rahman M M, Vuorinen V, Taghinia J, et al. Wall-distance-free formulation for SST k-omega model[J]. European Journal of Mechanics B-fluids,2019,75:71-82.

[25] Kavvadias I S, Papoutsis-Kiachagias E M, Dimitrakopoulos G, et al. The continuous adjoint approach to the k-ω SST turbulence model with applications in shape optimization[J]. Engineering Optimization, 2014, 47(11):1523-1542.

第3章

乏资料地区降水短临
和短期预报方法

3.1 耦合雷达和深度学习的乏资料
地区降水短临预报模型

3.1.1 短临降水预报概述

近年来,随着全球气候变暖及人类活动加剧,世界许多地区经常发生极端降水天气。其中,极端强对流降水天气是一类典型的极端危害天气,每年都会给城区造成严重灾害,导致大规模停电,严重威胁人民群众生命财产安全。这种强降水在时间和空间上是高度不均匀的,对其进行准确可靠的预测面临诸多困难。因此,研究强降雨特征,开展高精度、高分辨、实时定量的降水预测以预防洪涝灾害,是气象部门亟待解决的问题。

降水预报是气象领域的一个重要问题,目前主流的方式有两种,分别是数值模式预报和雷达回波外推法。数值模式预报是通过求解全球的动力学、热力学大气方程偏微分方程,基于当前大气条件预测未来可能的大气条件,与雷达回波外推法相比,数值模式预报可以获取未来较长时间的预报,但它也存在一些缺陷:其一是数值模拟的过程中存在很多不确定性因素,比如不准确的初始条件、物理过程参数化等。由于大气的混沌特性,不准确的初始场以及物理过程的参数化会导致模式结果出现很大的不确定性;其二是输入数据本身就有测量误差,在解方程组时,这部分误差会被放大。雷达回波外推法是通过实时获取的雷达图像,分析单体或者强风暴的移动以及形状和强度变化,从而获得未来的预测云图,进而预报降雨。Capecchi 等人研究了同化雷达和自动气象站数据对改进操作设置的影响,以改善早期预报系统的准确性。Ansh Srivastava 等人的研究进一步证明了雷达在极端降雨预报中发挥的重要作用,众多学者对雷达回波极端降雨预报评估进行了深入的研究。然而,这些方法仅基于过去的几张雷达回波图像,用于预测下一个雷达回波图像。这会导致有缺陷的数据利用率,有效预报时间通常不能超过一小时。

近年来,随着大数据的积累和计算机算力的发展,人工智能及深度学习技术发展迅速。深度学习方法是一类数据驱动的方法,具有强大的非线性映射能力,理论上其性能随着训练数据量增大而提升,因此适合有大量雷达观测数据积累的短临预报领域。Yao、Li 和 Trebing 使用基于尺度不变特征变换(SIFT)和 UNet 卷积神经网络的预测技术对强对流天气进行 0~2 小时临近预报。Yu 使用基于 UNet 框架的循环卷积神经网络对强对流降水天气进行 0~2 小时临近预报,并在一些天气情况下取得了良好的效果。Ravuri 提出了一种具有约束的深度对抗神经网络模型,以改善强对流天气临近预报中的数据模糊问题。深度机器学习技术的加入提高了极端强对流天气的 0~2 小时临近预报的临界成功指数(CSI)得分。但是该类神经网络模型面对海量的雷达栅格数据集,会出现过拟合,收敛于局部最小值,训练速度较慢,预测效果单一,实际应用较差,对于大尺度的刻画精度一般等问题。

近年来,双线性极化气象雷达与相控阵天线扫描模式相结合的技术日趋成熟,具有双极化能力的多普勒雷达近年来已经逐步升级。与单极化天气雷达相比,双线性极化雷达可以同时在水平和垂直方向发射极化电磁波,并获得更准确的水文气象估计,这在极端降水事件的预测和监测中发挥了巨大的作用。此外,Differential Reflectivity(Z_{DR})和 Specific Differential Phase(K_{DP})等极化雷达变量可以提供比雷达反射率更丰富的对流风暴微物理信息。同时,Z_{DR} 和 K_{DP} 包含了雨滴大小和分布的独特属性。这些属性在风暴的不同演化阶段可能发生巨大变化,从而有助于提供风暴的演化信息。因此,双极化雷达变量有很大的潜力来改善对流降水的临近预报。

上述这些属性随着风暴演化过程的不同阶段会发生显著变化,因此通过 Z_{DR} 和 K_{DP} 的变化可以捕捉到风暴演变的关键线索。换言之,双极化雷达不仅增强了对大气中降水粒子状态的刻画,还为深入了解风暴发展动态提供了宝贵的洞察力。

本研究的创新之处在于突破了传统的基于雷达回波的数值模拟方法,提出了基于雷达回波数据的分层策略,构建了基于智能学习算法的降水评估模型。相较于当前主流的卷积神经网络方法,本研究大大地降低了数据维度,提升了模型运算效率,增强了模型泛化性能。结果证明,本研究所构建的雷达回波数据分层策略和降水评估方法在运算可靠性和效率上效果显著,具备较强的应用价值。

　　本章的其余部分组织如下:3.2 节详细介绍了数据来源及质量控制方法;3.3 节中介绍了基于雷达回波数据的降水事件评估体系;3.4 节中给出了结果分析和应用案例;3.5 节进行了分析和讨论。本研究的总体框架如图 3-1 所示。

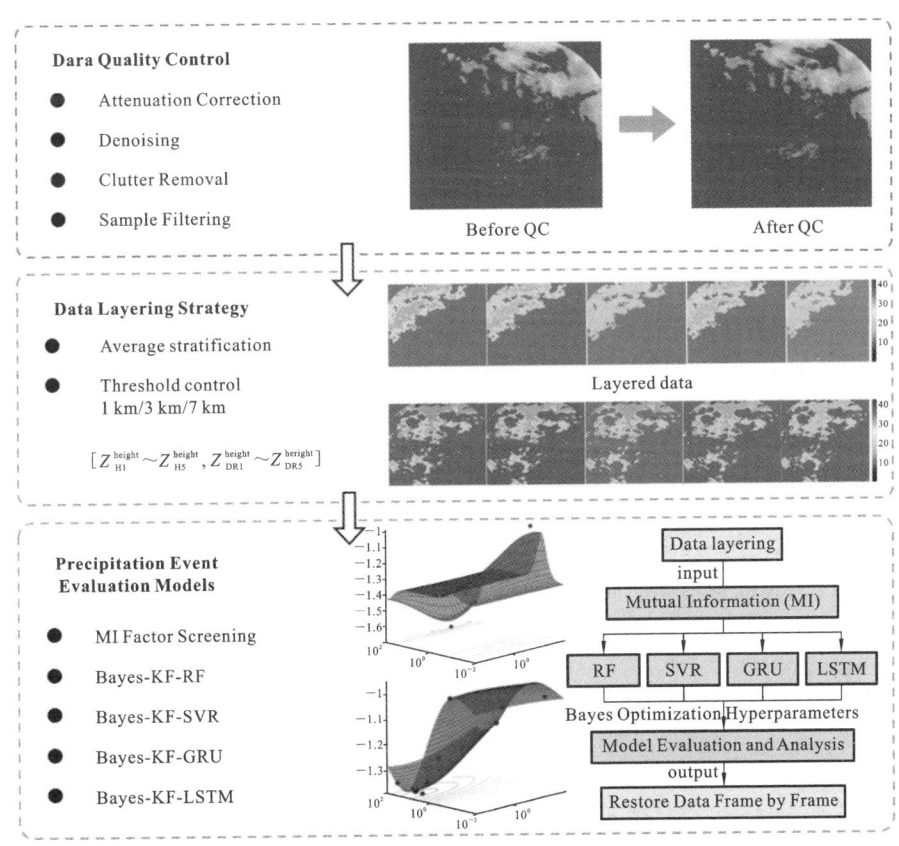

图 3-1　雷达回波数据分层策略和降水评估流程图

3.1.2　数据和试验设计

3.1.2.1　NJU-CPOL 数据集

双偏振雷达(Dual-Polarization Radar)是一种使用两种不同极化方式的雷达

系统,通常包括水平极化(H)和垂直极化(V)。它通过天线系统发射水平或垂直极化的微波脉冲信号,常用以下三个微物理变量进行降水评估。水平反射率因子(Z_H)为水平方向的回波强度,主要反映降水的强弱;差分反射率因子(Z_{DR})为水平和垂直方向回波强度的差异,主要反映了观测区域的降水粒子大小;比差分相移(K_{DP})为单位距离上降水粒子导致的水平和垂直方向回波的相位差,主要反映了液态含水量。Wen 等人深入研究了 K_{DP} 在模拟近地面降水方面的表现,证明了其优异的性能。此外,雷达系统还可通过调整天线的仰角来获取不同的高度层的反射信号,以涵盖感兴趣的垂直高度范围。

本研究使用南京大学 C 波段双极化气象雷达的数据,部分数据来源于 Pan 等人的研究。该数据集(称为 NJU-CPOL)涵盖 2014—2019 年共计 268 个降水事件,包括 35133 个数据文件。但是,Pan 等人仅提供了 3 km 下的双极化雷达的数据集。本研究收集并补充了 1 km、7 km 的 Z_H 和 Z_{DR} 数据集以及近地面降水(R_t)数据集。参考 Huang 等人的研究成果,本研究使用的近地面降水量计算方式为 $R_t(K_{DP})=58.01K_{DP}^{0.785}$。同时,雷达数据已进行质量控制,并插值到笛卡尔坐标。本研究所有数据在水平方向上的空间分辨率均为 1 km,包含雷达中心周围 256 km ×256 km 区域的 1 km、3 km 和 7 km 高度的 CAPPI (Constant Altitude Plan Projection Indicator)数据,整体数据集的时间分辨率为 6～7 min。

3.1.2.2　试验设计

本研究以 1 km、3 km 和 7 km 下的 Z_H、Z_{DR} 数据集作为降雨事件 R_t 的评估因子集。首先,我们对不同时间步下的评估因子进行筛选,构建多种预测模型来评估降雨事件的预测效果。下面使用不同时间步下 Z_H、Z_{DR} 因子来评估降水事件的公式:

$$\hat{R}_t=M\begin{bmatrix}(\text{Optional})Z_{H,t-K}^{1\ km},\cdots,Z_{H,t}^{1\ km},Z_{DR,t-K}^{1\ km},\cdots,Z_{DR,t}^{1\ km}\\(\text{Optional})Z_{H,t-K}^{3\ km},\cdots,Z_{H,t}^{3\ km},Z_{DR,t-K}^{3\ km},\cdots,Z_{DR,t}^{3\ km}\\(\text{Optional})Z_{H,t-K}^{7\ km},\cdots,Z_{H,t}^{7\ km},Z_{DR,t-K}^{7\ km},\cdots,Z_{DR,t}^{7\ km}\end{bmatrix}\qquad(3-1)$$

式中:$\hat{R}_t$ 是 t 时刻下近地面降水事件;M 是评估模型;Optional 是因子选择机制;$Z_{H,t}^{1\ km}$ 是 1 km 高度下 t 时刻的 Z_H 值,$Z_{H,t}^{3\ km}$、$Z_{H,t}^{7\ km}$ 类似;$Z_{DR,t}^{1\ km}$ 是 1 km 高度下 t 时刻的 Z_{DR} 值,$Z_{DR,t}^{3\ km}$、$Z_{DR,t}^{7\ km}$ 类似;K 为时间步长,通常在进行因子筛选时设置的时间步长为 5。

3.1.2.3　评价指标

本研究采用相关系数(r)、均方根误差(RMSE)和平均绝对误差(MAE)三种评

价指标来评估评估模型的性能。三种评价指标的计算方式如下:

$$r = \frac{\text{cov}(\hat{R}, R)}{\sqrt{\text{var}(\hat{R}) \cdot \text{var}(R)}} \tag{3-2}$$

$$\text{RMSE} = \sqrt{\frac{1}{n} \sum_{i=1}^{n} (R_i - \hat{R}_i)^2} \tag{3-3}$$

$$\text{MAE} = \frac{1}{n} \sum_{i=1}^{n} |\hat{R}_i - R_i| \tag{3-4}$$

式中:$\text{cov}(X, Y)$是协方差;$\text{var}(X)$是方差;R_i为降水事件观测值;$\hat{R}_i$为降水事件评估值;n为数据长度。

3.1.3　降水预测方法

3.1.3.1　数据处理

考虑到较弱的降水情景对于本研究参考意义有限,本研究在数据处理阶段设定了降水覆盖率的最低阈值。具体而言,当降雨数据占比超过研究区域(256 km×256 km)的10%时,我们才会保留该降水事件的数据。同时,不满足阈值的降水事件对应的1 km、3 km和7 km下的Z_H、Z_{DR}数据将会被剔除。我们还去除了冗余数据(雷达站、建筑物反射值)和异常值,超过取值范围的替换为周围值的均值。通过这种筛选方式,共收集整理出2213个有效的降水事件数据文件,为本研究提供数据支持。

最终,经过处理的Z_H值限制在[0, 65]区间,而Z_{DR}值限制在[-1, 5]区间。因为雷达反射率与降水强度之间呈指数关系,反射率越大,降雨强度越强。因此,本研究将1 km、3 km和7 km的Z_H按照目标区间(0, 65)均分为五层。同时,按照Z_H分层后的栅格位置映射到Z_{DR}和R中,进而得到1 km、3 km和7 km高度下的Z_{DR}和R五个分层数据。分层时,每层的非0值累加取均值作为该层的数值,不同层级对应不同强度的降水,1~5层降水强度依次增大。

将分层后的逐帧Z_H和Z_{DR}值因子集作为降水数据R_t的待选因子集:

$$\left[Z_{H1}^{\text{height}} \sim Z_{H5}^{\text{height}}, Z_{DR1}^{\text{height}} \sim Z_{DR5}^{\text{height}} \right] \tag{3-5}$$

式中:height是双极化雷达扫描高度,分别是1 km、3 km和7 km。

3.1.3.2　因子筛选方法

本研究采用 Mutual Information(MI)来评估不同高度、不同时间步下Z_H、Z_{DR}与降雨事件R_t的相关程度。MI是信息论里一种有用的信息度量,它可以看成是一个随机变量包含了关于另一个随机变量的信息量,用来表示变量间相互依赖性的程度。与相关系数不同的是,互信息不局限于实值随机变量,它更加一般且决定着联合分布和边缘分布乘积 $P(X)$、$P(Y)$ 的相似程度。

一般地,两个离散随机变量 X 和 Y 的互信息可以定义为

$$I(X;Y) = \sum_{y \in Y} \sum_{x \in X} P(x,y) \log \left(\frac{P(x,y)}{P(x)P(y)} \right) \tag{3-6}$$

式中:$P(x,y)$ 是 X 和 Y 的联合密度函数;$P(x)$ 和 $P(x)$ 分别是 X 和 Y 的边缘密度函数。

3.1.3.3 数据去噪方法

为了削减双偏振雷达观测数据中系统性误差的影响,本研究采用 Kalman Filtering(KF)法对分层处理后的雷达数据进行平滑降噪。KF 是一种强有力的动态系统状态估计方法,尤其对含有噪声的传感器数据测量非常适用。该方法不仅能够有效预估系统状态变量,提供优化的未来状态预测,而且还能够兼顾测量误差和系统动态的不确定性。KF 已广泛应用于航天、导航、机器人技术、金融和信号处理等多个领域,成为一个极为有效的估计工具。它的核心理念是用概率分布来描述系统状态,并持续更新此分布,以整合新的动态和测量信息,从而提高对动态系统状态估计的精确度。

3.1.3.4 降水预测模型和算法

1. 随机森林

随机森林(RF)是一种集成学习算法,特别是用于分类和回归任务。RF 采用 Bootstrap 重采样方式从原训练集中随机抽取构建多个样本集,进行决策树建模。它通过构建多个决策树,并将它们的结果合并以得到最终预测,从而提高模型的准确性和鲁棒性。随机森林算法在处理多维输入、评估变量重要性、保持高准确度分类等方面具有无可比拟的优点。RF 模型的性能取决于一些超参数,例如决策树的数量、决策树的分支数、决策树的叶子节点的数据量等。为了找到最合适的超参数值,这里使用了贝叶斯优化方法,它可以有效地适应不同的数据特征,并提高模型的泛化能力。

2. 支持向量回归

支持向量回归(SVR)是一种基于支持向量机(SVM)的回归方法。SVR 的核心思想在于确定一个超平面,这个平面尽可能地逼近所有训练数据集。与 SVM 寻找分类间最大间隔的目标不同,SVR 的目标是使得超平面能够包含尽可能多的数据点,同时保证误差在一个可接受的范围内。在许多领域的实际应用中,SVR

因其鲁棒性和高效性而成为一种广泛使用的回归方法。本研究通过调整 SVR 中的关键超参数以优化模型的表现,比如核函数的类型、核函数的参数、误差的惩罚系数等。

3. 门控循环单元

门控循环单元(GRU)是循环神经网络(RNN)的改进型,它解决了长序列问题中的梯度消失和梯度爆炸问题。GRU 引入了门控机制,能够更好地捕捉序列中的长期依赖性,同时减少了参数数量。GRU 主要包含 Update Gate 和 Reset Gate 两个关键的门控单元。这些门控机制允许 GRU 网络在处理序列数据时选择性地更新状态,并控制信息的传递。这两个门控单元允许 GRU 有选择性地保留或抛弃信息,以更精准地识别序列中的关键特征。为了提高 GRU 的评估效果,我们利用贝叶斯优化了一些超参数,如隐藏层节点数、初始学习率、学习率衰减周期和因子等。

4. 长短时记忆神经网络

自 20 世纪 80 年代人工神经网络(ANN)问世以来,其卓越的非线性映射能力使其成为众多领域的研究焦点。长短时记忆神经网络(LSTM)解决了 RNN 梯度消失或爆炸及长期记忆能力不足等问题,极大改善了 RNN 在时间序列预测中的性能。LSTM 主要由输入门、输出门和遗忘门组成,具备 RNN 的递归属性,能够有效利用长序列数据信息。LSTM 独特的记忆结构和门控机制使其在特征学习上适应性强、可靠性高,因而被广泛应用于时间序列模型训练。为了增强 LSTM 的预测性能,我们不仅调整了隐藏层节点数、初始学习率、学习率衰减周期和因子等超参数,还加入了 L2 正则化,以防止模型过拟合。

5. 贝叶斯超参数优化

为了提升模型的评估性能,对模型敏感的超参数的优化至关重要。传统的穷举优化方法易受"维数灾难"的影响,因而我们采取了贝叶斯优化策略。相比于其他优化方法,贝叶斯优化利用了概率模型的信息,可以更快地找到最优的超参数值。首先贝叶斯优化预设一个代理模型,然后它根据依靠采集函数(Acquisition Function,AF)选择一个最有希望提高模型性能的超参数值进行评估,并更新代理模型。这个过程不断重复,直到找到最优的超参数值。

总之,贝叶斯优化是一种强大的全局优化方法,特别适用于那些计算成本高昂、不确定性较大的黑盒目标函数。因此,本研究采用贝叶斯优化 RF、SVR、GRU 和 LSTM 模型的超参数,如表 3-1 所示。在本研究中,评估模型及贝叶斯优化算法均使用 Matlab 中的函数或工具来实现。

表 3-1　不同模型待优化的超参数个数

模型	待优化的超参数	超参数个数
RF	numTrees；MaxNumSplits；MinLeafSize	3
SVR	BoxConstraint；KernelScale	2
GRU	hiddenSize；InitialLearnRate；LearnRateDropFactor；LearnRateDropPeriod	4
LSTM	hiddenSize；InitialLearnRate；L2Regularization；LearnRateDropFactor；LearnRateDropPeriod	5

3.1.4　降水预测结果及分析

3.1.4.1　数据分层结果

本研究从时间、空间两个维度出发,共同探究双线偏振雷达数据间的相关关系及雷达数据与降雨情况的相关关系[12, 13]。在时间维度上本研究以 258 场降雨过程内的帧数顺序为时序标准。在空间维度上,本研究以每一帧数据对应 256 km×256 km 的平面区域为地域标准。根据提供的雷达数据参考归一化范围以及预测目标对 Z_H 值进行层级划分,建立 Z_H 值层级区间,得到等值图,共 2215 个栅格数据(栅格大小为 1 km×1 km)。图 3-2 为雷达回波 Z_H 观测值的分布情况。

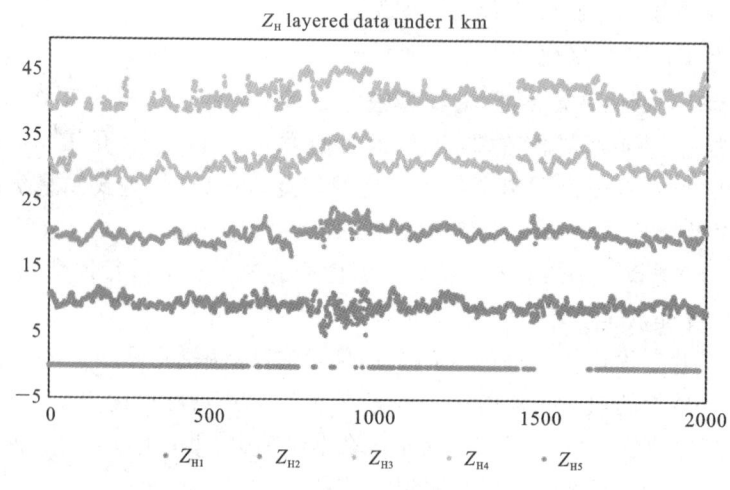

图 3-2　分层后 Z_H 观测值的分布

Z_H 等值图以 13 dB 为梯度,分为 $(0,13)$、$[13,26)$、$[26,39)$、$[39,52)$、$[52,65]$ 五个梯度。本研究以数据集某一降水事件为例进行展示,其 Z_H 等值线如图 3-3 所示。

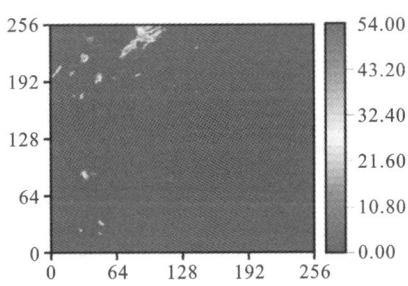

图 3-3　降水事件的 Z_H 等值线图

本研究以数据集中某一降水事件为例,分别绘制各层级下的 Z_H 等值图,如图 3-4 所示,可知该降水事件 Z_H 值集中在第二、第三区间内。由于雷达的反射率因子与降水量之间为经验性指数关系,这表明该场降雨为中等强度降雨。

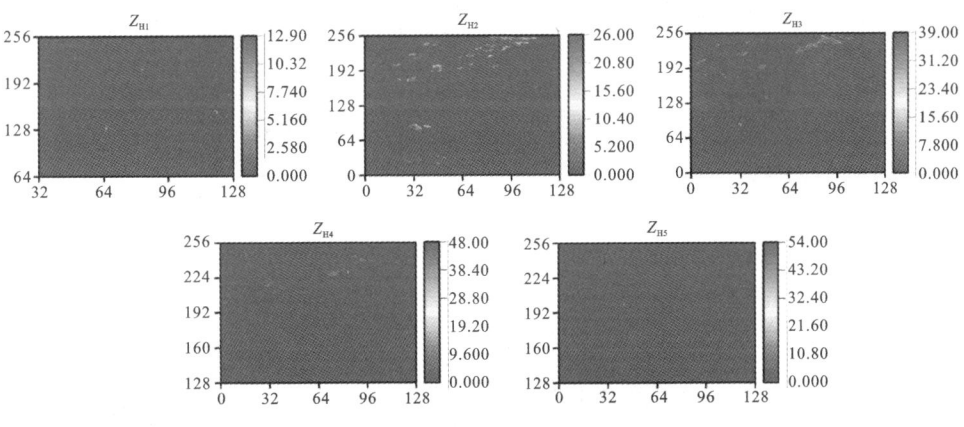

图 3-4　降水事件的 Z_H 分层等高线图

3.1.4.2　区间评估效果

本研究采用了 3.1.3.4 节中描述的贝叶斯优化方法,针对前面所述数据结构,对 RF、SVR、GRU 及 LSTM 模型的超参数进行了优化。以图 3-5 为例,展示了 SVR 模型在贝叶斯优化框架下,针对降水事件 1~5 的寻优过程。在这一过程中,目标函数根据研究需求进行了调整,BoxConstraint 和 KernelScale 不断变化直至寻找到最佳组合。从图 3-5 可以看出,贝叶斯优化前期潜在的最优值是通过随机

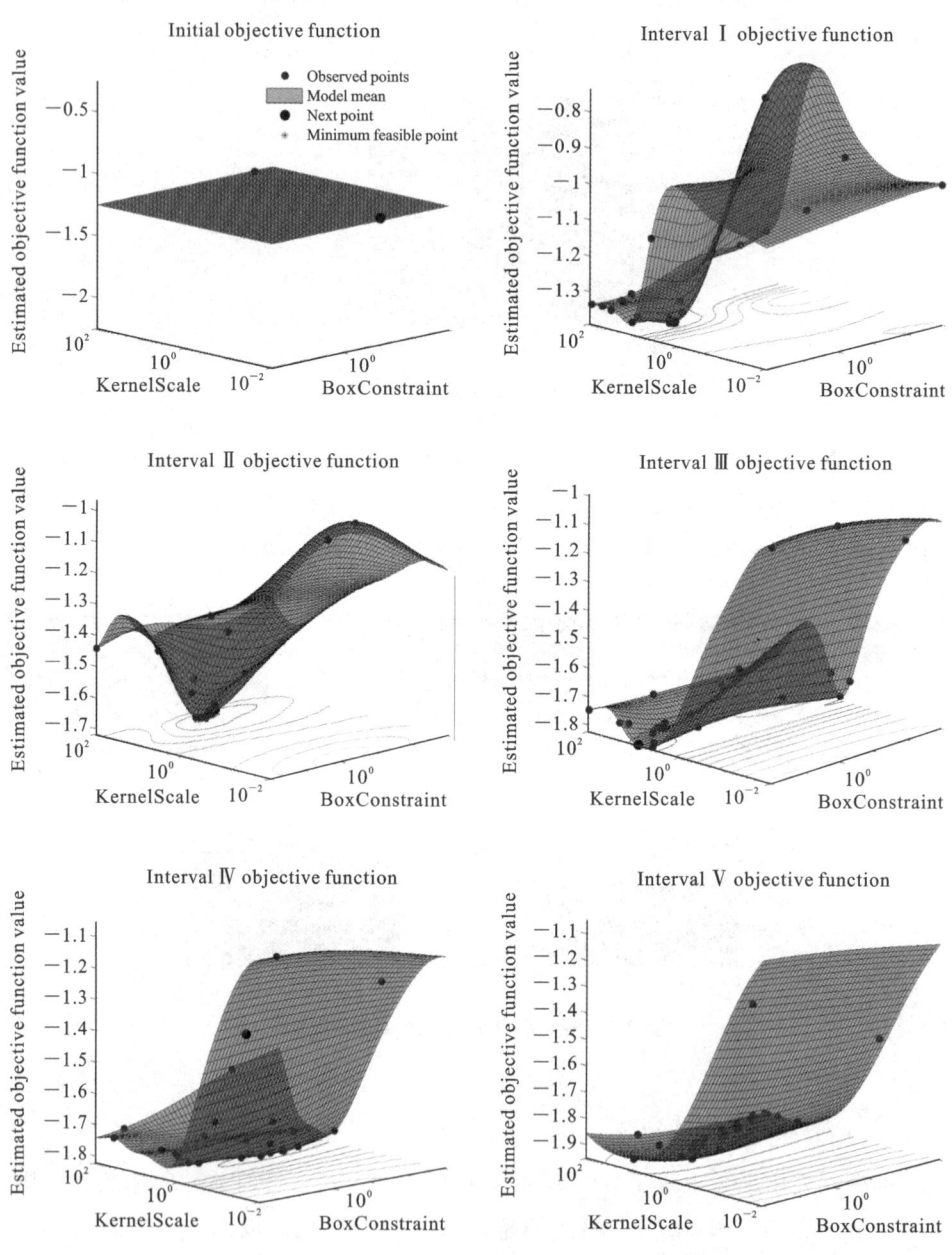

图 3-5　贝叶斯优化支持向量回归超参数优化过程

搜索得到。本研究设定了 25 次贝叶斯迭代过程,模型逐步锁定最佳参数组合。从最终的结果来看,优化过程十分合理,目标函数达到了最小的要求。

根据模型的贝叶斯优化结果,本研究建立了降水事件的评估方法。表 3-2 展示了每个区间的降水评估效果。由表 3-2 中数据可知,各区间的降水事件评估表现整体较好,校准期的评估效果普遍优于验证期。这种现象可能是因为验证期数据的较大噪声。除区间 4 外,Bayes-KF-LSTM 模型在其他区间中的评估效果最为突出,因此建议将其作为主要的降水评估方法。需要注意的是,区间 1 的评估效果相对较差,这可能是校准期数据的代表性不足导致。随着区间的增加,即代表降水强度不断增强,预报效果越好。这主要是由于区间等级越大,其对应的强降水事件就越少。数据中存在较多的 0 值,影响了最终的评价指标。

表 3-2　不同区间的模型降水量评估结果

Data Range	Model	Period	r	RMSE	MAE
Interval Ⅰ	Bayes-KF-RF	Calibration	0.93	8.83	3.96
		Validation	0.60	7.48	5.08
	Bayes-KF-SVR	Calibration	0.71	23.19	18.25
		Validation	0.57	18.18	17.14
	Bayes-KF-GRU	Calibration	0.73	15.37	7.98
		Validation	0.57	9.21	7.05
	Bayes-KF-LSTM	Calibration	**0.87**	**11.23**	**5.46**
		Validation	**0.69**	**5.67**	**4.36**
Interval Ⅱ	Bayes-KF-RF	Calibration	0.80	22.31	18.09
		Validation	0.62	13.81	13.67
	Bayes-KF-SVR	Calibration	0.68	9.61	5.09
		Validation	0.73	4.22	3.31
	Bayes-KF-GRU	Calibration	0.73	8.78	4.38
		Validation	0.75	4.30	3.10
	Bayes-KF-LSTM	Calibration	**0.73**	**8.64**	**4.06**
		Validation	**0.77**	**5.09**	**3.59**

Data Range	Model	Period	r	RMSE	MAE
Interval Ⅲ	Bayes-KF-RF	Calibration	0.93	1.72	0.99
		Validation	0.72	2.78	2.42
	Bayes-KF-SVR	Calibration	0.88	2.61	1.92
		Validation	0.82	1.98	1.63
	Bayes-KF-GRU	Calibration	0.82	2.57	1.81
		Validation	0.83	1.88	1.48
	Bayes-KF-LSTM	Calibration	**0.91**	**1.88**	**1.42**
		Validation	**0.83**	**1.81**	**1.35**
Interval Ⅳ	Bayes-KF-RF	Calibration	**0.98**	**3.50**	**2.46**
		Validation	**0.82**	**15.19**	**12.41**
	Bayes-KF-SVR	Calibration	0.97	4.49	3.75
		Validation	0.82	18.16	15.65
	Bayes-KF-GRU	Calibration	0.97	4.24	3.04
		Validation	0.80	9.77	7.58
	Bayes-KF-LSTM	Calibration	0.97	4.66	3.32
		Validation	0.77	13.75	11.62
Interval Ⅴ	Bayes-KF-RF	Calibration	0.94	0.07	0.03
		Validation	0.88	0.10	0.06
	Bayes-KF-SVR	Calibration	0.93	34.86	29.60
		Validation	0.87	43.65	37.26
	Bayes-KF-GRU	Calibration	0.93	26.29	13.59
		Validation	0.84	54.86	36.69
	Bayes-KF-LSTM	Calibration	**0.98**	**13.76**	**7.91**
		Validation	**0.93**	**38.56**	**26.37**

3.1.4.3 典型案例分析

为检验具体降水事件的评估效果,我们结合模型优化参数和典型降水事件,绘制出降水事件评估前后的热力图。图 3-6 中我们共选择 5 场典型降水事件过程,每个典型降水时间包括降水事件观测值、区间分层值以及降水评估值。从图 3-6

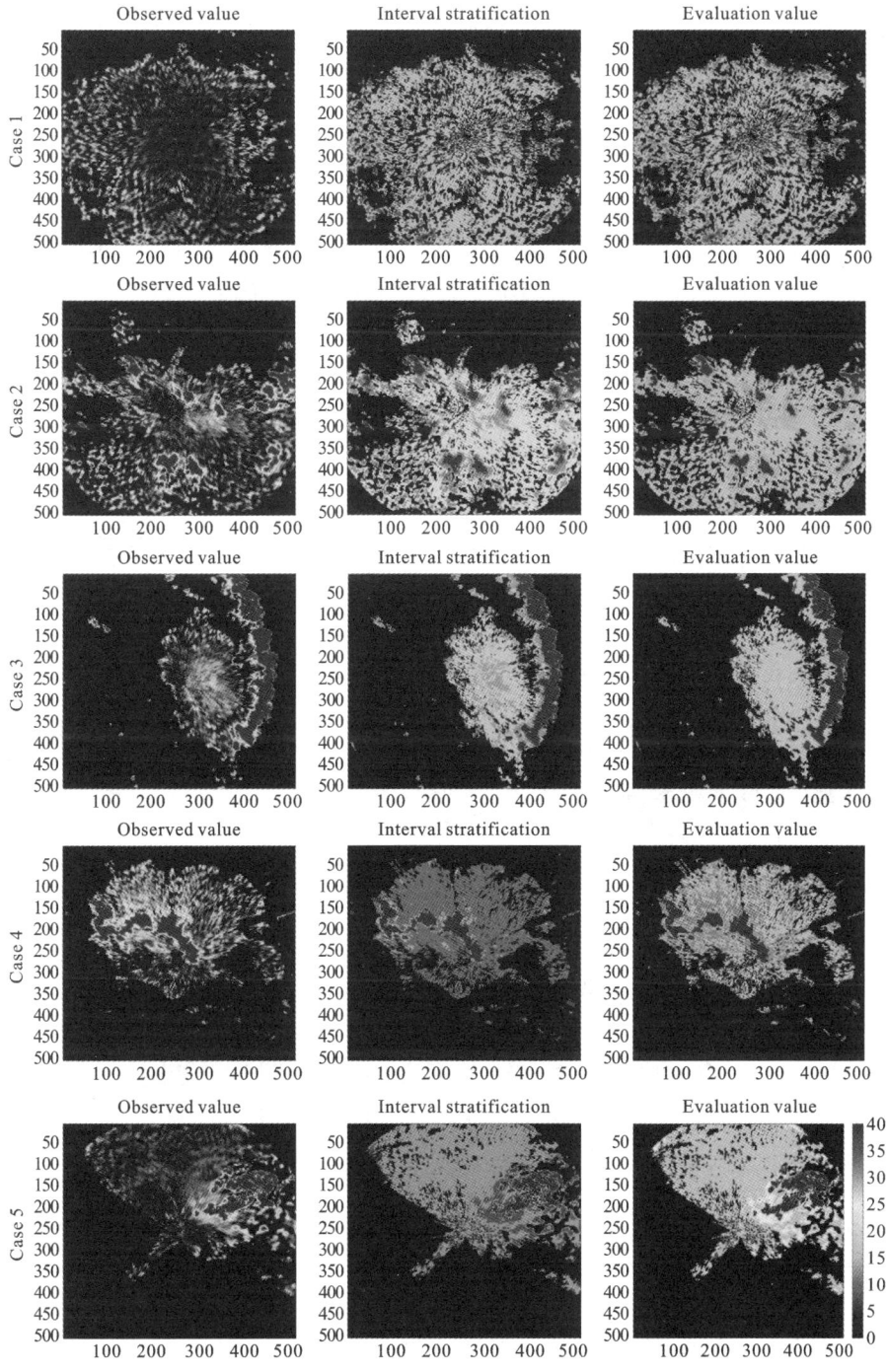

图 3-6　典型降水事件评估

中可以看出,评估模型得到的降水事件与观测值吻合较好,尤其是强对流降水区域,准确地得出未来降水事件的可能性强度,实际应用效果较好。

3.1.5　总结和讨论

研究工作以双极化雷达的 Z_H 和 Z_{DR} 数据为驱动,提出了一种数据分层策略以降低数据维度。进一步地,本章构建了基于 Bayes-KF-Models 的强对流降水事件评估模型。实例验证表明,前面提出的数据分层策略能够显著降低了数据维度,极大地提升了模型运算效率。卡尔曼滤波能在一定程度上降低雷达回波数据噪声对模型的干扰。分层后的雷达数据包含降雨强度等微物理信息,可为模型构建提供数据基础。前面介绍的降水评估模型得到的结果与近地面降水数据十分接近。区间 3～5 校准期相关系数 r 为 0.9 左右。其中,Bayes-KF-LSTM 模型的评估效果最好,Bayes-KF-RF 模型次之。但是,Bayes-KF-RF 模型计算效率最高,具有较强的实用性。考虑到模型需要对不同强度的降水事件具有较好的适用性,建议将 Bayes-KF-RF 或 Bayes-KF-LSTM 作为强对流降水事件评估的主要方法。

本章构建的强对流降水事件评估模型具有良好的适用性和推广价值。但是,研究工作仍有继续深入探讨的方向,未来可进一步研究改进。例如,不同模型之间评估效果差异较大,不同分层策略下模型效果未深入探讨,强对流降水事件不确定性特征难以量化。未来,研究工作可考虑增加多模型评估效果融合成果,减少数据噪声及系统误差的影响。通过以上研究可提高模型的泛化性能和稳定性。综上,本研究充分挖掘了双偏振雷达 Z_H 和 Z_{DR} 数据在降水事件评估中的潜力。研究工作能够为强对流降水事件评估提供新思路,具有广阔的应用前景。

3.2　融合三维气象要素场的乏资料地区降水短期预报模型

3.2.1　短期降水预报概述

3.2.1.1　面向降水预报的因子筛选及降维方法研究现状

短期降水预报方法常以历史降水或气象因子数据作为模型驱动因子,忽略了全球遥相关因子的交互性影响,无法深入解析短期降水过程的物理机制[1, 2]。但流域降水过程是多因子共同作用的结果,涉及位势高度、气温、相对湿度、风速和大气环流等众多因素[3]。全面考虑这些因素在建模中会引发数据冗余和使模型过于复杂,难以有效揭示降水形成的客观规律和变化机理。随着预报因子的增加,模型输入的复杂度和过拟合的风险急剧上升。

在因子筛选和降维方法的研究现状方面,国内外学者已开展了广泛的研究。常见的预报因子筛选方法包括相关系数、灰色关联分析、互信息法[4-7]等。传统方法如主成分分析(PCA)和线性判别分析(LDA)在简化数据结构、减少计算量方面发挥了重要作用,它们主要处理线性关系,难以捕捉气象数据中的复杂非线性特性[8-11]。例如,PCA在降维时可能会忽略变量之间的非线性关系,导致关键信息的丢失,这在预测极端天气事件时尤为致命。此外,机器学习方法如随机森林(RF)和支持向量机(SVM)虽然能够处理非线性问题,但在实际应用中往往需要大量的参数调整和计算资源,且模型的解释性不足,难以为气象决策提供直观的依据[12-14]。例如,随机森林在处理高维数据时容易过拟合[15],而支持向量机在大规模数据集上的训练效率则通常较低[16]。

综上所述,现有的因子筛选和降维方法常常忽视了特征变量在预测中的整体贡献程度,且存在模型输入维度过多、容易过拟合的风险,同时在模型解释性方面存在不足。因此,在因子筛选与降维技术的选择上,需要一种考虑特征变量在预测中的整体贡献程度、能降低模型过拟合风险且提高模型可解释性的方法。

3.2.1.2　短期降水预测模型研究现状

降雨预报是气象领域的一个重要问题,目前主流的方式有两种,分别是数值模式预报和外推法[17-21]。数值模式预报是通过确定全球的动力学、热力学大气方程,并将所有气象要素值作为初值输入,然后解方程组,得到模式预报场。与外推法相比,数值模式预报可以获取未来较长时间的预报,但它也存在一些缺陷[22]:其一是方程组是偏微分形式,只能通过离散化近似求解,这会产生误差;其二是输入数据本身就有测量误差,在解方程组时,这部分误差会被放大。外推法是通过实时获取的雷达或卫星观测图像,分析单体或者强风暴的移动以及形状和强度变化,从而获得未来的预测云图,进而预报降雨。相对于数值模式预报而言,外推法预报所需时间更短,在短期临近业务预报中占主要地位。然而,由于气象系统是一个混沌系统,其中充满了不确定性,系统中的细微扰动会随着时间传递不断累积并扩大,最终造成剧烈的变化[23]。因此,外推法无法准确预报未来较长时间的降雨,并且随着时间推移,预测图像会逐渐出现模糊现象。实际业务应用中常将两种方法的结果结合,并进行相应处理后再使用。

深度学习技术在近年来不断进步和完善,为气象预报提供了新的方法和思路。气象数据具有复杂的属性,例如时空尺度的多样性、变化的不确定性和非平稳性,这些都给基于历史数据的预测带来了挑战。Reichstein[24]等人提出深度学习方法可以自动提取数据中的时空特征并揭示物理关联;Dueben 和 Bauer[25]等人提出建立独立的预测模型。传统预报方法往往难以处理分析这些数据,导致预测精度不高。而深度学习方法能够利用数据挖掘技术,从大量气象数据中归纳出潜在的规律,从而提高预测精度、丰富气象预报方法。深度学习方法还有一个显著的优势:如果已经有了训练好的模型,那么在输入数据后进行推断的计算成本会很低。这意味着预报过程几乎是实时的,并且结果保持了原始数据的高分辨率。Shi[26]等人提出了一种时空序列预测预报模型,结合了卷积神经网络和 LSTM 对降雨量进行预测,结果显示它的表现优于之前最有效的短期降水预测。这样的方法虽然在处理结构化的二维数据上表现出优越性,但往往忽视了数据中的空间关联性。例如,在处理降水预报时,如果只考虑二维数据场,就无法充分利用空间上的相关信息。

综上所述,外推法预报存在着精度受限、无法准确预报较长时间的降雨等问题;数值模式预报存在计算资源消耗大、初始条件敏感、具有模式误差等问题;而降水天气系统是空间连续过程,常用的二维神经网络模型往往忽视了数据的空间关联性。因此,在短期降水预测模型的选择上,需要一种既可以实现预测精度更高且计算资源消耗更小,还可以捕捉到更丰富的空间信息的短期降水预报模型。

3.2.1.3 短期降水预测偏差校正方法研究现状

短期降水预测对防范强降水引发的洪涝灾害、保障国民经济和人民生活具有重要意义[27-29]。然而,由于降水过程的复杂性和不确定性,降水预测往往存在一定的偏差,影响了预报的准确性和可信度。因此,对降水预报进行偏差校正是提高短期降水预测能力的关键技术之一。目前,国内外对短期降水预测偏差校正方法的研究主要分为两大类:终端误差校正和过程误差校正[30]。终端误差校正是指在降水预报结果上进行订正,使其更接近观测值或真实值。过程误差校正是指在降水预报运行的过程中进行订正,使其更符合物理规律或统计规律。

终端误差校正方法主要包括频率匹配法、阈值法、回归法、人工神经网络法[31]。张海鹏[32]等人提出的频率匹配法是基于统计学原理,将数值模式输出的降水分布与观测或真实值的降水分布进行匹配,从而得到订正后的降水结果。该方法简单易行,但是忽略了空间和时间上的相关性,可能导致订正后的降水场不连续或不平滑。阈值法是基于经验规则,将数值模式输出的降水场按照一定的阈值进行划分,然后对不同区域或等级的降水选择不同的订正系数或函数。该方法可以考虑不同量级或类型的降水特征,但是需要人为设定阈值和订正参数,可能存在主观性;王昊[33]等人提出的回归法是基于统计学原理,利用历史数据建立数值模式输出的降水量与观测值或真实值之间的回归关系,然后用该关系对新的降水预报进行订正。该方法可以考虑多种因素对降水预报的影响,但是需要大量的历史数据和合适的回归模型。人工神经网络法是基于机器学习原理,利用人工神经网络模拟数值模式输出的降水量与观测值或真实值之间的非线性映射关系,然后用该关系对新的降水预报进行订正。该方法可以处理复杂的非线性问题,但是需要大量的训练数据和合适的网络结构。

过程误差校正方法主要包括变分同化法、集合卡尔曼滤波法[34]。黄一昕[35]等人提出的变分同化法是基于最优控制原理,将观测数据通过一个代价函数引入数值模式中,从而得到最优化的初始场或参数场,然后用该场驱动数值模式进行预报。该方法可以利用多种观测数据和物理约束,但是需要大量的计算资源和合适的代价函数。集合卡尔曼滤波法是基于贝叶斯原理,利用一组初始扰动场生成一组集合预报,然后用观测数据对集合预报进行加权平均,从而得到订正后的预报场。该方法可以考虑模式和观测的误差分布,但是需要合适的初始扰动和观测误差协方差矩阵。

综上所述,目前的短期降水预测偏差校正方法主要侧重于数据层面的调整,这种方法虽然在某些情况下有效,但常常忽视了降水过程的物理机制和气象要素的时空变化特征,影响预报的准确性和可靠性。此外,目前研究中往往缺乏对不同气象要素如温度、湿度、风速等的敏感性分析,这限制了对预报误差源头和影响因素的深入理解。因此,迫切需要开发出新的偏差校正方法。这些方法应当不仅仅关注数据的统计校正,还应融入物理约束,以确保校正过程符合气象学的物理原理[36]。同时,通过对不同气象要素的敏感性分析,可以更准确地定位和解决导致预报误差的关键因素。

3.2.2　三维卷积神经网络模型简介

3.2.2.1　卷积神经网络模型

卷积神经网络(Convolutional Neural Network,CNN)是一种专门用于处理具有网格结构数据(如图像、音频等)的深度学习模型。它在图像识别、分类、目标检测等领域表现出色,主要得益于其独特的卷积操作和网络结构。

1. 基本原理

卷积层是 CNN 的核心,通过卷积核(filter)在输入数据上滑动并进行卷积运算,提取局部特征。卷积核的大小(如 3×3、5×5)、深度(即卷积核的数量)和步长

(stride)是关键参数。

假设输入特征图 X 的大小为 $H \times W \times C$(高度×宽度×通道数),卷积核 K 的大小为 $K_h \times K_w \times C$,步长为 S,则卷积运算结果 Y 的大小为

$$Y_{i,j} = \sum_{m=0}^{K_h-1} \sum_{n=0}^{K_w-1} \sum_{c=0}^{C-1} X_{iS+m, jS+n, c} \cdot K_{m,n,c} + b$$

式中:b 为偏置项。

2. 池化层

池化层用于降低数据的维度和计算量,同时增强模型对数据变化的鲁棒性。常见的池化方法有最大池化和平均池化。以最大池化为例,公式为

$$Y_{i,j} = \max(X_{iS:iS+K_h, jS:jS+K_w, c})$$

式中:K_h 和 K_w 是池化窗口的大小,S 是步长。

3. 激活函数

激活函数为网络引入非线性,常用的是 ReLU(Rectified Linear Unit),其公式为

$$Y = \max(0, X)$$

这个激活函数能将负值置零,保留正值,从而加速网络收敛。

4. 全连接层

全连接层将卷积和池化提取的特征映射到样本标记空间,通常用于最终的分类任务,其计算公式为

$$\boldsymbol{Y} = \boldsymbol{W} \cdot \boldsymbol{X} + \boldsymbol{b}$$

式中:$\boldsymbol{W}$ 是权重矩阵,$\boldsymbol{b}$ 是偏置向量。

5. 典型的 CNN 结构

一个典型的 CNN 结构如下:

(1)输入层:接收原始数据,如图像的像素矩阵。

(2)卷积层:使用多个卷积核提取特征,生成多个特征图。

(3)激活函数层:对卷积结果应用 ReLU 等激活函数,增强非线性表达能力。

(4)池化层:对特征图进行降维处理,减少计算量和参数数量。

(5)重复步骤(2)~(4):构建多层卷积、激活和池化结构,逐层提取更高级的特征。

(6)全连接层:将提取的特征映射到类别空间,输出分类结果。

卷积神经网络通过卷积层提取局部特征,池化层降低数据维度,激活函数引入非线性,全连接层完成分类任务。这种结构使得 CNN 在处理图像等网格数据时能够有效学习到数据中的空间层次特征,从而在图像识别、分类等任务中取得优异

性能。

3.2.2.2　三维卷积神经网络模型

1. 基本原理

三维卷积神经网络(3D CNN)是一种专门用于处理三维数据(如视频、体积数据等)的深度学习模型。与二维卷积神经网络(2D CNN)不同,3D CNN 在三个维度(高度、宽度和深度)上进行卷积操作,能够同时捕获空间和时间特征。

2. 三维卷积层

三维卷积层是 3D CNN 的核心,通过三维卷积核在输入数据上滑动并进行卷积运算,提取三维特征。卷积核的大小(如 $3 \times 3 \times 3$)、深度(即卷积核的数量)和步长(stride)是关键参数。

假设输入特征图 X 的大小为 $D \times H \times W \times C$(深度×高度×宽度×通道数),卷积核 K 的大小为 $K_d \times K_h \times K_w \times C$,步长为 S,则卷积运算结果 Y 的大小为

$$Y_{i,j,k} = \sum_{m=0}^{K_d-1} \sum_{n=0}^{K_h-1} \sum_{p=0}^{K_w-1} \sum_{c=0}^{C-1} X_{iS+m, jS+n, kS+p, c} \cdot K_{m,n,p,c} + b$$

式中:b 为偏置项。

3. 三维池化层

三维池化层用于降低数据的维度和计算量,同时增强模型对数据变化的鲁棒性。常见的池化方法有最大池化和平均池化。以最大池化为例,公式为

$$Y_{i,j,k} = \max(X_{iS:iS+K_d, jS:jS+K_h, kS:kS+K_w, c})$$

式中:K_d、K_h 和 K_w 是池化窗口的大小,S 是步长。

4. 激活函数

激活函数为网络引入非线性,常用的是 ReLU(Rectified Linear Unit),其公式为

$$Y = \max(0, X)$$

这个激活函数能将负值置零,保留正值,从而加速网络收敛。

5. 全连接层

全连接层将卷积和池化提取的特征映射到样本标记空间,通常用于最终的分类任务,其计算公式为

$$\boldsymbol{Y} = \boldsymbol{W} \cdot \boldsymbol{X} + \boldsymbol{b}$$

式中:$\boldsymbol{W}$ 是权重矩阵,$\boldsymbol{b}$ 是偏置向量。

6. 典型的三维 CNN 结构

一个典型的 3D CNN 结构如下:

（1）输入层：接收原始三维数据，如视频的连续帧或三维医学图像。

（2）三维卷积层：使用多个三维卷积核提取三维特征，生成多个特征图。

（3）激活函数层：对卷积结果应用 ReLU 等激活函数，增强非线性表达能力。

（4）三维池化层：对特征图进行降维处理，减少计算量和参数数量。

（5）重复步骤（2）～（4）：构建多层三维卷积、激活和池化结构，逐层提取更高级的特征。

（6）全连接层：将提取的特征映射到类别空间，输出分类结果。

三维卷积神经网络通过三维卷积层提取三维数据的局部特征，三维池化层降低数据维度，激活函数引入非线性，全连接层完成分类任务。这种结构使得 3D CNN 在处理视频、三维医学图像等三维数据时能够有效学习到数据中的空间和时间层次特征，从而在视频分类、医疗图像分析等任务中取得优异性能。

3.2.3　研究区域及短期降水建模方法研究

3.2.3.1　数据类型及研究区域

本研究所采用的气象数据来源于欧洲中期天气预报中心（ECMWF）发布的 ERA-Interim 再分析数据集。该数据集基于四维变分同化系统构建，能够提供全球范围高精度的大气状态再分析产品。数据水平分辨率为 1°×1°经纬度网格，包含 10 个垂直等压面层次（100 hPa 至 1000 hPa），时间覆盖范围为 2010 年 1 月 1 日至 2019 年 12 月 31 日，时间步长为 24 小时。

研究区域选定为长江流域，该区域位于东亚季风气候区核心地带，地理范围介于北纬 23°～40°、东经 90°～112°之间，涵盖青藏高原东缘至长江中下游平原的广阔地域。该区域具有显著的气候过渡带特征，且是我国重要的生态屏障和经济发展核心区，其复杂的地形条件与典型的季风气候系统为研究气候变化提供了理想样本。

3.2.3.2　数据预处理

数据预处理是气象研究中至关重要的环节，本研究针对 ERA-Interim 再分析数据的预处理包含以下关键步骤。

1. 数据格式转换与整合

（1）将原始 GRIB 格式数据转换为便于分析的 NetCDF 格式（推荐使用 CDO 或 NCO 工具）。

（2）按时间序列整合年度/月度数据文件，构建连续时间序列数据集。

(3) 建立标准时间维度(如 UTC 时间标准化)。

2. 时空插值处理

(1) 时间分辨率重采样:将 6 小时数据聚合为日/月/年尺度(推荐使用 Pandas 或 xarray 库)。

(2) 空间插值:针对研究区域进行双线性插值或样条插值,提升数据精度。

3. 质量控制与异常值检测

(1) 应用气候学阈值法(如温度极值范围检测)。

(2) 识别并修复时间序列中的尖峰异常值。

(3) 基于空间一致性检验(如相邻网格点差值法)。

4. 垂直层标准化

(1) 统一垂直层坐标系统(如将气压层转换为高度坐标)。

(2) 应用静力学方程进行气压高度换算。

(3) 垂直插值至统一高度层(推荐使用 Hypsometric 方程)。

5. 变量工程与单位转换

(1) 推导衍生变量(如位势高度、假相当位温等)。

(2) 单位标准化(如将气压单位转换为 hPa,温度单位转换为℃)。

(3) 计算气候指数(如东亚夏季风指数、ENSO 指标等)。

6. 区域掩膜与裁剪

(1) 基于长江流域地理边界(北纬 23°~40°,东经 90°~112°)进行空间裁剪。

(2) 结合 DEM 数据进行地形掩膜处理。

(3) 应用流域矢量边界文件进行精细化裁剪。

7. 数据同化验证

(1) 与地面观测站数据进行时空匹配验证。

(2) 计算均方根误差(RMSE)和相关系数(R)。

(3) 开展季节偏差订正(如使用分位数匹配法)。

8. 时空数据立方体构建

(1) 构建四维数据立方体(时间×纬度×经度×层次)。

(2) 建立标准化数据元数据(包含坐标系统、投影信息等)。

(3) 数据压缩与存储优化(推荐使用 HDF5 格式)。

3.2.3.3　三维卷积神经网络模型输入数据

网络采用三维(即经度、纬度和高度)气象分析场作为输入,包括温度(T)、位势高度（Z）、相对湿度（R）和风速（U 和 V），这类似于传统的天气预报模型。全套气象变量确保了可以从输入中导出与降水相关的动态或热力学因素。一系列 3D 卷积自动提取水平和垂直特征，以产生随后 24 小时内的总降水量作为输出。这一过程类似于基于诊断变量（如辐散/辐合、不稳定性、对流势能和可降水量）的传统预报的经验，只是相关变量是通过基于训练数据的非线性回归确定的，没有明确的定义和计算。输入域覆盖了三峡流域和周围地区，因此携带了足够的上游/下游信息用于导出侧向边界强迫。

网络数据库是 10 年（2010—2019 年）的 ERA 中期再分析气象数据，在北纬 23°～40°、东经 90°～112°（18×22 个网格）的长江流域，数据分为三部分：1 年（2018 年）进行验证，1 年（2019 年）用于测试，其余 8 年用于训练。

3.2.3.4　模型网络架构及方法

短期降水预测神经网络的结构如图 3-7 所示。模型结构 3D 卷积神经网络预报模型由多个 3D 卷积模块和多个全连接（FC）层组成。每个 3D 卷积之后是批量标准化层和 ReLU 激活层；MSE（均方误差）损失函数用于训练。网络将采用 VGG 式架构，它堆叠了多个非线性层来学习数据中的复杂模式。网络采用单帧三维（即经度、纬度和高度）气象分析场作为输入，包括温度（T）、位势高度（Z）、相对湿度（R）、风速（U 和 V）和大气可降水量（PWV）等气象要素，输出是三峡库区日总降水量。MSE（均方误差）损失函数用于训练。它使用 PyTorch 应用编程接口实现，并在 NVIDIA GeForce RTX 4060 显卡上进行训练。

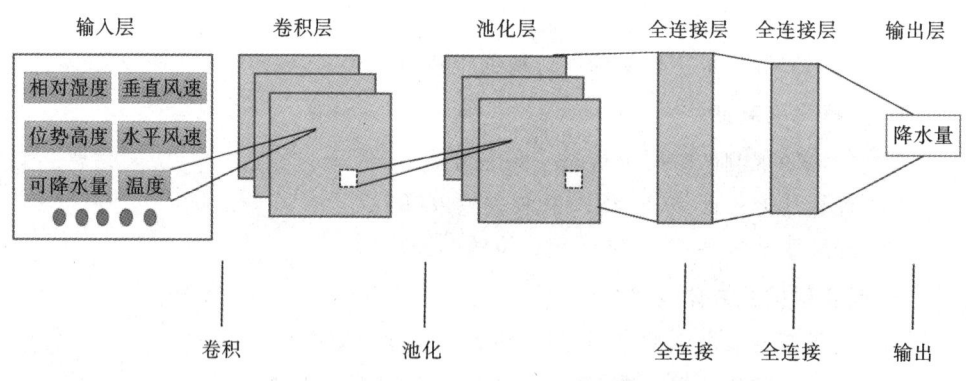

图 3-7　3D 卷积神经网络预报模型结构示意图

本研究以 2010—2017 年三维气象场作为输入，以往后一天的日降水量作为标签，8 年数据作为训练样本，以输入气象场日期后一天的日降水量作为输出。

3.2.4 短期降水预测结果及分析

3.2.4.1 日尺度预测

以 2010—2017 年三维气象场作为输入,以往后一天的日降水量作为标签,8年数据作为训练样本,以输入气象场日期后一天的日降水量作为输出。数据水平分辨率为 0.25°×0.25°,结果如图 3-8 所示。

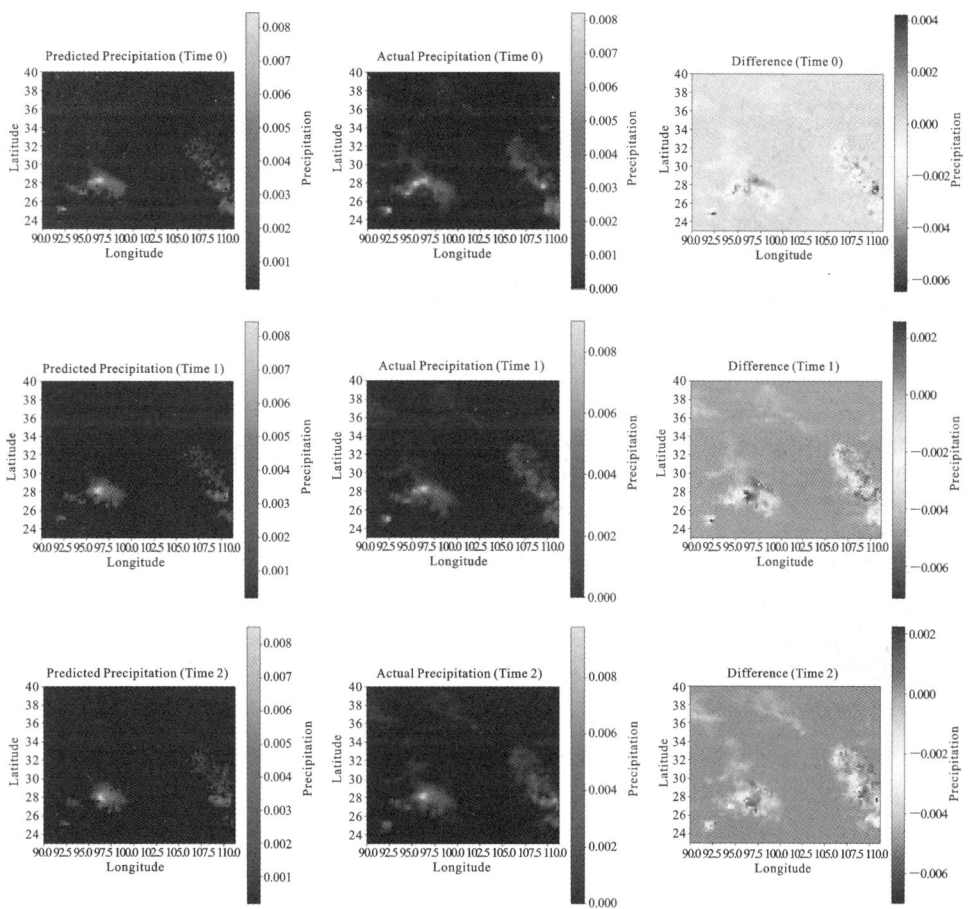

图 3-8 未来一日降水预测分布图(0.25°×0.25°)

以 2010—2017 年三维气象场作为输入,以往后一天的日降水量作为标签,8年数据作为训练样本,以输入气象场日期后一天的日降水量作为输出。数据水平分辨率为 1°×1°,结果如图 3-9 所示。

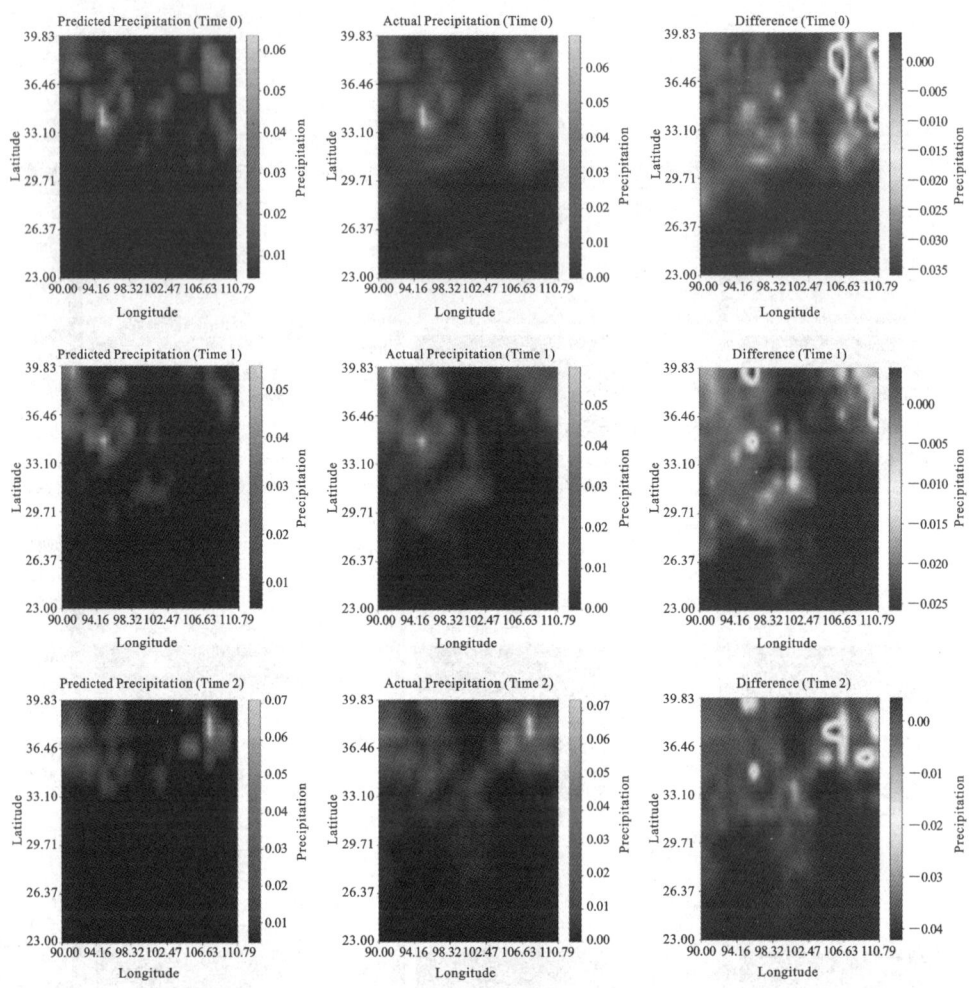

图 3-9　未来一日降水预测分布图(1°×1°)

3.2.4.2　小时尺度预测

以 2010—2017 年三维气象场作为输入,以往后逐小时降水量作为标签,8 年数据作为训练样本,以输入气象场往后逐小时的降水量作为输出。数据水平分辨率为 0.25°×0.25°,结果如图 3-10 所示。

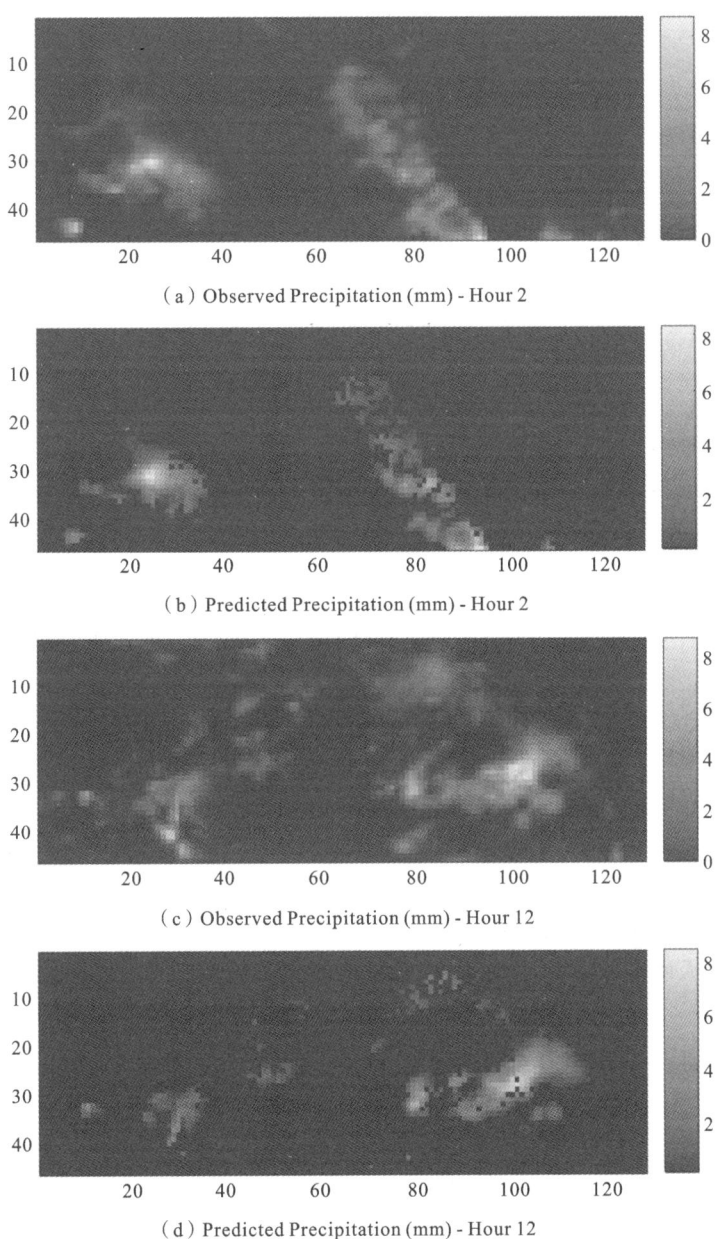

（a）Observed Precipitation (mm) - Hour 2

（b）Predicted Precipitation (mm) - Hour 2

（c）Observed Precipitation (mm) - Hour 12

（d）Predicted Precipitation (mm) - Hour 12

图 3-10　未来一小时降水预测分布图($0.25°×0.25°$)

3.3 小 结

针对乏资料地区降水短临预报问题,本章提出了一种耦合雷达和深度学习的降水预报模型。该模型通过构建基于智能学习算法的降水评估模型,突破了传统的基于雷达回波的数值模拟方法,显著降低了数据维度,提升了模型运算效率和泛化性能。在方法上,本研究采用了双极化雷达数据,利用其水平反射率因子(Z_H)和差分反射率(Z_{DR})等微物理变量进行降水评估。通过数据分层策略,将雷达回波数据分为不同层级,以捕捉风暴演变的关键线索。此外,本章还采用了贝叶斯优化方法对随机森林(RF)、支持向量回归(SVR)、门控循环单元(GRU)和长短时记忆神经网络(LSTM)等模型的超参数进行优化,以提高模型的预测性能。分析结果表明,贝叶斯优化后的模型在不同降水强度区间内均表现出较好的评估效果。特别是 Bayes-KF-LSTM 模型在多数区间中评估效果最为突出,建议作为主要的降水评估方法。本研究构建的强对流降水事件评估模型具有良好的适用性和推广价值,能够为强对流降水事件评估提供新思路。未来研究可考虑增加多模型评估效果融合成果,减少数据噪声及系统误差的影响,以提高模型的泛化性能和稳定性。

同时,针对乏资料地区降水短期预报问题,以欧洲中期天气预报中心(ECM-WF)发布的 ERA-Interim 再分析数据集为基础,构建了短期降水预报三维卷积神经网络模型,网络采用三维(即经度、纬度和高度)气象分析场作为输入,包括温度(T)、位势高度(Z)、相对湿度(R)、水平风速(U 和 V)和大气可降水量全套气象变量确保了可以从输入中导出与降水相关的动态或热力学因素,一系列 3D 卷积自动提取三维气象场的水平和垂直特征,从而实现降水的短期预测,该模型在长江中上游流域得到了初步的验证,结果表明三维卷积神经网络模型能够有效捕捉降水天气系统的演化特征,为降水短期预报提供了一种新的技术途径。

参 考 文 献

[1] 王丽萍,李宁宁,马皓宇,等. MIC-PCA 耦合算法在径流预报因子筛选中的应用[J]. 中国农村水利水电,2018(9):36-41.

[2] Golding B W. Quantitative precipitation forecasting in the UK[J]. Journal of Hydrology,

2000,239(1-4):286-305.

[3] Wang G, Xia J, Chen J. Quantification of effects of climate variations and human activities on runoff by a monthly water balance model: A case study of the Chaobai River basin in northern China[J]. Water resources research, 2009,45(7).

[4] 王丽萍,李宁宁,马皓宇,等. MIC-PCA 耦合算法在径流预报因子筛选中的应用[J]. 中国农村水利水电,2018(9):36-41.

[5] 陈守煜. 中长期水文预报综合分析理论模式与方法[J]. 水利学报,1997,8(1):15-21.

[6] 闪丽洁,张利平,刘恋,等. 基于多方法优选因子和人工神经网络耦合模型的枯水期径流预报[J]. 武汉大学学报(工学版),2015,48(6):758-763.

[7] 农振学,王超,雷晓辉. 基于主成分分析和 BP 神经网络的赣江流域中长期径流预报[J]. 水电能源科学,2018,36(1):16-19.

[8] 李玉,俞志明,宋秀贤. 运用主成分分析(PCA)评价海洋沉积物中重金属污染来源[J]. 环境科学,2006,27(1):137-141.

[9] 李玉珍,王宜怀. 主成分分析及算法[J]. 苏州大学学报(自然科学版),2005,21(1):32-36.

[10] 王晓慧. 线性判别分析与主成分分析及其相关研究评述[J]. 中山大学研究生学刊(自然科学与医学版),2007,28(4):50-61.

[11] 尹洪涛,付平,沙学军. 基于 DCT 和线性判别分析的人脸识别[J]. 电子学报,2009,37(10):2211.

[12] Belgiu M, Drăguţ L. Random forest in remote sensing: A review of applications and future directions[J]. ISPRS journal of photogrammetry and remote sensing, 2016,114:24-31.

[13] Biau G, Scornet E. A random forest guided tour[J]. Test, 2016,25:197-227.

[14] Andrea Mechelli, Sandra Vieira. Machine learning[M]. Amsterdam: Elsevier, 2020:101-121.

[15] Segal M R. Machine learning benchmarks and random forest regression[D]. San Francisco: UCSF,2004.

[16] Hearst M A, Dumais S T, Osuna E, et al. Support vector machines[J]. IEEE Intelligent Systems and their applications, 1998,13(4):18-28.

[17] 宗志平,代刊,蒋星. 定量降水预报技术研究进展[J]. 气象科技进展,2012(5):29-35.

[18] 刘琳,陈静,程龙,等. 基于集合预报的中国极端强降水预报方法研究[J]. 气象学报,2013,71(5):853-866.

[19] 毕宝贵,代刊,王毅,等. 定量降水预报技术进展[J]. 应用气象学报,2016,27(5):534-549.

[20] Yang D, Wang W, Gueymard C A, et al. A review of solar forecasting, its dependence on atmospheric sciences and implications for grid integration: Towards carbon neutrality[J]. Renewable and Sustainable Energy Reviews, 2022,161:112348.

[21] Montanari A, Grossi G. Estimating the uncertainty of hydrological forecasts: A statistical approach[J]. Water Resources Research, 2008,44(12):1-9.

[22] 任宏利,丑纪范. 数值模式的预报策略和方法研究进展[J]. 地球科学进展,2007,22(4):376.

[23] 符式红,钟青,寿绍文. 对多普勒雷达集合交叉相关外推技术的构造与实例检验[J]. 气象,2012,38(1):47-55.

[24] Reichstein M, Camps-Valls G, Stevens B, et al. Deep learning and process understanding for data-driven Earth system science[J]. Nature, 2019,566(7743):195-204.

[25] Dueben P D, Bauer P. Challenges and design choices for global weather and climate models based on machine learning[J]. Geoscientific Model Development, 2018,11(10):3999-4009.

[26] Shi X, Chen Z, Wang H, et al. Convolutional LSTM network: A machine learning approach for precipitation nowcasting[J]. Advances in neural information processing systems, 2015,28:802-810.

[27] 张建云,王国庆. 气候变化对水文水资源影响研究[M]. 北京:科学出版社,2007.

[28] 夏军,王惠筠,甘瑶瑶,等. 中国暴雨洪涝预报方法的研究进展[J]. 暴雨灾害,2019,38(5):416-421.

[29] Yang T, Liu W. A general overview of the risk-reduction strategies for floods and droughts [J]. Sustainability, 2020,12(7):2687.

[30] 陈鑫,刘艳丽,张建云,等. 数据挖掘技术在洪水预报实时校正中的应用[J]. 水力发电学报,2022,41(8):54-62.

[31] Liu H, Duan Z, Han F, et al. Big multi-step wind speed forecasting model based on secondary decomposition, ensemble method and error correction algorithm[J]. Energy Conversion and Management, 2018,156:525-541.

[32] 张海鹏,智协飞,吉璐莹. 中国区域降水偏差订正的初步研究[J]. 气象科学,2020,40(4):467-474.

[33] 王昊,江文员,刘益民,等. 基于 TIGGE 多模式的 6 h 降雨预报精度对比分析[J]. 水利水运工程学报,2022(2):31-39.

[34] Fertig E, Baek S, Hunt B, et al. Observation bias correction with an ensemble Kalman filter[J]. Tellus A: Dynamic Meteorology and Oceanography, 2009,61(2):210-226.

[35] 黄一昕,王钦钊,梁忠民,等. 洪水预报实时校正技术研究进展[J]. 南水北调与水利科技(中英文),2021,19(1):12-35.

[36] 段晚锁,丁瑞强,周菲凡. 数值天气预报和气候预测可预报性研究的若干动力学方法[J]. 气候与环境研究,2013,18(4):524-538.

第4章

乏资料地区暴雨洪水预报模型

4.1 融合多源空间数据的乏资料地区暴雨洪水预报模型

4.1.1 融合多源空间数据的乏资料地区产汇流特征分析

4.1.1.1 模型参数物理机制分析

将新安江模型参数划分为 8 类进行分析。

1. 张力水蓄水容量参数

张力水蓄水容量参数主要包括 UM、LM、DM、B。张力水蓄水容量主要是指单元全土层的张力水蓄水容量,其与包气带厚度密切相关。而包气带厚度主要是由栅格的地貌特征与土壤类型所确定,其中地貌特征的影响更为显著,因此,基于地形湿度指数(TWI)来比较流域张力水蓄水容量参数的相似性。

2. 自由水蓄水容量参数

自由水蓄水容量参数主要包括 SM、EX。自由水蓄水容量主要是指单元表土层的自由水蓄水容量,因此,基于土壤 $0\sim5$ cm 厚度的饱和土壤含水量数据来比较流域自由水蓄水容量的相似性。

3. 流域蒸散发参数

流域蒸散发参数主要包括 K、C。流域蒸散发参数主要与单元的植被覆盖率有关，因此，基于流域多年平均的归一化植被指数（NDVI）来比较流域蒸散发参数的相似性。

4. 自由水出流系数

自由水出流系数主要包括 KI、KG。自由水出流系数主要是指表层自由水蓄水库对地下水与壤中流的出流系数，其主要受土壤类型的影响。因此，基于土壤 $0\sim5\ \mathrm{cm}$ 厚度的饱和导水率数据来比较流域自由水出流系数的相似性。

5. 壤中流和地下水消退系数

壤中流和地下水消退系数主要包括 CI、CG。壤中流和地下水消退系数主要受较深层的土壤属性影响，因此，基于土壤 $5\sim100\ \mathrm{cm}$ 厚度的饱和导水率数据、$100\sim200\ \mathrm{cm}$ 厚度的饱和导水率数据来比较流域壤中流和地下水消退系数的相似性。

6. 河网调蓄系数

河网调蓄系数主要为 CS。河网调蓄系数主要受河网形态的影响，因此，基于流域河网形态数据来比较河网调蓄系数的相似性。

7. 河道洪水演算参数

河道洪水演算参数主要包括 KE、XE。河道洪水演算参数主要受河道坡度影响较大，因此，基于河道坡度数据来比较流域河道洪水演算参数的相似性。

8. 流域不透水面积参数

流域不透水面积参数主要为 IM，由于 IM 的取值一般较小，因此，统一取经验值 0.01。

4.1.1.2　元流域相似性分析方法研究

1. 基于动态时间归整的元流域特征分布相似性分析方法

由于进行相似性分析时，两个流域的数据规模可能不一致，因此，不能用常规的相关性指标、KGE 指标等来进行计算。为此，本项目提出了基于动态时间规整（Dynamic Time Warping，DTW）的相似性计算方法，可以在考虑数据序列之间的位移和延迟情况下进行比对，且不需要数据序列长度相同。具体计算步骤如下。

（1）首先提取流域 1 逐网格的特征值 V，形成一个列向量 $\boldsymbol{V}_1$，提取流域 2 逐网格的特征值 V，形成一个列向量 $\boldsymbol{V}_2$；将 $\boldsymbol{V}_1$、$\boldsymbol{V}_2$ 的数值按照升序进行排序，得到 VS_1 和 VS_2。

$$\boldsymbol{V}_1 = \begin{bmatrix} v_{11} \\ v_{12} \\ \vdots \\ v_{1m} \end{bmatrix} \Rightarrow \boldsymbol{VS}_1 = \begin{bmatrix} vs_{11} \\ vs_{12} \\ \vdots \\ vs_{1m} \end{bmatrix}, \quad vs_{11} \leqslant vs_{12} \leqslant \cdots \leqslant vs_{1m} \qquad (4\text{-}1)$$

$$\boldsymbol{V}_2 = \begin{bmatrix} v_{21} \\ v_{22} \\ \vdots \\ v_{2n} \end{bmatrix} \Rightarrow \boldsymbol{VS}_2 = \begin{bmatrix} vs_{21} \\ vs_{22} \\ \vdots \\ vs_{2n} \end{bmatrix}, \quad vs_{21} \leqslant vs_{22} \leqslant \cdots \leqslant vs_{2n} \qquad (4\text{-}2)$$

式中：v_{ij} 为第 i 个流域的第 j 个特征值，vs_{ij} 为第 i 个流域升序排序后的第 j 个特征值，m 为流域 1 的特征值数量，n 为流域 2 的特征值数量。

（2）创建一个 $(m+1) \times (n+1)$ 的二维矩阵 $\boldsymbol{D}$，并初始化所有元素为正无穷大。

（3）将 $\boldsymbol{D}$ 的第一行和第一列的元素设置为 0。从 $\boldsymbol{D}$ 的 $(1,1)$ 位置开始，对于每个 $D(i,j)$ 的元素（其中 i 表示 $\boldsymbol{V}_1$ 中的索引，j 表示 $\boldsymbol{V}_2$ 中的索引），计算 $\boldsymbol{V}_1[i]$ 与 $\boldsymbol{V}_2[j]$ 之间的欧式距离。

（4）计算 $D(i-1,j)$、$D(i,j-1)$ 和 $D(i-1,j-1)$ 的最小值。

（5）将步骤（3）和步骤（4）两个值相加，并将结果保存到 $D(i,j)$ 中。

（6）最终得到 $\boldsymbol{V}_1$ 和 $\boldsymbol{V}_2$ 的相似距离 $V_{\mathrm{DTW}} = D(m,n)$。$V_{\mathrm{DTW}}$ 越大，表示流域 1 和流域 2 的特征越不相似；V_{DTW} 越小，表示流域 1 和流域 2 的特征越相似。

2. 考虑旋转的河网形态感知哈希相似性分析方法

由于流域河网形态千差万别，若直接进行对比分析，容易受到多余信息的影响，难以得到可靠的相似性计算结果，因此，为进行流域河网的关键特征的相似分析，本项目提出了基于感知哈希算法的河网形态的相似性分析方法。同时，由于感知哈希算法无法考虑河网的走向不同，因此，本项目在进行感知哈希算法计算时进一步考虑了河网的旋转。具体计算步骤如下。

（1）将河网保存为二维的灰度数组，有河道的网格位置赋值为 255，无河道的网格位置赋值为 0。

（2）设置旋转角度为 d（初始 $d=0$），将河网顺时针旋转 d 度，得到新的河网数组。

（3）将河网数组缩放为 32×32 大小的正方形数据矩阵。

（4）将正方形数据矩阵进行离散余弦变换（DCT），得到河网数组的哈希值矩阵。

（5）保留哈希矩阵左上角的 8×8 网格，这些代表了河网最本质的核心特征。

（6）计算 8×8 网格数据的平均值，将大于平均值的网格数据设置为 1，小于平均值的网格数据设置为 0,将 8×8 的矩阵展开为 1 列,得到河网的指纹搜索特征向量。

(7) 计算乏资料流域河网与参照流域河网指纹搜索特征向量的汉明距离(汉明距离为从一个指纹到另一个指纹需要变换的次数),汉明距离越大则说明图片越不一致,反之,汉明距离越小则说明图片越相似,当距离为 0 时,说明完全相同。

(8) 判断旋转角度 d 是否为 360°,若是则计算结束,选取汉明距离最小值作为河网与参照河网的相似程度;否则 $d=d+1$,转步骤(2)。

4.1.1.3 元流域相似性分析结果

1. NDVI 相似性分析结果

24 个乏资料流域与 236 个基准参照流域的 NDVI 相似性分析结果如图 4-1 所示,图中方块标记的曲线表示乏资料流域的 NDVI 数据,圆点标记的曲线表示基准参照流域的 NDVI 数据。

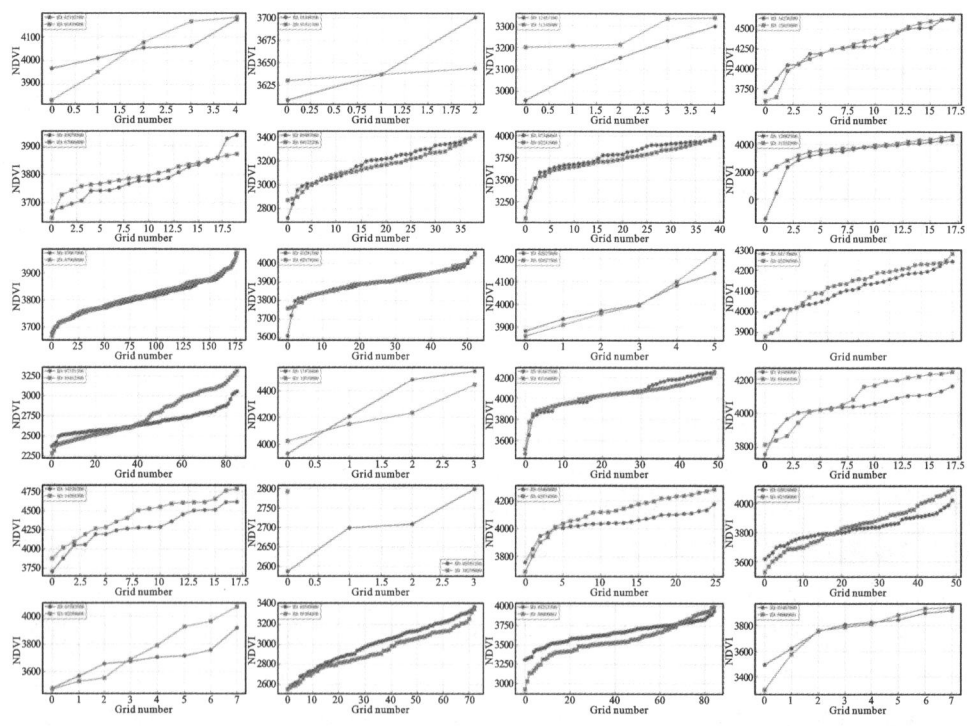

图 4-1 流域 NDVI 相似性分析结果

由图 4-1 可得到如下结论。

(1) 整体上,乏资料流域与基准参照流域的 NDVI 具有较好的相似性,表明两种流域的植被覆盖情况具有相似的特征。

（2）由于 NDVI 的数据分辨率较高,部分流域由于面积较小,流域所处位置的 NDVI 值仅有少数几个点,当流域范围内 NDVI 数值仅为 1 个时(如流域编号 10259000),将取流域平均 NDVI 数值进行对比;当流域范围内 NDVI 数值个数较少时(如流域编号 01411300、11143000、03439000),流域 NDVI 相似性分析存在一定的偏差,但其总体的 NDVI 特征较为接近。

（3）以乏资料流域(编号 07068000)为例,以该流域的实际降水、气象、径流等观测资料,采用 SCE-UA 率定得到参数,得到率定的参数 K、C $(K = 1.099998898,$ $C = 0.179426825)$,与基准参照流域(编号 07067000)的参数 K、C $(K = 1.099855744, C = 0.179999634)$进行对比,发现两者的结果非常接近,表明前述的物理机制分析是合理的,也说明本项目的相似性分析方法也是合适的。

2. 河道坡度相似性分析结果

24 个乏资料流域与 236 个基准参照流域的河道坡度相似性分析结果如图 4-2 所示,图中方块标记的曲线表示乏资料流域的河道坡度数据,圆点标记的曲线表示基准参照流域的河道坡度数据。

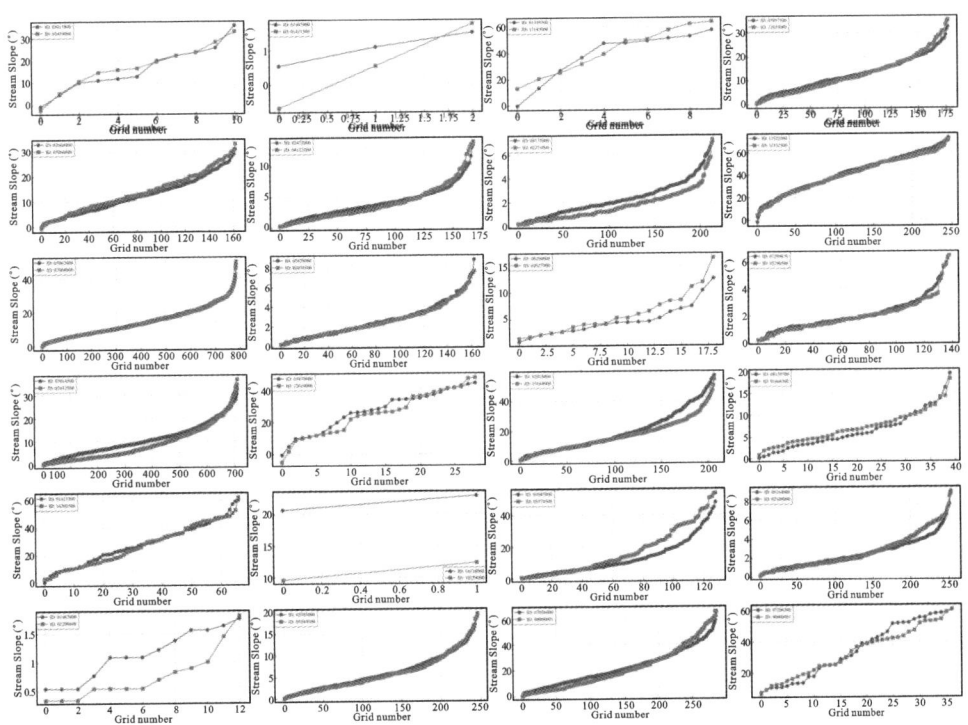

图 4-2　流域主河道坡度相似性分析结果

由图 4-2 可以得到如下结论。

（1）整体上，乏资料流域与基准参照流域的河道坡度具有较好的相似性，这也表明流域河道洪水演进的特性也相似。

（2）部分流域的面积较小，如流域编号为 01413000、01259000 等，流域内主河道较短，提取的河道坡度数据个数较少，因此，主河道坡度相似性分析有一定的偏差，但总体上特性仍较为相似。

（3）以乏资料流域（编号 02479560）为例，采用实测资料率定得到 KE、XE 参数（KE＝1，XE＝0.000502978），与基准参照流域（编号 05458000）的 KE、XE 参数（KE＝1，XE＝6.45243E-07）进行对比，发现两者的结果非常接近，表明前述的物理机制分析是合理的，也说明本项目的相似性分析方法也是合适的。

3. TWI 相似性分析结果

24 个乏资料流域与 236 个基准参照流域的 TWI 相似性分析结果如图 4-3 所示，图中方块标记的曲线表示乏资料流域的 TWI 数据，圆点标记的曲线表示基准参照流域的 TWI 数据。

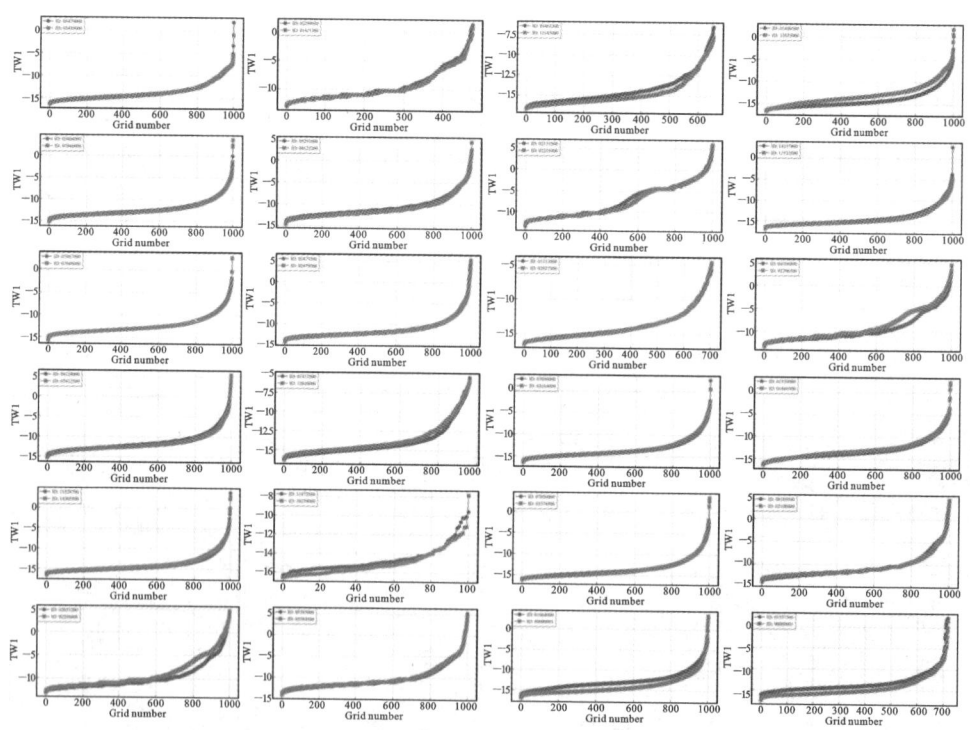

图 4-3　流域 TWI 相似性分析结果

由图 4-3 可以得到如下结论。

（1）整体上，乏资料流域与基准参照流域的 TWI 数据具有较好的相似性，这也表明流域张力水蓄水容量的分布特性也相似。

（2）由于 TWI 的数据分辨率较细，相比 NDVI 和河道坡度数据相似性分析时，在流域面积较小的情况下，不容易出现数据量较小的情形，相似性分析的结果更为准确。

（3）以乏资料流域（编号 07068000）为例，采用实测资料率定得到 UM、LM、DM、B 参数（UM＝29.99933224、LM＝75.64082336、DM＝36.41768285、B＝0.252794804），与基准参照流域（编号 03604000）的参数 UM、LM、DM、B（UM＝29.98715421、LM＝81.9143546、DM＝38.24758071、B＝0.278355193）进行对比，发现两者的结果非常接近，表明前述的物理机制分析是合理的，也说明本项目的相似性分析方法也是合适的。

4. 饱和导水率相似性分析结果

开展了 24 个乏资料流域与 236 个基准参照流域的土壤饱和导水率相似性分析，图 4-4 中给出了 0～5 cm 的土壤饱和导水率（ksat）相似性分析结果，图中方块标记的曲线表示乏资料流域的饱和导水率数据，圆点标记的曲线表示基准参照流域的饱和导水率数据。

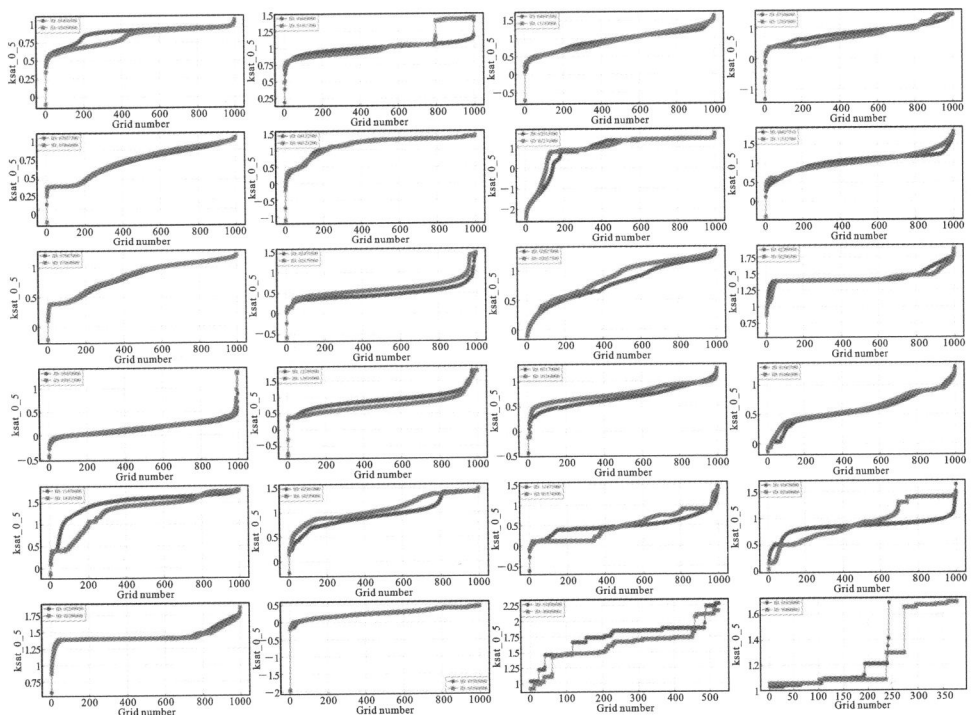

图 4-4　流域 ksat 相似性分析结果

由图 4-4 可以得到如下结论。

（1）整体上，乏资料流域与基准参照流域的土壤饱和导水率数据具有较好的相似性，这也表明流域自由水出流特征也相似。

（2）由于土壤饱和导水率的数据分辨率较细，相比 NDVI 和河道坡度数据相似性分析时，在流域面积较小的情况下，不容易出现数据量较小的情形，相似性分析的结果更为准确。

（3）以乏资料流域（编号 04122200）为例，采用实测资料率定得到参数（KI＝0.368346479、KG＝0.345449532、CI＝0.899978239、CG＝0.997581815），与基准参照流域（编号 04122500）的参数（KI＝0.359061095、KG＝0.349971136、CI＝0.899974763、CG＝0.997999637）进行对比，发现两者结果非常接近，表明前述的物理机制分析是合理的，也说明本项目的相似性分析方法也是合适的。

5. 土壤含水量相似性分析结果

开展了 24 个乏资料流域与 236 个基准参照流域的土壤含水量相似性分析，图 4-5 中给出了 0～5 cm 的土壤含水量（theta_s）相似性分析结果，图中方块标记的曲线表示乏资料流域的土壤含水量数据，圆点标记的曲线表示基准参照流域的土壤

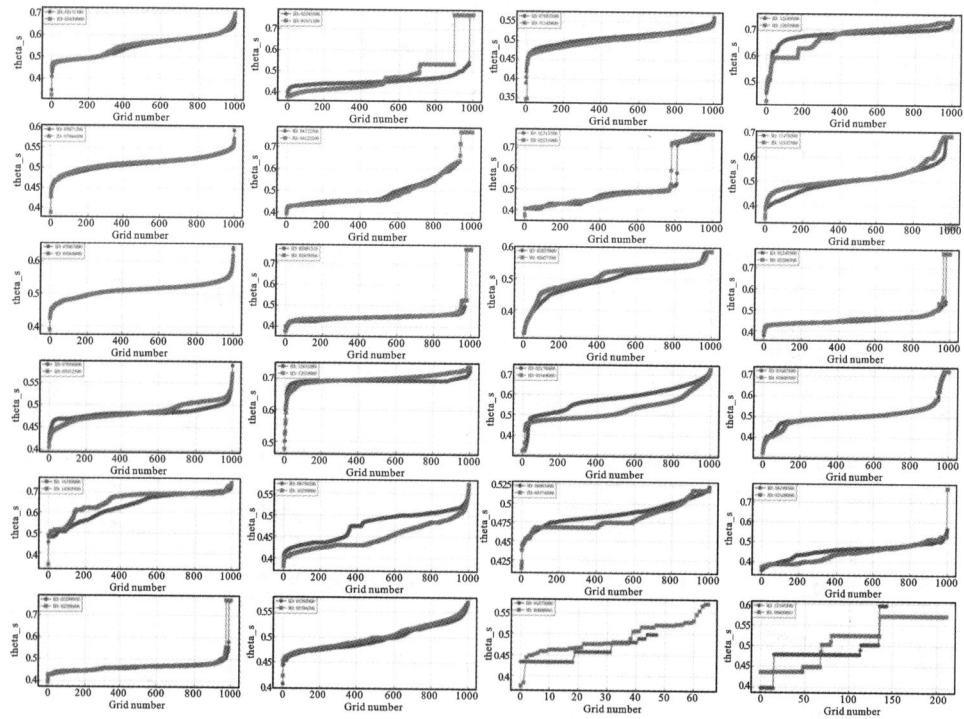

图 4-5　流域 theta_s 相似性分析结果

含水量数据。

由图 4-5 可得到如下结论。

（1）整体上，乏资料流域与基准参照流域的土壤含水量数据具有较好的相似性，这也表明流域自由水蓄水容量特征也相似，这种相似性不仅仅适用于美国的 22 个乏资料流域，也适用于中国的 2 个乏资料流域。其中，中国的 2 个乏资料流域的相似性程度略低于美国的 22 个乏资料流域。

（2）由于土壤含水量的数据分辨率较细，相比 NDVI 和河道坡度数据相似性分析时，在流域面积较小的情况下，不容易出现数据量较小的情形，相似性分析的结果更为准确。

（3）以乏资料流域（编号 02027500）为例，采用实测资料率定得到参数（SM＝38.80690646、EX＝1.078250275），与基准参照流域（编号 02027000）的参数（SM＝49.89707575、EX＝1.115578738）进行对比，发现两者的结果较为接近，表明前述的物理机制分析是合理的，也说明本项目的相似性分析方法也是合适的。

（4）部分乏资料流域与相似的参照流域参数 SM、EX 有较大的差别，如乏资料流域（编号 12010000），采用实测资料率定得到参数（SM＝10.00002317、EX＝1.576449015），与基准参照流域（编号 12411000）的参数（SM＝48.25310256、EX＝0.50116131）进行对比，在 SM 相差较大的情形下，较大的 SM、较小的 EX 与较小的 SM、较大的 EX 具有相近的计算结果，因此，这种相似性分析的结果也是合理的。

（5）对于部分流域出现 SM 较大且 EX 较大的情形，在这种结果下将会导致一定的模型计算结果的偏差，需要进一步增加参照流域的数量来提高相似性分析的准确性。

6. 河网形态相似性分析结果

采用项目提出的河网形态相似性分析方法，分析 24 个乏资料流域与 236 个参照流域的河网相似性，部分流域的河网相似性分析结果如图 4-6 所示。

由图 4-6 可以得到如下结论。

（1）本项目提出的方法可有效分析出与乏资料流域河网形态相似的参照流域，并且在分析相似的同时能够不受河网走向不同的影响。

（2）以乏资料流域（编号 80000001）为例，采用实测资料率定得到参数（CS＝0.010009226），与基准参照流域（编号 03346000）的参数（CS＝0.010013216）进行对比，发现两者的结果较为接近，说明河网形态确实会影响河网汇流系数的取值，表明前述的物理机制分析是合理的，也说明本项目的相似性分析方法也是合适的。

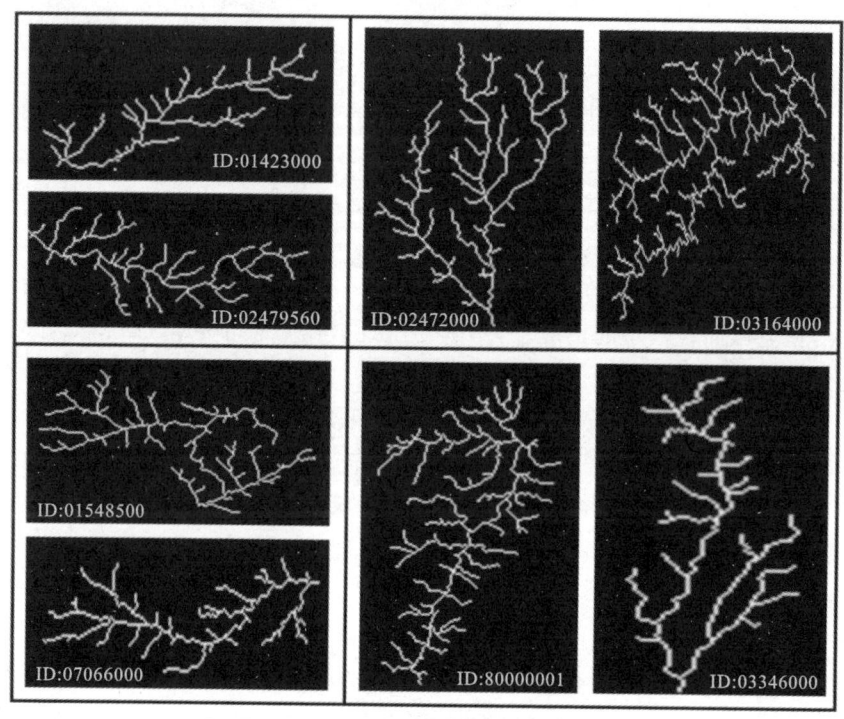

图4-6 流域河网形态相似性分析结果

4.1.1.4 主要结论

通过前面的分析可以得出以下的主要结论。

（1）项目研究了一种融合植被、地貌、土壤等多源空间数据的元流域相似性分析方法，发明了基于动态时间归整的元流域特征分布相似性分析方法，提出了考虑旋转的河网形态感知哈希相似性分析方法，有效刻画了流域的精细化产汇流特征。

（2）构建了一套涵盖236个流域的乏资料地区元流域标准空间数据库，构建的元流域标准空间数据库也为开展其他乏资料地区的降雨径流预报提供了一种重要的数据基础。

4.1.2 乏资料地区自适应暴雨洪水预报建模方法研究

4.1.2.1 基于元流域相似的乏资料地区降雨径流预报方法研究

1. 总体技术思路

本项目提出了基于元流域相似的乏资料地区降雨径流预报方法，其建模思路如图 4-7 所示,具体描述如下。

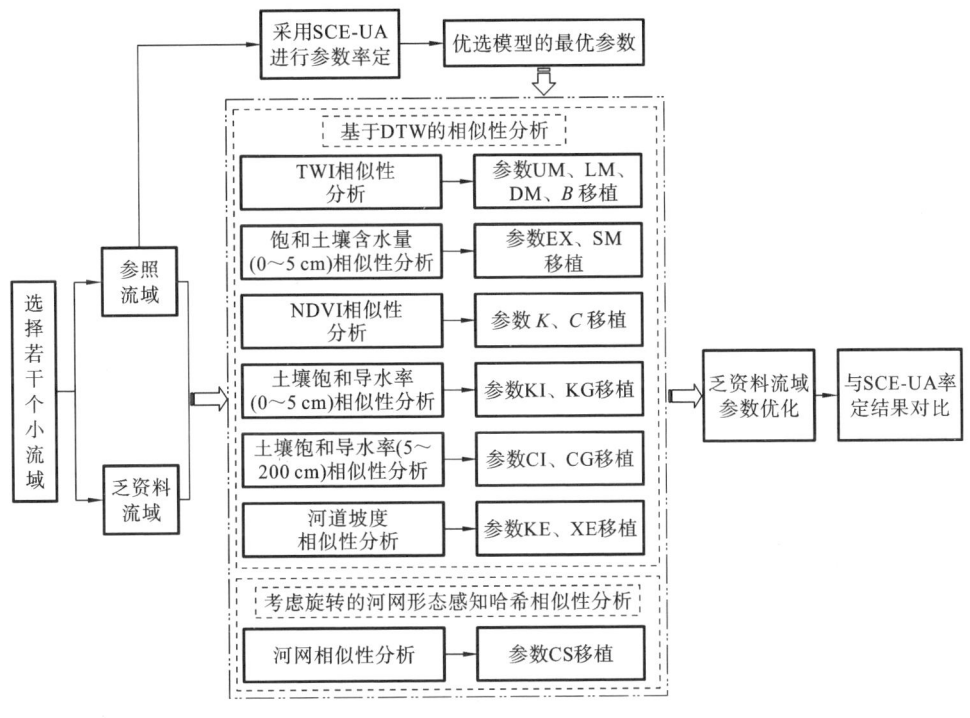

图 4-7　建模思路结构框图

(1) 选取若干个小流域,将小流域划分为参照流域和乏资料流域,提取每个流域的 NDVI、TWI、河道坡度、河网、0~5 cm 厚度土壤的饱和导水率(缩写为 ksat_0_5)、5~15 cm 厚度土壤的饱和导水率(缩写为 ksat_5_15)、15~30 cm 厚度土壤的饱和导水率(缩写为 ksat_15_30)、30~60 cm 厚度土壤的饱和导水率(缩写为 ksat_30_60)、60~100 cm 厚度土壤的饱和导水率(缩写为 ksat_60_100)、100~200 cm 厚度土壤的饱和导水率(缩写为 ksat_100_200)、0~5 cm 厚度的饱和土壤含水量数据(缩写为 theta_s_0_5)等 11 类空间地理数据,其中将 5~15 cm、15~30 cm、30~60 cm、60~100 cm 土壤的饱和导水率累加得到 5~100 cm 厚度土壤的饱和导水率(缩写为 ksat_5_100)。

(2) 针对每个参照流域,建立新安江三水源预报模型,采用 SCE-UA 算法进行模型参数优化率定,率定得到的参数作为参照流域模型参数数据库。

(3) 针对每个乏资料流域,分析乏资料流域与各参照流域在 NDVI、TWI、slope、ksat_0_5、ksat_5_100、ksat_100_200、theta_s_0_5 的相似度,选择各相似度最高的流域作为参照流域,根据 4.1.1.1 节的分析,分别将参照流域的参数作为乏资料流域的模型优选参数。

(4) 针对每个乏资料流域,采用 4.1.1.2 节提出的方法,分析乏资料流域与各参照流域在河网形态的相似度,选择相似度最高的流域作为参照流域,根据 4.1.1.1 节的分析,将参照流域的参数作为乏资料流域的模型优选参数。

(5) 针对每个乏资料流域,根据实际的观测数据,采用 SCE-UA 算法进行优化率定,将基于 SCE-UA 优化率定参数后的模型预测结果,与提出的元流域相似性分析方法优选参数后的模型预测结果进行对比,分析两者性能的差异。

2. 流域模型参数优化结果对比

将 24 个乏资料流域,分别采用 SCE-UA 算法率定得到模型参数和采用本项目提出的元流域相似性分析方法优选得到模型参数,将两种参数结果进行对比,如图 4-8 所示。图中蓝色的线表示采用 SCE-UA 算法率定得到的模型参数,橙色的线表示采用本项目提出的元流域相似性分析方法优选得到的模型参数。

由图 4-8 可以得到如下结论。

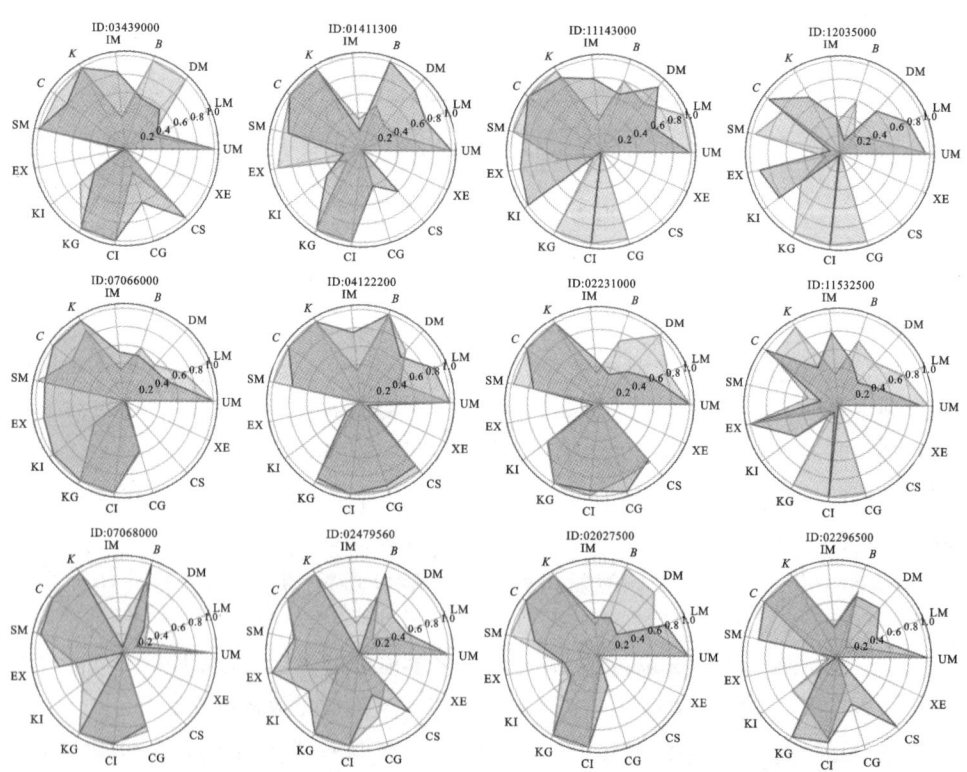

图 4-8 流域参数率定和元流域相似性分析结果

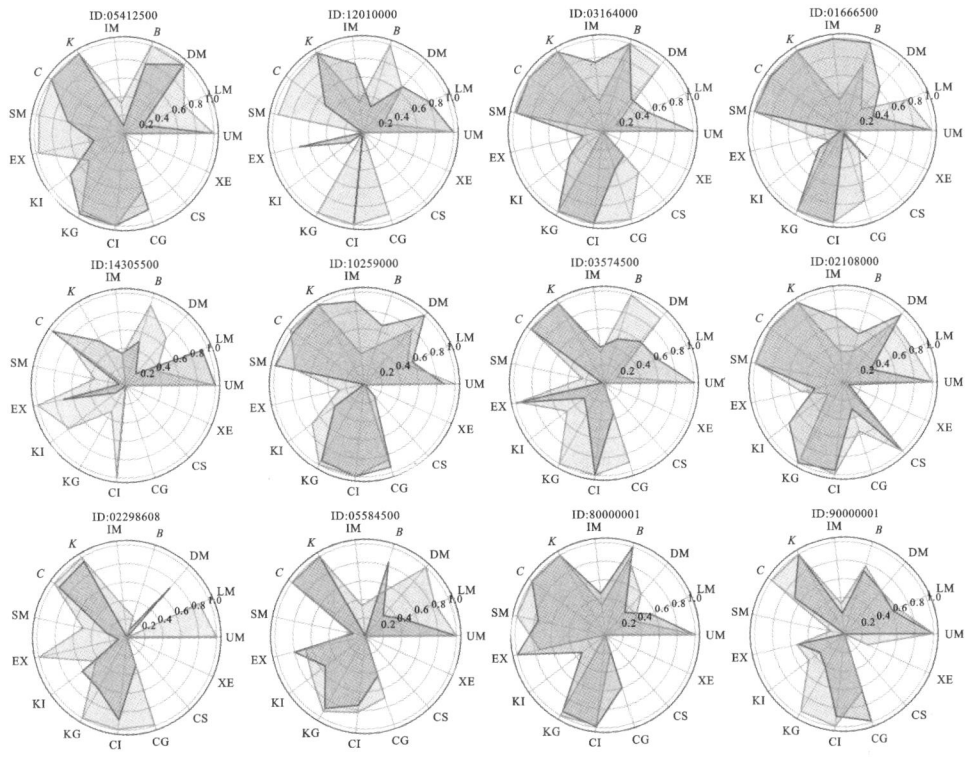

续图 4-8

（1）两种参数结果中，大部分参数均能吻合得较好。

（2）部分流域的参数（KG、CG）的差异性较大，其主要是由于本项目采用的地下土壤饱和导水率数据中的深层与浅层的分布特性相一致，而实际的情况可能存在较大的差异，下一步若有更为准确的深层土壤特性分布数据，将更有利于流域相似性分析和模型参数移植。

3. 基于流域模型参数优化的径流模拟结果对比

针对 24 个乏资料流域，根据实测资料采用 SCE-UA 算法率定得到模型径流计算结果，采用本项目提出的元流域相似性分析方法得到的模型径流计算结果，将两个结果进行对比分析，如图 4-9 所示，图中 RMSE_SCE 表示根据 SCE-UA 算法率定得到的模型 RMSE 性能指标，RMSE_meta 表示采用本项目提出的元流域相似性分析方法得到的模型 RMSE 性能指标，KGE_SCE 表示根据 SCE-UA 算法率定得到的模型 KGE 性能指标，KGE_meta 表示采用本项目提出的元流域相似性分析方法得到的模型 KGE 性能指标。

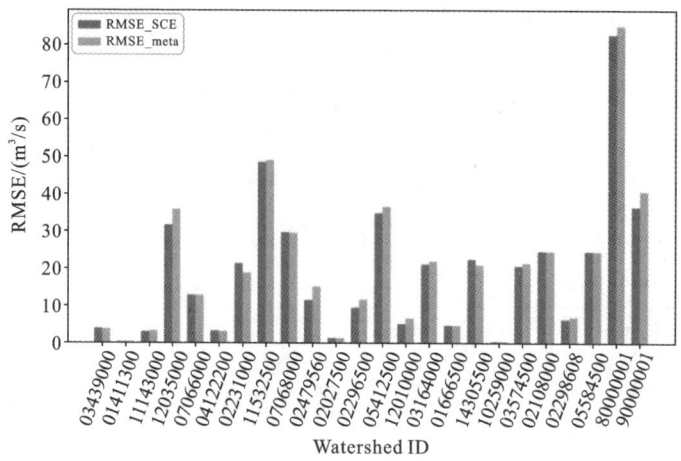

（a）乏资料流域模型RMSE指标计算结果对比

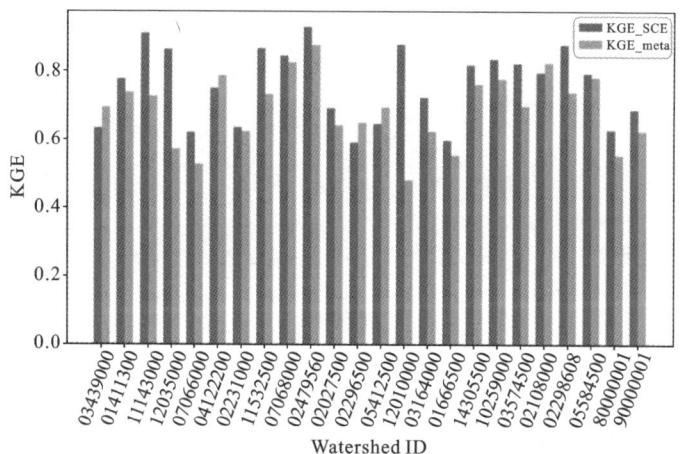

（b）乏资料流域模型KGE指标计算结果对比

图 4-9　乏资料流域模型性能指标计算结果对比

由图 4-9 可以得到如下结论。

（1）在大部分乏资料流域中，RMSE_SCE 的 RMSE 指标略优于 RMSE_meta，RMSE_SCE 相比于 RMSE_meta 的 RMSE 指标平均降低 5.19%。这表明，通过本项目提出的元流域相似性分析方法能够优选到较优的模型参数。

（2）流域编号为 80000001 的 RMSE 指标较大，主要原因是由于该流域的基流量较大，从而导致模型计算得到的 RMSE 数值偏大。

（3）在大部分乏资料流域中，KGE_SCE 的 KGE 指标略优于 KGE_meta，KGE_SCE 相比于 KGE_meta 的 KGE 指标平均降低 8.58%。这表明，通过本项目提出的相似性分析方法能够优选到较优的模型参数。

（4）在编号为 03439000、04122200、02108000 的流域中，RMSE＿meta 的 RMSE 指标略优于 RMSE_SCE，同时 KGE_meta 的 KGE 指标也略优于 KGE_SCE，这表明通过相似性分析方法找到了该流域更优的模型参数，其原因可能是由于这几个流域中，优选的 KG、CG 等参数更适合表达深层土壤的含水、水量传输特性。

典型的流域径流预报对比结果如图 4-10 所示。由图可知，采用本项目提出的元流域相似性分析方法得到的模型能较好地预测径流变化特征，同时其预测性能与采用 SCE-UA 算法率定的模型性能非常接近。这也表明了本项目提出的元流域相似性分析方法的有效性。

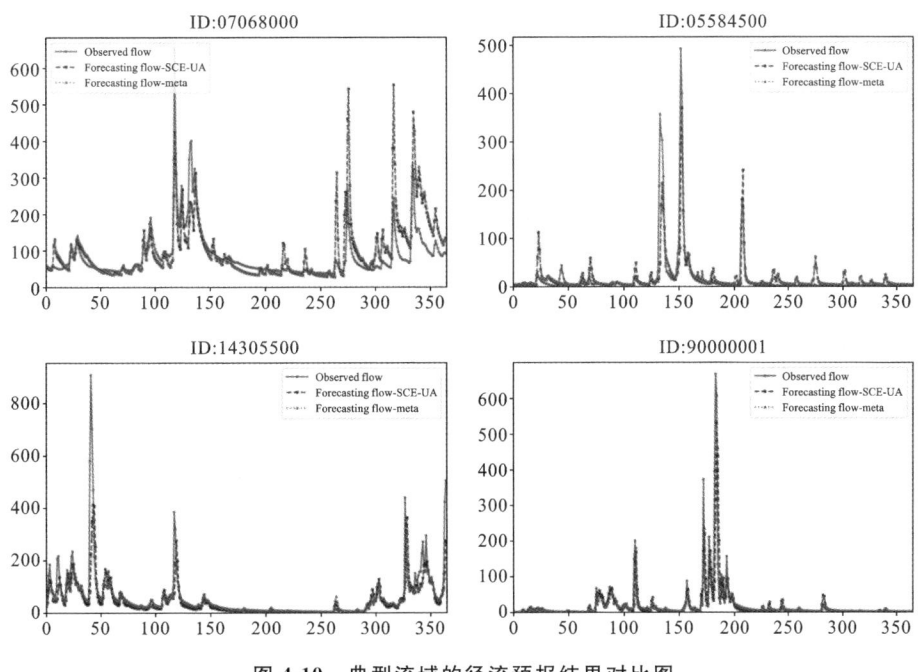

图 4-10　典型流域的径流预报结果对比图

4.2　基于高空间分辨率降水数据的径流预报方法

4.2.1　研究思路

洪水是对世界影响较大的自然灾害之一，具有发生快、随机性强、频率高、空间分布不均匀等复杂特征。因此,提高径流或洪水预测模型的预测精度一直是水文研究的一个挑战。

在降雨径流预报工作中,关键内容是如何利用径流预报模型和降雨信息模拟未来的径流过程。一直以来地面实测降雨数据的匮乏使径流预测工作陷入困境,随着遥感技术的发展,卫星降水产品(SPP)已逐渐成为实测数据的有效补充和替代。典型的 SPP 包括 TRMM、TMPA、PERSIANN、GSMaP 和 IMERG 等。目前在全世界范围内开展了卫星降水遥感产品的精度评估,比较了 TMPA、IMERG 和 GSMaP 的匹配程度,并将 SPP 与雨量计降水进行了优化组合,以实现准确的降雨量估计。充分、合理地利用卫星遥感数据,对改进区域径流预报具有重要意义。SPP 被广泛应用于大中型区域洪水预报,同时水文模型方法也是评价 SPP 精度的重要手段。如利用可变入渗能力大尺度水文模型(VIC)对青藏高原流域径流模拟的观测数据进行评价,发现 TRMM-3B42 和 CMORPH 在高原和盆地尺度上的表现都优于 TMPA-3B42RT;将 SPP 作为水文建模的气象输入,调查了 IMERG、GS-MaP、CMORPH 在典型流域近实时模拟日径流的适用性;利用 CHIRPS 作为输入模拟流量和峰值,结果表明所提出的偏校正方法在减少 CHIRPS 卫星估计误差方面具有良好的性能;利用 HBV 水文模型,评估 IMERG-early、IMERG-late、IMERG-final 和 TMPA 在中国湿润地区洪水模拟中的适用性,发现 IMERG-final 优于其他 SPP。

在过去的几十年里,数据驱动水文模型以其强大的拟合能力和灵活的输入数据而备受关注。早期的数据驱动技术有线性回归(LR)、自回归移动平均(ARMA)及其变体。随后,人工神经网络(ANN)、自适应神经模糊推理系统(ANFIS)、高斯过程回归(GPR)、遗传规划(GP)、支持向量机(SVM)、极限学习机(ELM)被成功开发用于日径流和季节径流预测。随着深度学习技术在处理水文序列时间依赖性方面的发展,研究者创造性地将各种深度学习方法引入径流预测中,并取得了良好的效果,如将深度学习方法扩展到贝叶斯框架中,得到了径流预测的不确定性评价。长短期记忆网络(Long-Short Term Memory Network,LSTM)是一种改进的递归神经网络,可以解决 RNN 由于梯度的消失和爆发而无法处理的长距离依赖问题。它是目前比较流行的时间序列预测模型之一。学者结合 LSTM 网络和高斯过程回归建立了可靠的日径流预测模型,证明深度学习优于传统的人工神经网络径流预测模型;利用深度学习网络和编码器-解码器框架探索了多步径流预测;开发利用分布式气象数据进行径流预测的深度学习方法。然而,在传统的径流预测数据驱动模型中,水文数据被处理成一维时间序列,导致空间信息的丢失。因此,建立一个能够考虑气象和水文过程空间异质性的数据驱动模型具有重要意义。

卷积神经网络(CNN)算法非常适合于空间模式的捕获和学习。学者设计了一种卷积长短时记忆混合模型(ConvLSTM)来解决时空预测问题,该模型具有空间特征提取和时间序列依赖学习的优点。它首先被用于视频预测,然后被引入降水预测中,取得了成功。最近,学者开发了一个 ConvLSTM 模型来预测长江三个洪涝年的月流量。但在他们的研究中,ConvLSTM 的输入数据是一维的 ENSO 和月流量,都缺乏值得学习的空间特征。此外,还开发了 ConvLSTM 并将其应用于卫星土壤湿度预测;建立了 ConvLSTM 洪水预报模型来预测未来洪水事件的发生。这些研究表明,ConvLSTM 在预测气象和水文地图方面具有良好的预测性能。然而,所采用的模型结构与之前的视频预测和降水广播相似,统称为图像预测问题。降雨径流预报模型的输入输出既涉及一维时间序列数据,也涉及三维空间水文数据,模型体系结构有待改进。为了解决这一问题,在集水区的日温度和降水图上训练 ConvLSTM 模型来预测流量,从而获得对水文系统的空间洞察。将研究区域划分为网格,开发 ConvLSTM 模型提取水文信息的时空特征,实现了良好的洪水预测。然而,他们感兴趣的研究区域集中在小区域,降雨和径流的空间特征仍然相对均匀,模型结构在尺度上相对较小。此外,SPP 是大尺度降雨空间分布和量级信息的重要提供者,却没有得到充分利用和讨论。

降雨径流模型中空间模式的获取和学习对提高径流预报精度具有重要意义。基于以上讨论,发现现有研究尚未准确涉及基于深度学习架构的大规模时空降水-径流预测。此外,这些研究没有利用和讨论提供大尺度降雨空间信息的 SPP。因此,非线性径流预测问题仍有改进的空间。与传统的水文模型(如 HBV、VIC 等)和常规的机器学习模型(如 ANN、SVM、LSTM 等)不同,本研究将建立一个大规模的长江上游时空深度学习降雨-径流(SDLRR)预测模型,并评价利用三种基于卫星的降水产品(SPP)的空间信息对降低径流预报误差的积极影响。采用时空深度学习降雨-径流预报模型的优点在于,在降雨-径流模型中捕捉和学习空间模式,提高径流预报精度。降水数据来自 CHIRPS、IMERG 和 TMPA 三种遥感降水产品,空间分辨率分别为 0.1°、0.05°和 0.25°。CHIRPS、IMERG 和 TMPA 在长江流域具有较好的降水预报精度,利用不同分辨率的 SPP 有助于研究分辨率对径流预报的影响。

4.2.2　流域与数据

4.2.2.1　流域介绍

长江是世界第三大河,中国第一大河。它起源于青藏高原的唐古拉山主峰,干流长 6300 多公里,流域面积约 180 万平方公里,约占中国国土面积的 18.8%。长江以其庞大的江湖水系,独特完整的自然生态系统,强大的水源涵养、生物繁殖、释氧固碳、环境净化功能,保障了国家的供水安全、粮食安全、能源安全。长江干流上游的长度占长江总长度的 70.4%。长江上游、主要支流及各测量站位置如图 4-11 所示。

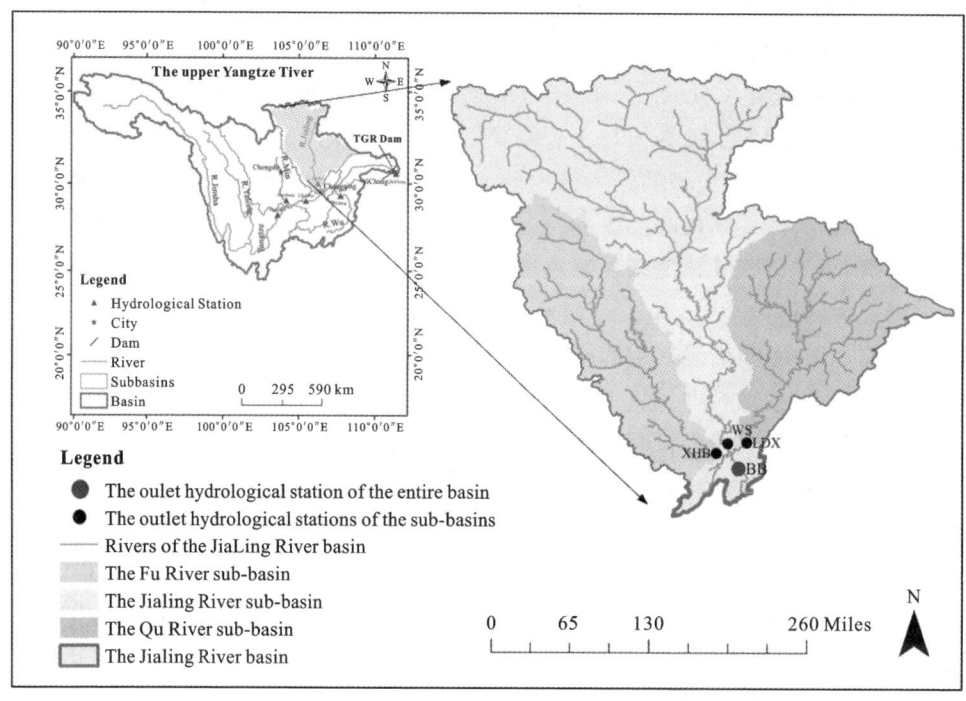

图 4-11 长江上游及嘉陵江子流域位置

嘉陵江是长江中最大的支流。嘉陵江发源于秦岭西段南麓,在重庆市流入长江,流域面积约 16 万平方公里,主流长 1120 km,年平均流量为 2120 m³/s,总落差为 2300 m。持续强降雨是嘉陵江洪涝的主要因素。根据长江上游 50 多个洪峰的分析,43% 的洪量来自嘉陵江,嘉陵江强降雨是洪水的主要来源。利用空间降水信息对改进嘉陵江径流预报具有重要作用。嘉陵江流域形状偏正方形,适合于时空信息提取。嘉陵江历史径流数据记录完整,子流域也不存在数据连续缺失的问题。考虑到这些因素,本研究选择嘉陵江作为研究区域。北碚水文站位于嘉陵江下游。武胜(WS)、罗渡溪(LDX)和小河坝(XHB)是三个子流域的出口水文站。BB、WS、LDX 和 XHB 水文站是进行时空深度学习降水径流预报研究的合适选择。

4.2.2.2　气象-水文-环境多源数据

1. 径流数据

BB、WS、LDX 和 XHB 水文站日径流序列时间跨度为 2001 年 1 月 1 日至 2015 年 12 月 31 日。径流序列和描述性统计如图 4-12 所示。可以看出,BB、WS、LDX 和 XHB 水文站径流序列具有季节性波动,径流的随机性和非线性性突出。北碚径流资料的均值和标准差(SD)特别大,均值为 1905 m^3/s,标准差为 3072 m^3/s。北碚水文站径流观测完整,15 年观测长度 5478 次。WS、LDX 和 XHB 三个水文站在早期缺少数据,将缺失天数排除。

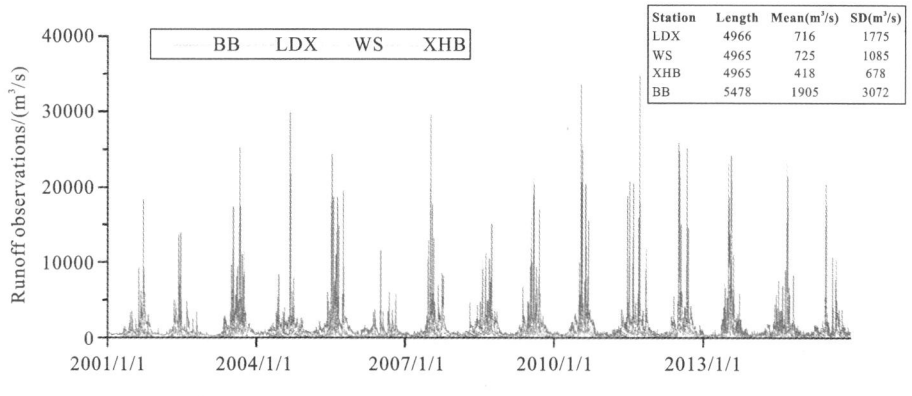

Station	Length	Mean(m^3/s)	SD(m^3/s)
LDX	4966	716	1775
WS	4965	725	1085
XHB	4965	418	678
BB	5478	1905	3072

图 4-12　径流序列及其描述性统计

2. CHIRPS

CHIRPS 是美国地质调查局地球资源观测与科学中心(EROS)的科学家合作创建的,旨在为许多早期预警目标提供完整、可靠、最新的数据集。这是一个 35 年以上的准全球降雨数据集,涵盖 50°N～50°S(和所有经度)区域,包括 1981 年至今的数据。CHIRPS 结合了气候学、CHPclim、0.05°分辨率卫星图像和现场站数据,创建网格化降雨时间序列,用于趋势分析和季节性干旱监测。它具有 0.05°的高空间分辨率和日、月、季节尺度的时间分辨率。本研究使用的数据版本为 V2.0,可从网页(https://www.chc.ucsb.edu/data/chirps#)获取。

3. IMERG

全球降水计划(GPM)继承了 TRMM 的成功经验和成果,改进了降水检索算法。IMERG 是专门为 GPM 创建的最新一代多卫星降水数据融合反演,最新版本为 V6.0,时间分辨率为 30 min,空间分辨率为 0.1°×0.1°,覆盖范围为 60°N～60°S(后扩展到 90°N～90°S),充分利用之前 TRMM 时代基本成熟的各种卫星降水反演算法进行融合。IMERG 目前提供三种类型的卫星降水数据,即早期版本、后期版本和最终版本。在最终版本的处理过程中,引入了更多的传感器数据源,包括引入全球雨量站进行校正,在水文模拟和环境管理领域具有广阔的应用前景。本研究采用最终版本(IMERG-Final)的日降水量数据集。

4. TMPA

TMPA 是一个准全球(60°N～60°S)降水数据集。它是 TRMM 中最好的多卫星降水产品之一。这是一个新的数据集,延续了更细尺度降水估算的常规计算和分布趋势,其空间分辨率为 0.25°,时间分辨率为 3 h。TMPA 的设计目的是在可能的情况下结合来自各种卫星系统的降水估计,以及陆地表面降水测量仪分析。本研究使用最新版本的 TMPA V7.0,该版本可从网页(https://pmm.nasa.gov/data-access)获得。研究表明,TMPA V7.0 经误差调整后的数据在降水估算和水文预报方面表现良好。

4.2.3 研究方法

4.2.3.1 方法介绍

1. 问题描述

本研究的目的是建立一个适用于多个大尺度流域的 SDLRR 通用预测模型,该模型能够准确提取区域 SPP 的空间特征,提高径流预测的准确性。设 X_t 为 t 时刻的区域 SPP 估计值,设 y_{t+1} 表示 $t+1$ 时刻的出口径流量,a_i 表示第 i 个流域属性,该属性与流域不同的降雨-径流行为有关。本文的降雨径流预报问题是学习从三维降雨序列到二维径流序列的复杂行为。以上问题可以描述为

$$y_{t+1} = F_{\mathrm{SDLRR}}(X_t, X_{t-1}, \cdots, X_{t-L_1+1}, y_t, y_{t-1}, \cdots, y_{t-L_2+1}, a_1, a_2, \cdots, a_i | \theta) \quad (4\text{-}3)$$

式中:X_t 为 $M \times N$ 矩阵的估计值,M 为所采用区域 SPP 的水平网格数,N 为垂直网格数,L_1 为降雨类型预测因子的个数,L_2 为径流型预测因子的个数,F_{SDLRR} 是基于训练样本 (X, y, a) 建立的降水-径流时空预报模型,θ 为模型参数,$y_{(t+1)}$ 为待预报径流量。

2. 模型结构

为了处理和学习高维空间特征,ConvLSTM 视频预测的输入和输出都是数据矩阵。降雨径流预报的数据类型包括网格型降雨数据和一维径流数据。为了解决新问题,需要将 ConvLSTM 与附加单元相结合。提出的降水径流时空预测体系结构如图 4-13 所示。

图 4-13 中,L_1 日之前的 SPP 为主要输入,L_2 日之前的径流序列为辅助输入。开发的模型输出一步径流预报,写成 y_{t+1}。利用 ConvLSTM 提取相邻气象网格的

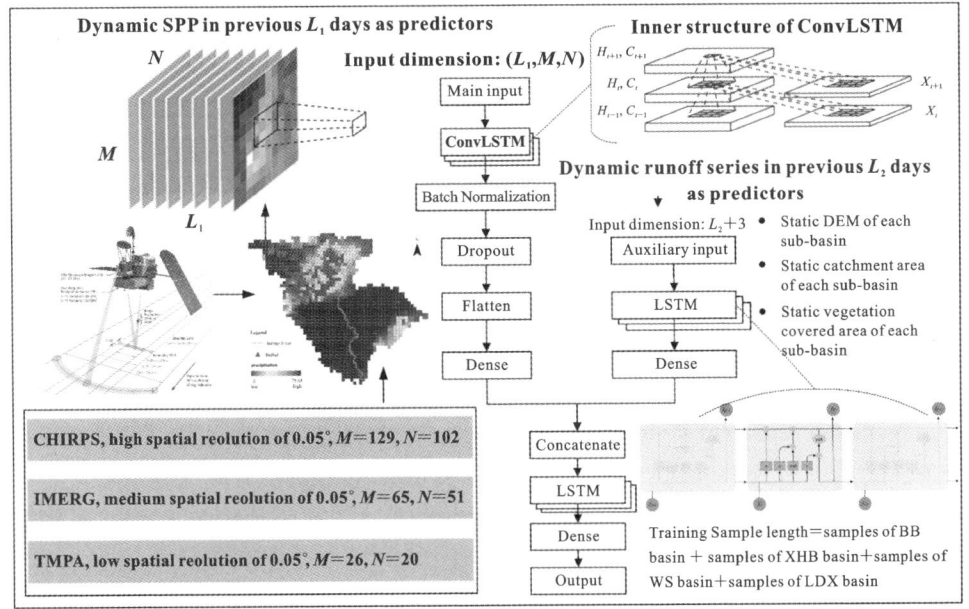

图 4-13 SDLRR 建模体系

时间相关性和空间特征。批处理归一化是通过一定的归一化方法,将每一层输入值的分布逼回到均值为 0、方差为 1 的标准正态分布,避免了梯度消失的问题,提高了训练速度。Dropout 是在神经网络中随机地删除一些隐藏或可见的单元,这些单元不允许参与正向推理和反向传播。由于随机退出,训练独立性较高,可以有效避免模型过拟合。经过卷积运算,输出数据被压平,即三维数据被压缩成一维数组,然后连接到全连接层。拓扑和地貌集水区属性(平均海拔、集水区面积、植被覆盖面积)在这里被作为预测因子,它们有助于提高模型性能,并区分不同的流域集水区特定的降雨-径流行为。由于研究区域位于高海拔、经济发展相对落后的山区,我们使用静态集水区属性。LSTM 模型在处理径流时间序列预测问题方面表现出了巨大的前景,并被用于辅助建模模块。将 LSTM 建模数据与 SPP 传输、压缩、压平后的输出连接起来,形成新的一维数据。然后,利用传统的 LSTM 层和全连接层进一步学习新的一维数据中的时间依赖性,从而做出最终的预测。

3. 模型单元

1) LSTM

LSTM 是一种改进的循环神经网络,在处理时序数据方面受到了广泛关注。与标准的递归神经网络不同的是,LSTM 在记忆块中特殊的门结构使其能够提取时间序列的依赖关系,并显著避免了消失的梯度问题。LSTM 单元由遗忘门、输入

门和输出门来决定信息是输出还是存储。LSTM 的门机制可以表示为

$$
\begin{cases}
f_t = W_f * [h_{t-1}, x_t] + b_f \\
i_t = W_i * [h_{t-1}, x_t] + b_i \\
\widetilde{C}_t = \tanh(W_C * [h_{t-1}, x_t] + b_C) \\
C_t = f_t \odot C_{t-1} + i_t \odot \widetilde{C}_t \\
o_t = W_o * [h_{t-1}, x_t] + b_o \\
h_t = o_t \odot \tanh(C_t)
\end{cases}
\tag{4-4}
$$

式中：* 是卷积算子。

2）ConvLSTM

ConvLSTM 最早用于解决降水预报问题，在最近的研究中得到广泛应用。降水预报问题通常被认为是一个时间序列问题，因此通常考虑使用 LSTM 来解决，但单纯的 LSTM 无法利用空间数据特征，因此 LSTM 方法没有充分利用降水的空间分布特征。ConvLSTM 结构不仅可以建立类似 LSTM 的时间序列关系，而且具有类似 CNN 的空间特征提取能力，在获取时空关系方面比 LSTM 有更好的效果。因此，本章提出的模型体系结构将 ConvLSTM 作为基本单元之一来解决降雨-径流预测问题。与 LSTM 不同的是，在输入到状态和状态到状态的转换中引入了卷积结构来取代全连接算子。因此，输入数据是高维的，适合于空间序列数据。ConvLSTM 可以表示为

$$
\begin{cases}
f_t = W_{xf} * X_t + W_{hf} * H_{t-1} + W_{cf} \odot C_{t-1} + b_f \\
i_t = W_{xi} * X_t + W_{hi} * H_{t-1} + W_{ci} \odot C_{t-1} + b_i \\
C_t = f_t \odot C_{t-1} + i_t \odot \tanh(W_{xc} * X_t + W_{hc} * H_{t-1} + b_c) \\
o_t = W_{xo} * X_t + W_{ho} * H_{t-1} + W_{co} \odot C_t + b_o \\
H_t = o_t \odot \tanh(C_t)
\end{cases}
\tag{4-5}
$$

式中：* 是卷积算子。

4.2.3.2 实施步骤

1. 数据处理

提出的 SDLRR 模型的输入集包含一个主输入集和一个辅助输入集。空间 SPP 作为主要输入。以 IMERG 数据为例，根据卫星经纬度轨迹对研究流域进行网格化。IMERG 的空间分辨率为 $0.1°$，流域可划分为 65×51 个小网格。由于盆地形状不是规则的矩形，因此在盆地边界以外的像素点中的降雨量值被设置为 0。预测因子 L_1 的个数设为 15，这意味着主输入集的预测因子是过去 15 天的逐日空间降雨量。因此，主输入数据的大小为 $N \times 15 \times 65 \times 51 \times 1$，$N$ 为样本长度。本章

考虑流域属性特征来区分不同流域特定的降雨-径流行为,建立了一个单一的 SDLRR 模型,并用于所有子流域和整个流域。该模型采用各子流域的综合标定数据进行训练。N 等于 BB、LDX、WS 和 XHB 的总样本数。对于辅助输入集,将预测因子 L_2 的数量设为 30,表示预测因子为前 30 天的日径流。利用流域属性特征作为预测因子有助于区分不同流域特定的降雨-径流行为,提高模型性能。平均降水量、干旱度、面积、平均高程、高降水持续时间、平均坡度等都是流域属性。其中,拓扑特征(平均海拔和汇水面积)和地貌特征被认为是最敏感的汇水属性。因此,本章还采用了平均高程、集水区面积和植被覆盖面积三个拓扑地貌集水区属性特征作为预测因子。辅助输入数据的大小为 $N \times 33$;模型的输出是要预测的径流量,输出数据的大小为 $N \times 1$。以上数据均归一化到 $0 \sim 1$ 的范围内,以消除变量的偏置效应。

2. 模型准备

1)模块堆叠

将叠加的 ConvLSTM 作为空间 SPP 特征提取的基本构建块。叠置 ConvLSTM 逐层提取高度抽象的特征,并将其映射到像素值空间进行预测。在堆叠体系结构中,每个 ConvLSTM 层中的隐藏状态仅限于信息水平更新。输入信息通过隐藏状态向上传递,并将叠加的 LSTM 作为时间特征提取的基本构建块。

2)压平串联

由于 ConvLSTM 层的映射是基于三维张量的,因此扁平化和拼接是实现一维径流预报的关键。将 LSTM 层的建模数据与 ConvLSTM 层传输的、压缩的、扁平的建模数据进行串联,形成新的一维数据,然后利用 LSTM 层和全连接层进一步学习新的一维数据中的时间依赖性,实现最终的径流预报。

3. 模型训练

本研究收集并处理了 2001—2015 年嘉陵江流域 IMERG、CHIRPS 和 TMPA 日降水数据,获得全流域出口 BB、子流域出口 LDX、WS 和 XHB 水文站同期日径流数据。采集的空间数据和时间序列数据分为两部分,使用 15 年近 1500 天的数据作为模型验证数据集,使用早期剩余数据作为模型训练数据集。

对于模型训练过程,回归任务中常用的损失函数有平均绝对误差(Mean Absolute Error,MAE)和均方误差(Mean Squared Error,MSE)。与 MAE 相比,MSE 更注重大误差值的影响,MAE 能更好地反映预测值误差的实际情况。将所有子流域的预报和观测的 MAE 作为训练目标。采用 Adam 算法在参数空间中搜索权重。前 30 天的日径流数据和前 15 天的日降雨数据是预选的输入因子。ConvLSTM 和 LSTM 模块的堆叠层不是随机确定的,而是采用试错法最优确定的。

根据深度学习模型在径流预报领域的常用参数取值范围,本研究尝试将 1~7 层叠加,并设置 epoch 为 200。采用交叉验证法和早期停止策略确定模型训练的暂停时间,避免过拟合和欠拟合,然后进行了一系列的实验。结果表明,最优叠加层数为 3 层,当 epoch 设置为 98,批大小设置为 32 时,模型可以得到足够的训练,避免了不必要的时间消耗。

4.2.3.3 评价指标体系

1. 径流预报的评估

均方根误差(RMSE)是数值预测中一种极好的通用误差度量方法。由于公式中误差的平方项,RMSE 放大并严重惩罚较大的误差。RMSE 值越小,预测越准确。R^2 即决定系数,表示模型拟合数据的好程度。R^2 接近 1.0 表示模型与数据拟合良好,而接近 0 则表示模型不太好。平均绝对误差(MAE)是一种常用的回归问题评估指标。它测量所有样本绝对误差的平均值,反映预测值与真实值之间的平均绝对距离。相对绝对误差(RAE)是将绝对误差相加,然后除以实际值与平均值之差的和。因此,它消除了可变单位的影响。因为太多的指标增加了冗余信息,使得理解主要结果变得困难。最好将评价标准的数量减少到尽可能少的程度,这样可以显示出足够的结果信息。在类似的研究中,一般使用 RMSE 等度量进行单站比较,使用 R^2 等无量纲度量进行两站或两个非齐次变量的预测比较。本章采用 RMSE 和 R^2 作为径流预报精度评价指标。单站比较用 RMSE,多站预测比较用 R^2。

2. SPP 评估

RMSE、MAE、BIAS、相关系数(R)等一系列指标可用于评价遥感降水估算。本研究选择最常用的 Bias 和 R 来评估 SPP 估计值与地面测量降水数据集之间的差异。偏差描述的是预测值与真实值之间的差距。偏差越大,估计值与真实数据的偏差越大。R 的取值范围是 $-1 \sim 1$。R 越接近 1,说明两个变量之间的正相关越强;R 越接近 -1,说明两个变量之间的负相关越强;当 R 为 0 时,说明两个变量之间不相关。

$$Bias = \frac{\sum_{i=1}^{n}(\hat{y}_i - y_i)}{n} \tag{4-6}$$

$$R = \frac{\sum_{i=1}^{n}(\hat{y}_i - \overline{y})(y_i - \overline{y})}{\sqrt{\sum_{i=1}^{n}(\hat{y}_i - \overline{y})^2}\sqrt{\sum_{i=1}^{n}(y_i - \overline{y})^2}} \tag{4-7}$$

利用偏差和 R 评价 SPP 估算值与地尺降水数据集的总体差异和相关性,并将累积日降水数据分为小雨、中雨、大雨和特大暴雨事件,进一步评价 SPP 估算降水事件是否准确。在分析中选择了检测概率(POD)、虚警率(FAR)和偏差率(DR)等指标,这些指标是评价此类分类任务最合适的指标。国家气象中心根据日降水量累积值确定降水分类标准阈值。日累计降雨量超过 0.1 mm 的称为小雨,超过 10 mm 的称为中雨,超过 25 mm 的称为暴雨,超过 50 mm 的称为特大暴雨。

POD 表示卫星降水正确探测到降水分类的概率,反映了不同降水水平下卫星降水估算的准确性。计算方法如下:

$$POD = \frac{H}{H + M} \tag{4-8}$$

FAR 是指实际测量不超过阈值而卫星观测超过阈值的概率,反映了卫星探测的错误率。计算方法如下:

$$FAR = \frac{F}{H + F} \tag{4-9}$$

DR 反映了 SPP 是否高估或低估了降水事件,范围是 $[0, +\infty)$。当其值小于 1 时,表示 SPP 低估了降水事件的发生频率;当其值大于 1 时,说明 SPP 高估了降水事件的发生频率;当其值等于 1 时,表示卫星乘积对降水事件的估计与实测吻合较好。计算方法如下:

$$DR = \frac{H + F}{H + M} \tag{4-10}$$

4.2.4　研究结果

本研究建立了嘉陵江流域的 SDLRR 模型。为了对所提模型的性能进行基准测试,考虑了具有不同模型结构和模型输入的比较模型,开发的模型及其输入集如表 4-1 所示。本研究提出了 IMERG-SDLRR、CHIRPS-SDLRR 和 TMPA-SDLRR 模型。模型输入包括过去 15 天的空间 IMERG、CHIRPS 或 TMPA、三个静态集水区属性和过去 30 天的日径流数据。总输入尺寸包括主输入和辅助输入的数据尺寸。IMERG、CHIRPS 和 TMPA 的空间分辨率分别为 $0.1°$、$0.05°$ 和 $0.25°$。因此,覆盖研究区域的主输入尺寸分别为 $N \times 15 \times 65 \times 51 \times 1$、$N \times 15 \times 129 \times 102 \times 1$、$N \times 15 \times 26 \times 20 \times 1$,辅助输入尺寸为 $N \times 33$。表 4-1 中的所有其他模型都被用作基准。它们没有时空结构,LSTM 是唯一的核心算法。在考虑整个区域平均 SPP 的情况下,对一系列基线 LSTM 模型进行检验,即基线模型有相同的降雨输入,但没有空间信息。它们是与提出的深度学习模型 SDLRR 进行比较的直接基线。为了更好地评价 SPP 和流域属性特征的加入对径流预测精度的影响,比较模型还包含了不同的输入组合,其中 IMERG-LSTM-Ⅰ、CHIRPS-LSTM-Ⅰ、TMPA-LSTM-Ⅰ模型忽略集水区属性,IMERG-LSTM-Ⅱ、CHIRPS-LSTM-Ⅱ、TMPA-LSTM-Ⅱ模型考虑集水区属性,其余 LSTM 为基线模型,未使用 SPP,仅输入前 30 天逐日径流数据。在此基础上,研究了模型的预测精度,并对 SPP 的估计精度进行了评价。通过对所列模型的误差统计分析,可以充分、全面地讨论本研究所提模型的特点和优势。

表 4-1 模型及输入

序号	模型	核心算法	模型输入								总输入尺寸
			空间 IMERG	空间 CHIRPS	空间 TMPA	平均 IMERG	平均 CHIRPS	平均 TMPA	静态属性	径流数据	
1	IMERG-SDLRR	SDLRR	√						√	√	$N\times15\times65\times51\times1$, $N\times33$
2	CHIRPS-SDLRR	SDLRR		√					√	√	$N\times15\times129\times102\times1$, $N\times33$
3	TMPA-SDLRR	SDLRR			√				√	√	$N\times15\times26\times20\times1$, $N\times33$
4	IMERG-LSTM-II	LSTM				√			√	√	$N\times15$, $N\times33$
5	CHIRPS-LSTM-II	LSTM					√		√	√	$N\times15$, $N\times33$
6	TMPA-LSTM-II	LSTM						√	√	√	$N\times15$, $N\times33$
7	IMERG-LSTM-I	LSTM				√				√	$N\times15$, $N\times30$
8	CHIRPS-LSTM-I	LSTM					√			√	$N\times15$, $N\times30$
9	TMPA-LSTM-I	LSTM						√		√	$N\times15$, $N\times30$
10	LSTM	LSTM								√	$N\times30$

4.2.4.1 径流预报结果

图 4-14 为嘉陵江流域 LDX、WS、XHB 和 BB 四个站点的径流预报结果。图 4-14(a)为 LDX,(b)为 WS,(c)为 XHB,(d)为 BB。每个子图显示 10 个预测径流序列和 1 个实测径流序列。横坐标表示径流值,纵坐标表示日期,从 2011 年 11 月 23 日到 2015 年 12 月 31 日,涵盖了大约 4 个汛期和 5 个旱季。从图中可以看出,在四个水文站中,LDX、WS 和 BB 的洪水较为密集,而 XHB 的径流序列洪水频率较低,洪峰较小。所有 10 个模型的预测径流和实际径流之间都有很强的相关性。预测径流序列的波动特征和径流峰值与实测径流序列非常接近。建立的比较模型和 SDLRR 模型可以有效地预测日径流。

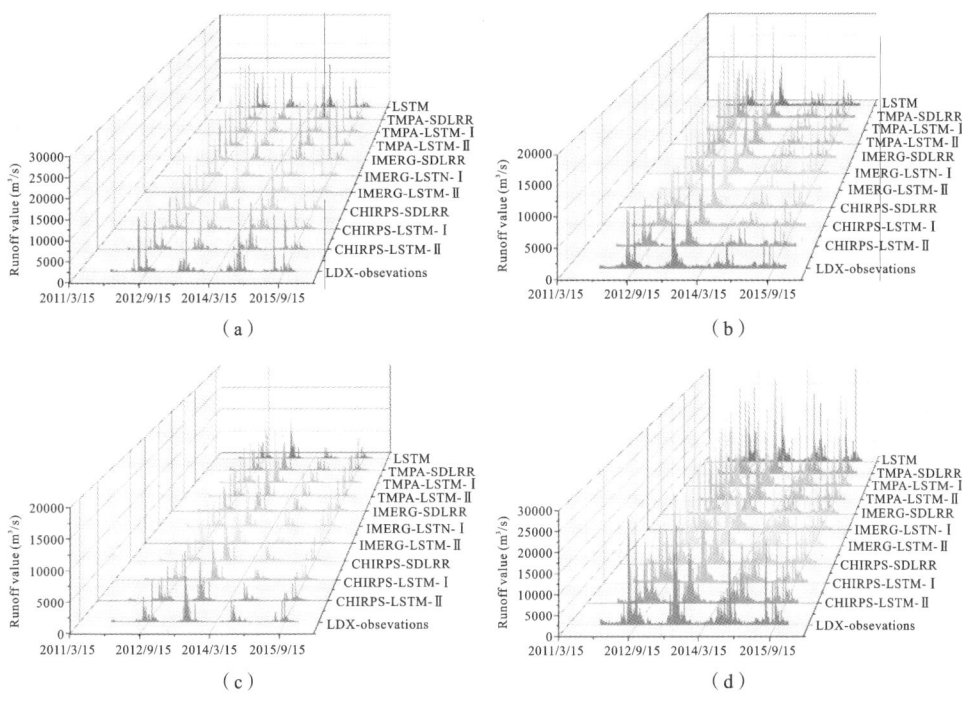

图 4-14　嘉陵江 10 种模型测试期径流预测结果

4.2.4.2　径流预报误差统计

本部分采用 RMSE 和 R^2 精度评价指标对 SDLRR 模型的径流预测性能进行定量分析。RMSE 可以评价同一水文站的径流预测性能，R^2 可以评价不同水文站的模型预测性能。表 4-2 显示了预测结果的统计误差，包括 R^2、R^2-improvement、RMSE、RMSE-improvement 和 Rank，其中 R^2-improvement 和 RMSE-improvement 是指相关模型的预测在 R^2 和 RMSE 统计量上较基准模型 LSTM 的改进百分比。秩是指根据 R^2 和 RMSE 对模型进行排序，确定 R^2 最高、RMSE 最低的模型①。

表 4-2　径流预报的 RMSE 和 R^2 精度评价指标

模型	站点	R^2	R^2-improvement	RMSE	RMSE-improvement	排名
CHIRPS_LSTM-II		0.78	0.03	974	−0.04	⑤
CHIRPS_LSTM-I		0.76	0.01	1021	0.01	
CHIRPS_SDLRR		0.77	0.02	989	−0.02	⑦

模型	站点	R^2	R^2-improvement	RMSE	RMSE-improvement	排名
IMERG_LSTM-II		0.83	0.10	856	−0.15	②
IMERG_LSTM-I		0.80	0.06	988	−0.02	⑥
IMERG_SDLRR		0.87	0.15	758	−0.25	①
TMPA_LSTM-II	LDX	0.82	0.09	924	−0.09	③
TMPA_LSTM-I		0.82	0.08	1294	0.28	
TMPA_SDLRR		0.80	0.06	979	−0.03	④
LSTM (Benchmark)		0.76		1011		
CHIRPS_LSTM-II		0.81	0.02	637	−0.04	③
CHIRPS_LSTM-I		0.80	0.01	648	−0.02	④
CHIRPS_SDLRR		0.81	0.02	630	−0.05	②
IMERG_LSTM-II		0.79	0.00	796	0.21	
IMERG_LSTM-I	WS	0.80	0.01	787	0.19	
IMERG_SDLRR		0.87	0.09	558	−0.16	①
TMPA_LSTM-II		0.79	0.00	907	0.37	
TMPA_LSTM-I		0.78	-0.02	1014	0.53	
TMPA_SDLRR		0.83	0.04	706	0.07	
LSTM (Benchmark)		0.79		661		
CHIRPS_LSTM-II		0.71	0.01	511	−0.01	②
CHIRPS_LSTM-I		0.71	0.01	498	−0.03	①
CHIRPS_SDLRR		0.72	0.02	517	0.00	③
IMERG_LSTM-II		0.66	−0.06	597	0.16	
IMERG_LSTM-I		0.66	−0.07	597	0.16	
IMERG_SDLRR	XHB	0.71	0.01	575	0.12	
TMPA_LSTM-II		0.67	−0.04	677	0.32	
TMPA_LSTM-I		0.65	−0.07	689	0.34	
TMPA_SDLRR		0.71	0.01	578	0.12	
LSTM (Benchmark)		0.70		514		

续表

模型	站点	R^2	R^2-improvement	RMSE	RMSE-improvement	排名
CHIRPS_LSTM-II		0.88	0.01	1703	−0.04	⑧
CHIRPS_LSTM-I		0.85	−0.02	1777	0.00	
CHIRPS_SDLRR		0.87	0.01	1652	−0.07	⑦
IMERG_LSTM-II		0.90	0.04	1427	−0.20	④
IMERG_LSTM-I	BB	0.90	0.04	1425	−0.20	④
IMERG_SDLRR		0.92	0.07	1247	−0.30	①
TMPA_LSTM-II		0.91	0.06	1362	−0.24	②
TMPA_LSTM-I		0.91	0.05	1397	−0.22	③
TMPA_SDLRR		0.89	0.03	1574	−0.12	⑥
LSTM (Benchmark)		0.86	—	1781	—	

对于 LDX,最好的三个模型是 IMERG_SDLRR、IMERG_LSTM-II 和 TMPA_LSTM-II。与 LSTM (Benchmark)相比,IMERG_SDLRR 在 R^2 方面提高了 15%,在 RMSE 方面提高了 25%。IMERG_LSTM-II 在 R^2 和 RMSE 方面分别提高了 10% 和 15%。TMPA_LSTM-II 分别都提高了 9%。与 IMERG_LSTM-II (以平均 SPP 作为降雨输入的模型中性能最好的模型)相比,MERG_SDLRR 的 R^2 提高了 5%,RMSE 提高了 11%。

对于 WS,最好的三个模型是 IMERG_SDLRR、CHIRPS_SDLRR 和 CHIRPS_LSTM-II。与 LSTM (Benchmark)相比,IMERG_SDLRR 在 R^2 方面提高了 9%,在 RMSE 方面提高了 16%。CHIRPS_SDLRR 在 R^2 和 RMSE 方面分别提高了 2% 和 5%。CHIRPS_LSTM-II 分别提高了 2% 和 4%。与以平均 SPP 作为降雨输入的模型中性能最好的 CHIRPS_LSTM-II 模型相比,MERG_SDLRR 的 R^2 提高了 7%,RMSE 提高了 12%。

对于 XHB,最好的三个模型是 CHIRPS_LSTM-I、CHIRPS_LSTM-II 和 CHIRPS_SDLRR。与 LSTM (Benchmark)相比,CHIRPS_LSTM-I 的 R^2 提高了 1%,RMSE 提高了 3%。CHIRPS_LSTM-II 在 R^2 和 RMSE 上都提高了 1%。CHIRPS_SDLRR 在 R^2 方面提高了 2%。与 LDX 和 WS 径流预报相比,XHB 径流预报的改进不明显。这一现象有几个原因。一方面,从径流序列的统计来看,XHB 的平均径流在四个站点中最小,方差也最小。径流没有剧烈波动的特点。因此,这个地区的暴雨可能会少一些。本章提出的模型主要是通过挖掘降雨和径流的时空特征来提高预报精度,因此在降雨少的地区效果有限。另一方面,XHB 流域呈狭长形,与其他流域的矩形形状有很大的不同。该模型的输入为矩阵数据,更适合矩形空间的挖掘。流域形状和矩阵输入之间的不匹配是提出的模型不能像其他流域那样改善 XHB 径流预测的原因。

对于 BB,最好的三个模型是 IMERG_SDLRR,TMPA_LSTM-II 和 TMPA_LSTM-I。与 LSTM (Benchmark)相比,IMERG_SDLRR 在 R^2 方面提高了 7%,在 RMSE 方面提高了 30%。TMPA_LSTM-II 在 R^2 和 RMSE 方面分别提高了 6% 和 24%。TMPA_LSTM-I 在 R^2 和 RMSE 中分别提高了 5% 和 22%。与以平均 SPP 作为降雨输入的模型中性能最好的 TMPA_LSTM-II 模型相比,MERG_SDLRR 的 R^2 提高了 1%,RMSE 提高了 8%。

结果表明,基于空间 IMERG SPP 的 SDLRR 模型在径流预报中取得了良好的效果。利用 IMERG、TMPA 和 CHIRPS 预报降雨径流,IMERG 比 TMPA 和 CHIRPS 具有更好的空间表示能力。在预测器中包含集水区属性的模型优于不包含集水区属性的模型。

4.2.4.3　极端洪水预报误差统计

本节进一步分析了极端洪水事件的相对预测误差,以评价所建立的模型在极端径流范围内的性能。提取并分析各水文站洪水事件的前五位,如图 4-15 所示。图 4-15(a)、(b)、(c)、(d)分别为 LDX、WS、XHB 和 BB 极端洪水预报的相对误差直方图。对 LDX 而言,前五次洪水事件分别发生在 2014 年 9 月 14 日、2012 年 9 月 3 日、2013 年 7 月 21 日、2015 年 6 月 25 日和 2012 年 7 月 6 日。结果表明,IMERG-SDLRR-I、IMERG-SDLRR-I、TMPA_LSTM-II、IMERG-SDLRR-I 和 IMERG-SDLRR-I 分别是上述五次洪水事件的最佳模型。综合来看,IMERG-SDLRR-I 模型是 LDX 极端洪水预报的最佳模型。对于 WS,洪水事件的前五名分别是 2013 年 7 月 19 日、2013 年 7 月 23 日、2012 年 9 月 2 日、2012 年 7 月 10 日和 2012 年 7 月 9 日。结果表明,IMERG_LSTM-I、IMERG_LSTM-I、IMERG_LSTM-I、IMERG_LSTM-II 和 TMPA_LSTM-II 分别是上述五次洪水事件的最佳模型。平均而言,IMERG_LSTM-I 是 WS 极端洪水预报的最佳模型。对于 XHB 来说,极端洪水的预报误差都很大,显示了几种模型在预测该地区极端洪水方面的不足。对于 BB,前五次洪水事件分别发生在 2012 年 7 月 6 日、2012 年 9 月 3 日、2012 年 7 月 10 日、2013 年 7 月 20 日和 2013 年 7 月 21 日。结果表明,IMERG_LSTM-I、TMPA_LSTM-II、TMPA_LSTM-I、IMERG_LSTM-I 和 TMPA_LSTM-I 分别是上述五次洪水事件的最佳模型。综合来看,IMERG_LSTM-I 模型是预测极端洪水的最佳模型。SPP 的加入有助于改善极端洪水预报。

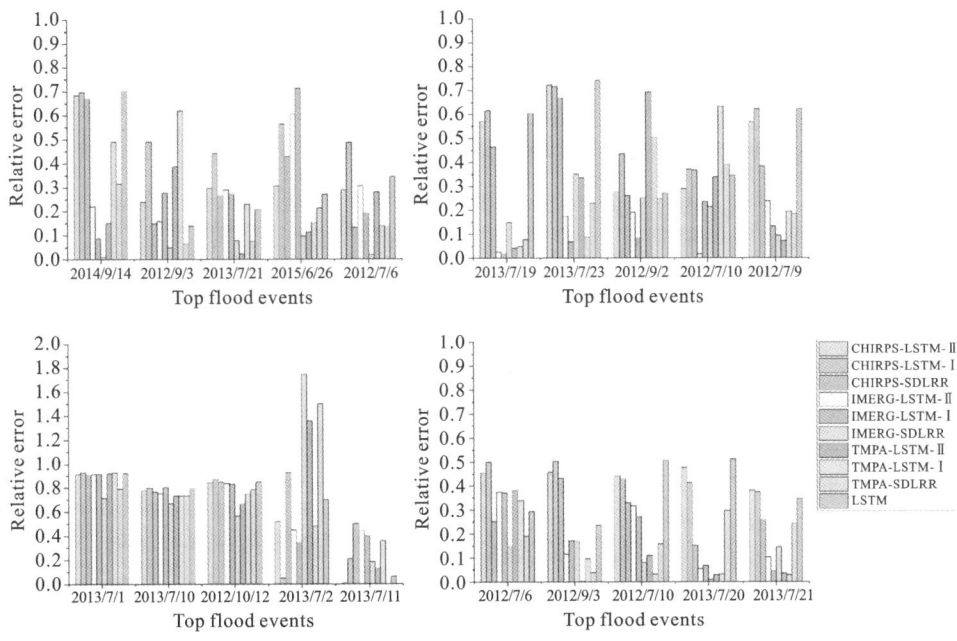

图 4-15　嘉陵江流域极端洪水预报误差分析

采用平均相对误差（MRE）和合格率（QR）两个指标进一步论证了所建立的 SDLRR 模型在极端洪水预报中的优越性，如表 4-3 所示。MRE 是每种模式五种极端洪水相对误差的平均值。QR 表示洪水预报合格的比例。当洪水预报的相对误差小于 30% 时，认为是合格的预报。对于 LDX，IMERG-SDLRR 的 MRE 最低，为 0.05，QR 最高，为 1。对于 WS，IMERG_LSTM-I 的 MRE 最低，为 0.11，QR 最高，为 1。XHB 的最低 MRE 为 0.57，最高 QR 为 0.4。对于 BB，IMERG_LSTM 的 MRE 最低，为 0.12，QR 最高，为 0.93。对于 LDX，IMERG_LSTM-I 相比基准 LSTM 大幅提高了性能，MRE 降低了 28%，QR 提高了 40%。与采用平均 SPP 作为降雨输入的最佳模式 TMPA-LSTM-II 相比，IMERG-SDLRR 的 MRE 降低了 14%，QR 提高了 20%。对于 BB，与基准 LSTM 相比，IMERG-SDLRR 通过降低 27% 的 MRE 和提高 60% 的 QR 大大提高了性能。与采用平均 SPP 作为降雨输入的最佳模型 TMPA-LSTM-II 相比，IMERG-SDLRR 的性能提高了 20%。平均而言，IMERG-SDLRR 对四个水文站的 MRE 最低，为 0.12，QR 最大，为 0.93。与采用平均 SPP 作为降雨输入的最佳模型 IMERG-LSTM-I 相比，MRE 降低了 29%，QR 提高了 53%，MRE 降低了 8%，QR 提高了 6%。

表 4-3　基于 MRE 和 QR 的极端洪水预报精度评价

模型	LDX		WS		XHB		BB		平均值	
	MRE	QR	MRE	QR	MRE	QR	MRE	QR	MRE	QR
CHIRPS-LSTM-II	0.36	0.6	0.49	0.4	0.61	0.2	0.44	0	0.43	0.33
CHIRPS-LSTM-I	0.54	0	0.55	0	0.57	0.4	0.44	0	0.51	0.00
CHIRPS-SDLRR	0.33	0.6	0.43	0.2	0.79	0	0.28	0.6	0.35	0.47
IMERG-LSTM-II	0.32	0.6	0.13	1	0.68	0	0.19	0.6	0.21	0.73
IMERG-LSTM-I	0.31	0.8	0.11	1	0.66	0	0.18	0.8	0.20	0.87
IMERG-SDLRR	0.05	1	0.21	0.8	0.78	0.2	0.11	1	0.12	0.93
TMPA-LSTM-II	0.19	0.8	0.30	0.4	0.76	0.2	0.11	0.8	0.20	0.67
TMPA-LSTM-I	0.33	0.6	0.29	0.6	0.65	0.2	0.11	0.8	0.24	0.67
TMPA-SDLRR	0.16	0.8	0.23	0.8	0.76	0.2	0.18	1	0.19	0.87
LSTM	0.33	0.6	0.52	0.2	0.66	0.2	0.38	0.4	0.41	0.40

4.2.5　结果讨论

4.2.5.1　SPP 估计的一致性分析

全流域径流预报误差统计结果表明，IMERG_SDLRR、TMPA_LSTM-II 和 TMPA_LSTM-I 三个模型的预报效果最好。这表明 IMERG 和 TMPA 对区域降水的估计效果更好。本节对区域 SPP 的准确性进行了评估，以验证 SPP 在径流预报中的表现和效益。采用偏差法对 2001—2015 年 15 年评价期的日卫星降水估算数据和雨量计数据进行点对点比较。图 4-16 显示了 IMERG、TMPA 和 CHIPRS 的空间偏置分布。对于较低的绝对偏差，IMERG 和 TMPA 的估计值优于 CHIRPS 的估计值。平均来看，CHIRPS 低估了东部的雨量计降水，而高估了西部和北部的雨量计降水。总体而言，基于 Bias 法的 SPP 精度评价与降水径流时空预报方法的结果基本一致。

图 4-17 显示了不同震级和高度下 TMPA 数据的误差统计情况。降水强度分为小雨（0.1～10 mm）、中雨（10～25 mm）、大雨（25～50 mm）和特大暴雨（>50 mm）。海拔分为低空（0～1000 m）、中空（1000 m～2000 m）和高空（大于 2000 m）。由此可以看出，随着降水强度的增加，POD 呈下降趋势。FAR 值随降水强度的增大而波动。从 DR 上看，随着降水强度的增加，DR 值从 DR>1 逐渐减小到 DR<

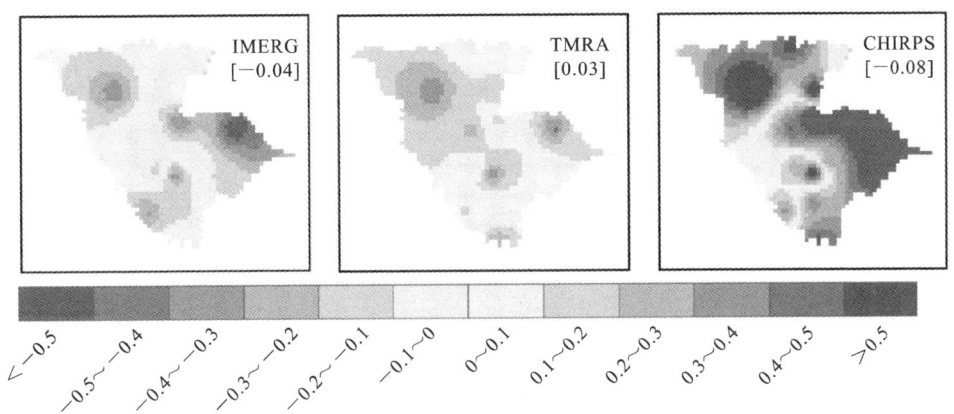

图 4-16　IMERG、TMPA 和 CHIRPS 在嘉陵江流域日降水量(mm/d)的偏置分布

1,说明 TMPA 数据主要高估了低强度降水,低估了暴雨和特大暴雨。研究发现,影响 SPP 估算精度的主要因素是降水强度,而不是海拔高度。径流预报精度 R^2 也不受平均海拔高度的影响,LDX、WS 和 XHD 子流域的 DEM 分别为 730 m、1626 m 和 1025 m,LDX 和 WS 的精度 R^2 优于 XHD。嘉陵江流域、LDX 子流域和 WS 子流域形状多呈扇形,XHB 子流域形状小而窄。在小而窄的区域内,很难利用空间降水为径流预报提供有用的信息。

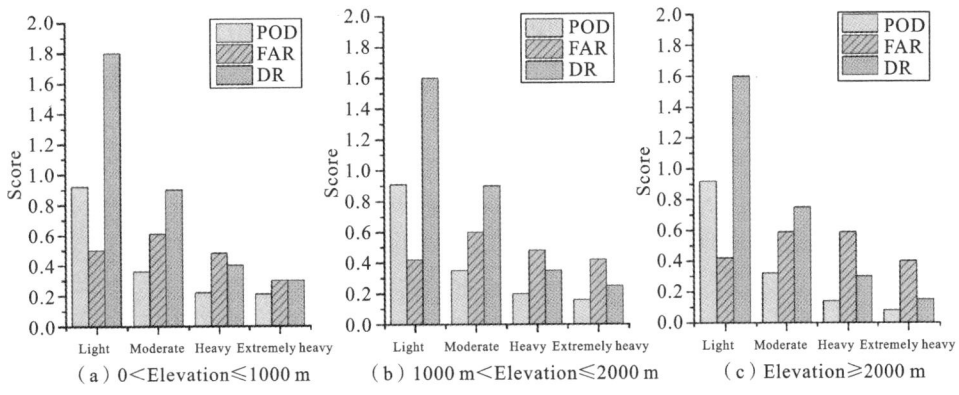

图 4-17　不同海拔高度 TMPA 数据的 POD、FAR 和 DR

4.2.5.2　SPP 估计的不确定性

降雨受流域地形、地理位置、大气运动等多种因素的影响,具有时空变异特征。利用 SPP 进行水文研究(如径流预报)的前提是数据产品具有较高的精度。然而,

尽管目前的全球 SPP 具有良好的时空分辨率,但仍存在一定程度的误差。特别是,不经过地面数据校正和后处理的实时降水产品,其相对系统偏差可能超过 100%。当这些卫星降水产品作为初始输入驱动降雨-径流过程时,误差造成的输入不确定性将严重影响水文模拟的准确性。即使是最新一代 GPM 卫星降水 3 级产品 IMERG,其包含的误差也普遍高于相应的地面站误差。因此,为了克服原始 SPE 系统误差大的缺点,有必要对原始卫星遥感降水产品进行预处理,如校正偏差或误差,以提高降水数据及其驱动水文模拟的精度。对于本章采用的 SPP,CHIRPS 综合了内部气候学、CHPclim、0.05°分辨率卫星图像和现场站数据,创建了网格化降雨时间序列。在 IMERG-final 的处理过程中,引入了更多的传感器数据源,包括引入全球雨量站进行校正。TMPA 的设计目的是结合来自各种卫星系统的降水估计,并在可能的情况下,结合陆地表面降水测量分析。CHIRPS、IME-RG-f,TMPA 是经过偏差校正的 SPP。虽然不能完全消除径流预报的不确定性,但结果表明,IMERG、TMPA 和 CHIRPS 对降水径流预报有一定的贡献,并且 IMERG 在 JRB 中的空间表现优于 TMPA 和 CHIRPS。

4.2.5.3 与以往研究的比较

开发可靠的水文预测模型在水资源管理中仍然是一项具有挑战性的任务。最近有很多关于机器学习(ML)技术用于水文预报的案例。数据分解、算法集成和模型优化被报道为最有效的策略和改进机器学习方法的主要趋势。

(1)混合模型。提出了广义结构组数据处理方法(GS-GMDH)、基于模糊均值的自适应神经模糊推理系统(ANFIS-FCM)来预测日径流和水位。在这些研究中,混合模型优于独立模型。

(2)数据分解或数据预处理。采用移动平均(MA)、奇异谱分析(SSA)和预处理方法将训练数据划分为低、中、高三个清晰子集。

(3)算法集成或预测区间(PI)估计。传统的基于 ANN 的 PI 估计技术、下上限估计(LUBE)方法和多目标优化算法被用于估计预测区间(PI)。

(4)模型优化。问题分析、数据采集与预处理、数据驱动模型选择和模型评价是基于机器学习的水文预测模型的基本步骤。

这些步骤中最重要的是数据驱动的模型识别,因为这是执行学习过程和提取特征的地方。研究人员的目标是通过引入新的机器学习方法发现更准确和高效的预测模型。LSTM 被认为是近年来利用历史数据进行流量预测的最佳模型之一。在之前的研究中,LSTM 模型在快速波动的流量数据中表现出了良好的捕捉数据特征的能力。本章通过构建一个新的大规模时空深度学习降雨-径流模型,挑战了这一最重要也最困难的任务。与 JRB 开发的最先进的径流预报 LSTM 相比,该模型在 LDX 站的 R^2 性能提高了 15%，RMSE 性能提高了 25%。此外，模型预测结果表明，该模型在极端洪水预测中具有较高的可靠性。该模型的时空特征提取和学习直接提高了降水径流预测精度。

4.2.6 结论

降雨径流模型中空间模式的获取和学习对于提高径流预报精度具有重要意义。现有研究尚未准确涉及基于深度学习架构的降水径流时空预测。此外，在降雨径流时空预测研究中，缺乏特定于 SPP 的空间信息是一大损失。因此，本研究在流域内建立了大规模的 SDLRR 预测模型，并评价了利用三个 SPP 的空间信息对减少径流预测误差的积极影响，这是目前基于深度学习的径流预测中很少研究和讨论的问题。结果表明，与基准模型相比，SDLRR 提高了径流预测的准确性，而基准模型在降雨-径流建模中无法捕捉和学习空间模式。

利用空间 IMERG SPP 开发的 SDLRR 模型在径流预报中取得了最佳性能。以 LDX 为例，与不能捕捉降水径流空间信息的最佳模型相比，提出的 IMERG_SDLRR 模型 R^2 提高了 5%，RMSE 提高了 11%。SDLRR 在其他水文站也取得了良好的运行效果，同时也证明了 SDLRR 模型在极端洪水预报中的优越性。在四个水文站中，IMERG-SDLRR 对极端洪水预报的平均 MRE 最低，为 0.12，QR 最高，为 0.93。与 LSTM 模型相比，该模型的 MRE 降低了 29%，QR 提高了 53%，与不能捕获空间信息的最佳模型相比，MRE 降低了 8%，QR 提高了 6%。

所提出的 SDLRR 模型的优点在于能够捕捉和学习降雨-径流模型中的空间模式，从而提高径流预报的精度。它使用 SPP 和深度学习体系结构来解决以前没有讨论过的时空降雨径流预测问题。对于所提出的 SDLRR 模型的局限性，由于流域形状与矩阵输入不匹配，在狭长的流域中，由于流域往往是矩形的，因此在狭长的流域中，SDLRR 模型的性能改善效果并不好。针对不规则流域的模型改进难度较大，需要在今后的工作中进一步研究。

4.3 物理机制和深度学习双模驱动的洪水预报模型

可靠准确的流域径流预报对水资源高效利用和灾害风险防治具有重要决策支撑作用。然而，受到气候变化和人类活动的影响，传统概念性水文模型的可靠性和适用性面临挑战。相比之下，以深度学习（DL）为代表的数据驱动模型在模拟精度上逐渐超越传统水文模型,但却缺乏可解释性。为此,本研究提出了一种可解释的概念性降雨径流混合模型 Hybrid GR4J。该混合模型以概念性水文模型 GR4J 为骨干,利用长短时记忆(LSTM)神经网络替代 GR4J 模型核心汇流模块,并基于 XGBoost-SHAP 构建了特征评估及解释框架。CAMELS 数据集中 196 个集水区的测试结果表明:与 GR4J 和 GR4J-LSTM 模型相比,Hybrid GR4J 模型验证期 NSE 系数均值分别提升了 35.03% 和 2.97%。混合模型模拟效果也要优于单纯数据驱动的 LSTM 模型。同时,XGBoost-SHAP 分析结果也证明了产流模块特征 Perc 和 P_r 对混合模型的输出贡献最大,且揭示了目标输出与各特征之间存在复杂的单调性关系。这一发现不仅为混合模型预测机制提供可解释性,而且加深了对模型内部机制的理解。研究成果证明了物理引导的深度学习模型的适用性及有效性,为可解释的混合模型研究提供了技术方案。

4.3.1 引言

准确可靠的流域径流预报是水资源优化配置和水电能源高效利用的重要基础[1-2]。然而,径流过程受多种因素的影响,常常呈现多尺度、非平稳特性[3]。同时,随着气候变化和人类活动的双重影响,流域水循环要素日趋复杂,径流过程的不确定性特征和混沌特性更加显著[4-6]。这对非线性径流预报的相关研究提出了更高要求。传统物理机制水文模型依赖于水文气象数据及物理过程,复杂环境影响下水文模型复制和实施效果难以满足要求[7]。因此,当前迫切需要研究流域非线性径流综合预报新方法,这对于水资源优化配置、防洪减灾具有重要的科学价值。

物理机制驱动的流域水文模(集总式、半分布式和分布式水文模型)代表了水文学领域对降雨径流转化过程内在规律的深刻理解[8]。然而,现有水文模型本质上是对复杂自然现象的简化模拟,其经验公式构造与参数化并未能完全捕捉所有影响因素及其相互作用,可能导致在水文建模中表现出较低的性能[9-10]。尤其是在气候变化影响下,流域水循环驱动因子日益繁多,传统水文模型无法整合处理如此庞大的多源信息,许多有效信息无法充分利用。此外,这些水文模型物理方程求解需要复杂的离散化和约束优化过程,在计算时需要大量的资源[11]。这种机制难以有效捕捉降雨径流过程的复杂非线性动态关系。因此,完全依赖基于现有的物理定律和数学方程的水文模型,越来越难以精准刻画当前复杂的降雨径流过程。这使得传统水文模型在实际工程应用中受到一定的限制。

近年来,随着计算机技术的发展和水文气象大数据的累积,以深度学习为代表的数据驱动模型在模拟精度上逐渐超越传统水文模型。与传统水文模型不同,深度学习方法不需要定义物理机制,即可实现长时间序列数据的有效预测,目前已经取得了许多研究成果[12-14]。进一步,深度学习方法和物理机制模型二者相互耦合可实现优势互补,相关研究也引起了广泛的关注[15-17]。深度学习凭借其强大的非线性映射能力能够显著增强传统水文模型的准确性和稳定性,传统水文模型的也可以为深度学习提供物理基础和约束。然而,深度学习的内部机制和决策过程难以直观理解,这导致常被视为是黑箱模型。这限制了深度学习技术在水文模拟方面的推广应用。为此,SHapley Additive exPlanations(SHAP)可解释框架为解释深度学习提供了新的途径。SHAP 能够从全局和局部两个层面对"黑盒模型"进行解释,它的广泛应用加深了对复杂水文系统的理解深度和水平[18-20]。

为此,本研究创新性地提出了物理机制和深度学习耦合驱动的混合水文模型。该混合模型通过神经网络替代水文模型核心汇流过程,利用其强大的非线性映射能力提高传统水文模型的预报精度。在此基础上,我们建立了一套因子评估和解释框架,赋予混合模型一定的可解释性,避免模型面临"黑箱"难题。最后,我们针对模型输入维度及参数进行了讨论,并结合现有的发现为模型后续的研究指明方向。

4.3.2　方法

4.3.2.1　GR4J 水文模型

GR4J 是一个概念性降雨径流模型[21-22]。该模型广泛应用于洪水预报、水资源规划等方面。GR4J 模型仅含有 4 个参数,模型简单,结构清晰。该模型采用两个非线性水库进行产汇流计算,其中第 1 个水库为产流水库,第 2 个水库为汇流水库,如图 4-18 所示。

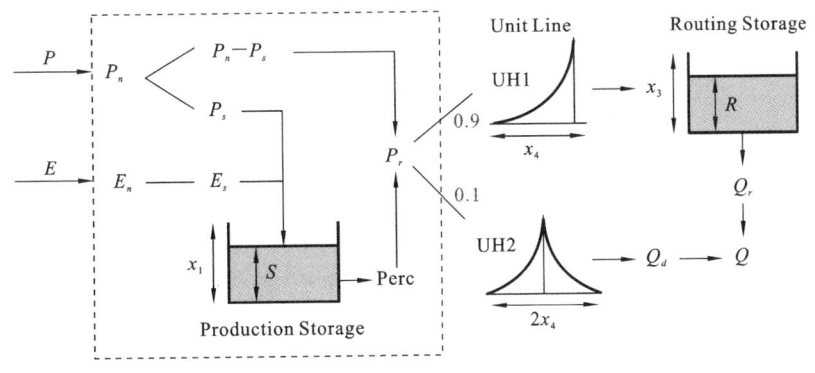

图 4-18　GR4J 水文模型架构

1. 产流阶段

产流阶段首先根据流域降水 P、蒸发 E，确定有效降水 P_n 和剩余蒸发能力 E_n：

$$P_n^t = \max(P^t - E^t, 0) \tag{4-11}$$

$$E_n^t = \max(E^t - P^t, 0) \tag{4-12}$$

然后，通过 P_n 和 E_n 计算补充产流水库的降水量 P_s 和产流水库蒸散发量 E_s：

$$P_s^t = \frac{x_1[1 - (S^t/x_1)^2]\tanh(P_n/x_1)}{1 + (S^t/x_1)\tanh(P_n/x_1)} \tag{4-13}$$

$$E_s^t = \frac{S^t(2 - S^t/x_1)\tanh(E_n/x_1)}{1 + (1 - S^t/x_1)\tanh(E_n/x_1)} \tag{4-14}$$

式中：P_s 为产流水库的增加水量；E_s 为产流水库消耗水量；S 为产流水库蓄水量；x_1 为产流水库蓄水容量(mm)。

计算 E_s 和 P_s 后，产流水库蓄水量 S 和产流水库的产流量 Perc 为

$$S^t = S^{t-1} - E_s^t + P_s^t \tag{4-15}$$

$$\text{Perc}^t = S^t \{1 - [1 + (4S^t/9x_1)^4]^{-1/4}\} \tag{4-16}$$

扣除 Perc 后，产流水库蓄水量 S 和总的产流量 P_r 为

$$S^{t+1} = S^t - \text{Perc}^t \tag{4-17}$$

$$P_r^t = \text{Perc}^t + P_n^t - P_s^t \tag{4-18}$$

2. 汇流阶段

GR4J 采用时段单位线进行汇流演算。模型将 P_r 分为两部分，90%采用单位线 UH1 演算，10%用于单位线 UH2 演算。前者需要经过汇流水库的再次调节，后者直接汇集到流域出口断面。两条单位线均由 S 曲线(SH1、SH2)推算，计算方法如式(4-19)、式(4-20)所示：

$$\begin{cases} t \leqslant 0, \ \text{SH1}(t) = 0 \\ 0 < t < x_4, \ \text{SH1}(t) = (t/x_4)^{5/2} \\ t \geqslant x_4, \ \text{SH1}(t) = 1 \\ \text{UH1}(j) = \text{SH1}(j) - \text{SH1}(j-1) \end{cases} \tag{4-19}$$

$$\begin{cases} 0 < t < x_4, \ \text{SH2}(t) = (t/x_4)^{5/2}/2 \\ x_4 < t < 2x_4, \ \text{SH2}(t) = 1 - (2 - t/x_4)^{5/2}/2 \\ t \geqslant 2x_4, \ \text{SH2}(t) = 1 \\ \text{UH2}(j) = \text{SH2}(j) - \text{SH2}(j-1) \end{cases} \tag{4-20}$$

式中：j 为整数，表示第 j 天，x_4 为单位线汇流时间(天)。

由两条单位线(UH1、UH2)演算得到的水量分别为

$$Q_9 = \text{UH1} \times 0.9 \times P_r \tag{4-21}$$

$$Q_1 = UH2 \times 0.1 \times P_r \tag{4-22}$$

式中：Q_9 指进入汇流水库的水量，Q_1 指直接汇集到流域出口断面的水量。

同时，GR4J 引入了时段水量交换量 F，计算方法如式（4-23）所示：

$$F^t = x_2 (R^t / x_3)^{7/2} \tag{4-23}$$

$$R^t = \max(0, Q_9^t + F^t + R^t) \tag{4-24}$$

式中：F 为时段水量交换量，R 为汇流水库水量，x_2 为地下水交换系数（mm），x_3 为汇流水库容量（mm³）。

汇流水库出流量 Q_r^t 为

$$Q_r^t = R^t \{1 - [1 + (R^t / x_3)^4]^{-1/4}\} \tag{4-25}$$

$$R^{t+1} = R^t - Q_r^t \tag{4-26}$$

汇流水库出流量 Q_d 和流域出口断面总流量 Q_{pre} 为

$$Q_d^t = \max(0, Q_1^t + F^t) \tag{4-27}$$

$$Q_{pre}^t = Q_d^t + Q_r^t \tag{4-28}$$

GR4J 模型包含 x_1、x_2、x_3、x_4 共 4 个参数。同时，在进行产汇流计算时，还必须考虑土壤含水量 S 和汇流水库水量 R 的初值对径流模拟精度的影响。为避免初值选取不当，导致参数优化不合理。

为了全面评估并验证所提模型在目标流域预测性能上的优越性，本研究将经典水文模型 TANK、HYMOD、SIMHYD 与 GR4J 及本节所提模型一同进行对比。以上四种经典水文模型参数及文献来源如表 4-4 所示[1]。本研究采用 SCE-UA 算法对每种模型的参数进行优化，以保证模型参数的最优配置。

表 4-4 本研究中使用的水文模型

序号	模型名称	模型参数	参考文献
1	TANK	Time parameter for drainage, a_0, b_0, c_0; Time parameter for surface runoff, a_1; Fraction coefficient, f_a, f_b, f_c, f_d; Maximum soil depth (sum of runoff thresholds), s_t; Fraction coefficient that consitutes threshold, f_1, f_2, f_3.	(Singh, 1997)
2	GR4J	Production storage capacity, x_1; Groundwater exchange coefficient, x_2; Routing storage capacity, x_3; Unit line confluence time, x_4.	(Perrin et al., 2003b)
3	HYMOD	Maximum soil moisture storage, S_{max}; Soil depth distribution parameter, b; Runoff distribution fraction, a; Fast runoff coefficient, k_f; Slow runoff coefficient, k_s.	(Wagener et al., 2001)

101

续表

ID	模型名称	模型参数	参考文献
4	SIMHYD	Maximum interception capacity, i_{max}; Maximum infiltration loss parameter, l_{max}; Infiltration loss exponent, s_q; Maximum soil moisture capacity, s_{max}; Proportionality constant, s, c; Slow flow time scale, k.	(Chiew et al., 2002)

4.3.2.2 深度学习模型:LSTM

深度学习方法以其强大的非线性映射能力,在时间序列预测方面已经证明了其有效性。其中,Long Short-Term Memory(LSTM)作为循环神经网络(RNN)的一种高级变体,克服了 RNN 梯度消失或爆炸的问题,并显著增强了长期依赖关系的学习能力。LSTM 主要由输入门、输出门和遗忘门组成,如图 4-19 所示。这种结构不仅保留了 RNN 的循环特性,还确保了对长时间序列数据信息的有效利用。鉴于此,LSTM 是与概念性水文模型进行耦合的理想选择,二者结合可实现模型性能的互补。本研究主要利用 LSTM 的一系列优势,替代 GR4J 模型汇流模块,减少单位线汇流法累计误差。为此,我们采用 MATLAB 平台构建 LSTM 网络构架,同时引入贝叶斯方法优化模型超参数,提升模型泛化性能。

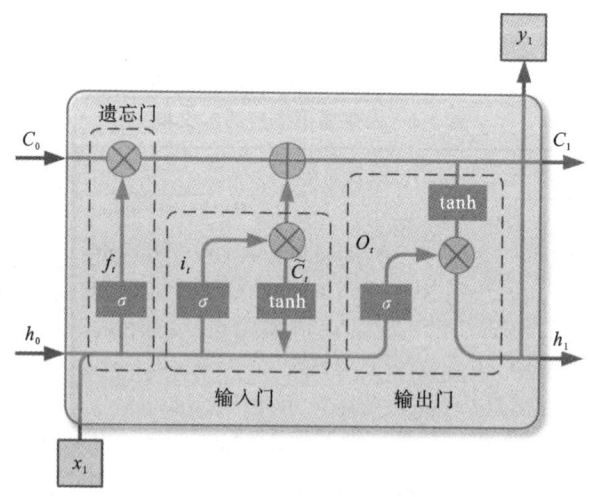

图 4-19 长短期记忆单元架构

4.3.2.3 因素评价与解释:XGBoost-SHAP

深度学习方法因缺乏"可解释性",所以深度神经网络习惯性被大家认为是黑箱模型。这导致无法深入理解模型参数传递的物理信息,这就无法针对性地研究预测原因及精度提升策略。为了解决这个问题,我们引入了 eXtreme Gradient Boosting(XGBoost)方法[23],并结合解释预测的框架 SHapley Additive exPlana-tions(SHAP)[24]。XGBoost-SHAP 框架能够实现对输入变量的训练、评估及解释,能够为每个特征分配一个特定预测的重要性值。

　　XGBoost 是一种高效的梯度提升决策树算法,它在原有的 Gradient Boosting Decision Tree(GBDT)基础上进行了改进,使得模型效果得到大大提升。它的核心是采用 Boosting 思想,通过集成多个弱学习器(决策树)来形成强大的集成模型[25,26]。虽然 XGBoost 具有卓越的回归和分类性能,但是其内部机制和决策过程难以理解,通常被认为是黑箱模型。SHAP 在 XGBoost 回归领域起着至关重要的作用,它增强了这种广泛采用的机器学习方法的透明度和可解释性[27]。SHAP 是一种借鉴了博弈论思想的事后解释方法,SHAP 通过计算模型中各个特征的边际贡献来衡量各个特征的影响大小,进而对黑盒模型进行解释。该边际贡献在 SHAP 中称为 SHAP 值。这非常适用于解释 XGBoost 这种黑箱模型。此外,SHAP 还提供极其强大的数据可视化功能,例如交互式解释器和决策树可视化等。为此,我们通过 Python 的 SHAP 包和 TreeExplainer 函数来生成 SHAP 值,进而得到依赖关系图[28]。

　　传统的特征重要性只告诉哪个特征重要,但我们并不清楚该特征是怎样影响预测结果的。SHAP 值最大的优势是 SHAP 能对于反映出每一个样本中的特征的影响力,而且还表现出影响的正负性。

4.3.2.4 可解释的混合 GR4J 模型

　　根据以上内容,我们创新性地提出了一种可解释的混合 GR4J 模型。本研究在 Kapoor 等[15]工作的基础上进行了深化与拓展,通过引入 LSTM 替代 GR4J 汇流模块,进而形成 Hybrid GR4J 模型。为增强模型的透明度和可解释性,本研究引入 XGBoost-SHAP 框架。这一框架不仅能够有效评估模型输入因子的重要性,还能深入解析 Hybrid GR4J 模型内部中间变量的相互作用机制。通过对 SHAP 值的分析,我们得以识别并筛选出对模型输出贡献最为显著的中间变量,进而根据这些关键变量重构状态空间。重构前的状态空间 X^t 如下:

$$X^t = [x^{t-n}, x^{t-n+1}, \cdots, x^{t-1}, x^t] \tag{4-29}$$

式中:$x^t = [P^t, E^t, P_n^t, E_n^t, P_s^t, E_s^t, \mathrm{Perc}^t, P_r^t, S^t]$,$x^t$ 包含 GR4J 模型输入及产流中间变量,共计 9 个变量。

　　最终,我们可以得到整个降雨径流混合模型架构,如图 4-20 所示。

　　我们采用三种常用的水文指标用于模型性能评估:NSE 系数[29]、均方根误差(RMSE)、Kling-Gupta 系数[30]。NSE 系数计算方式如下:

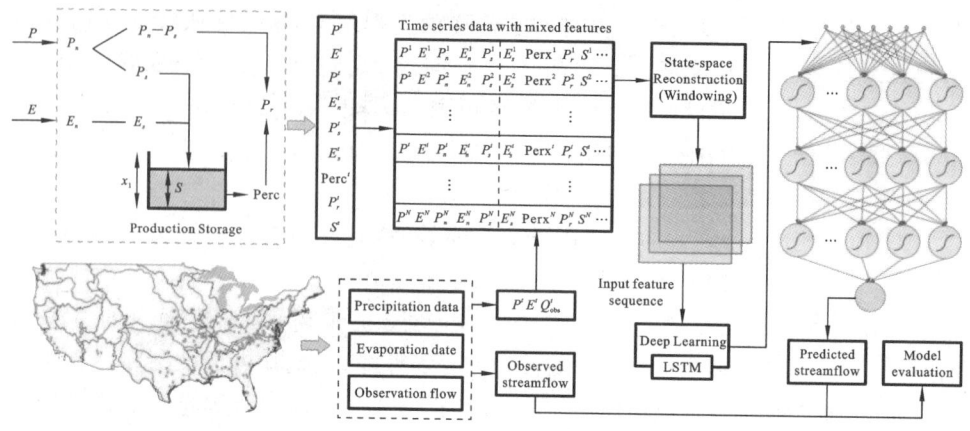

图 4-20　降雨径流混合模型架构图

$$\mathrm{NSE} = 1 - \frac{\sum\limits_{i=1}^{N}\left[Q_{\mathrm{obs}}(i) - Q_{\mathrm{pre}}(i)\right]^2}{\sum\limits_{i=1}^{N}\left[Q_{\mathrm{obs}}(i) - \overline{Q}_{\mathrm{obs}}(i)\right]^2} \tag{4-30}$$

式中：$Q_{\mathrm{obs}}(i)$ 为第 i 个时刻的实测流量，m^3/s；$Q_{\mathrm{pre}}(i)$ 为第 i 个时刻的预报流量，m^3/s；N 为时段数；$\overline{Q}_{\mathrm{obs}}(i)$ 为实测流量的平均值，m^3/s。

RMSE 计算公式如下：

$$\mathrm{RMSE} = \sqrt{\frac{1}{N}\sum_{i=1}^{N}\left[Q_{\mathrm{obs}}(i) - Q_{\mathrm{pre}}(i)\right]^2} \tag{4-31}$$

式中：变量含义与式(4-30)相同，取值范围为 $[0, +\infty)$。它代表的是预测值与真实值之间的偏差。

KGE 计算方式如下：

$$\mathrm{KGE} = 1 - \sqrt{G_1 + G_2 + G_3} \tag{4-32}$$

$$G_1 = (\sigma_{\mathrm{pre}}/\sigma_{\mathrm{obs}} - 1)^2 \tag{4-33}$$

$$G_2 = (\mu_{\mathrm{pre}}/\mu_{\mathrm{obs}} - 1)^2 \tag{4-34}$$

$$G_3 = (r - 1)^2 \tag{4-35}$$

式中：σ_{pre} 为预报流量标准差；σ_{obs} 为实测流量的标准差；μ_{pre} 为预报流量的均值；μ_{obs} 为实测流量的均值；r 为预报流量与实测流量的线性相关系数；G_1 是方差因子；G_2 是均值因子；G_3 是线性相关性因子；KGE 与 3 个因子均为单调递减关系。

KGE 测量的是一个点到最优点的欧几里得距离。它主要包含三个组成部分：相关系数(PCC)、偏置比(BR)和相对变化率(RV)。通过计算 KGE 及其评价因子，可以提供预报流量更细致的精度评价[31]。KGE 越接近于 1，表明预测流量过程的拟合效果越好。

综上所述,本研究通过提取 GR4J 模型径流产生模块的所有参数,并与水文模型输入数据(降雨、蒸发)进行状态空间重构。然后,基于 XGBoost-SHAP 构建特征评估及解释框架,获取 LSTM 神经网络最佳输入特征组合。最后,形成一种可解释的概念性降雨径流模型 Hybrid GR4J。通过在目标集水区中的应用实践,分析并讨论混合模型的径流模拟表现。

4.3.3　数据及研究区域

本研究选择了 CAMELS 数据集用来验证模型的性能。CAMELS 数据集是由美国国家大气研究中心(NCAR)创建的一个大型气候模型集合数据集[32,33]。它一共包含了 1980 年到 2014 年的 671 个中小流域的气象及径流数据。这些集水区受美国本土人类活动的影响最小,非常适合运用深度学习技术进行水文模型研究。在此基础上,Shen 等[34]对原始的 671 个集水区列表进行了严格的过滤与优化,最终得到了 463 个集水区,面积从 4 平方公里至 25800 平方公里不等。同时,他们使用该数据集对两个集总式概念水文模型进行校准和测试,证明了数据的可靠性。

为了降低融雪融冰对研究结果带来的潜在干扰,本研究根据 Shen 等人筛选的集水区数据再进行初步筛选,仅纳入那些降雪占比极低的集水区(降雪占比小于0.1)。基于此,选取了 13 个水文响应单元(HUC)的共计 196 个集水区,用于验证混合模型的性能与表现。这 196 个集水区多分布于美国阳光带或西海岸,夏季长,冬季短,被定义为降雨主导的流域。我们使用的集水区如图 4-21 所示。

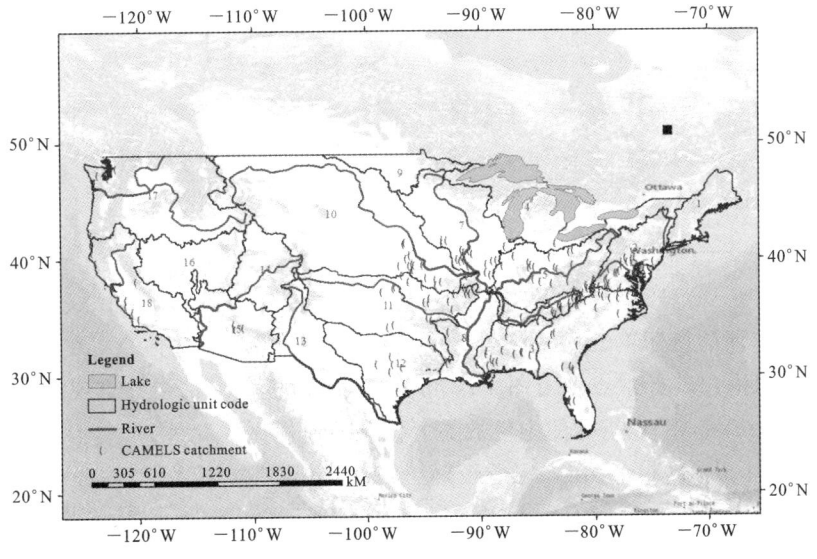

图 4-21　CAMELS 数据集范围

4.3.4 水文模型性能评估

4.3.4.1 水文模型评价

在本研究中,我们将四种概念性水文模型应用于 CAMELS 数据集中的 196 个集水区,系统地检验其适用性。我们设置 1940—2006 年为校准期,2007—2014 年为验证期,利用 SCE-UA 算法优化模型参数,该算法参数设置参考 Duan[35] 和 Qi[36] 等人的研究。此外,我们采用 NSE、RMSE、KGE 全面评估水文模型的模拟精度。由于涉及的集水区较多,我们计算所有集水区模型评估指标的平均值作为衡量标准,如表 4-5 和图 4-22 所示。由表可知,TANK 模型在所有集水区中的表现最差,校准期 NSE 系数仅仅为 0.33,KGE 仅为 0.37。相比之下,SIMHYD 的评估指标表现最优,校准期 NSE 系数达到 0.65,KGE 达到了 0.70。在本小节涉及的集水区范围内,这四种水文模型表现由好到坏排名为 SIMHYD＞HYMOD＞GR4J＞TANK。

表 4-5 典型水文模型预测性能指标

水文模型	时期	NSE	RMSE/(m^3/s)	KGE
TANK	校准期	0.3344	14.0678	0.3721
	验证期	0.2851	14.4913	0.3291
GR4J	校准期	0.5883	11.4155	0.6462
	验证期	0.5195	11.7183	0.5807
SIMHYD	校准期	0.6505	10.7896	0.7040
	验证期	0.5707	11.4078	0.6343
HYMOD	校准期	0.6222	10.8361	0.6673
	验证期	0.5365	11.5250	0.5777

为了直观展示四个模型评估指标的分布特征及异常情况,图 4-23 给出了 196个集水区的评估指标箱型图。该图不仅展示了所有集水区评估指标的分布范围,同时还可以看出其异常点。由图 4-23 可知,TANK 模型评估指标呈现较高的离散度,且其 NSE 和 KGE 指标的中位数显著低于其他模型。此外,虽然 GR4J 模型与HYMOD 和 SIMHYD 存在一定差距,但是其中位数差异不大,整体分布情况也与二者十分接近。这也表明 GR4J 在广泛地理条件下的一致性和可靠性,为混合模型构建提供了有力的可视化证据。

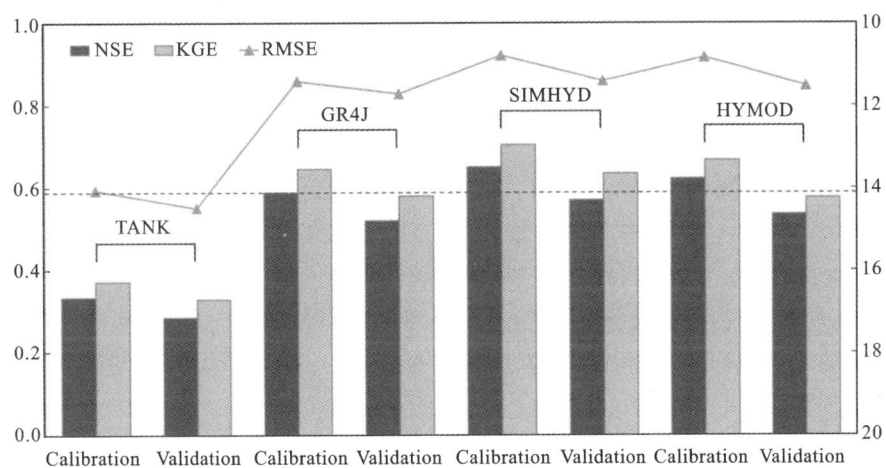

图 4-22　水文模型性能指标柱状图

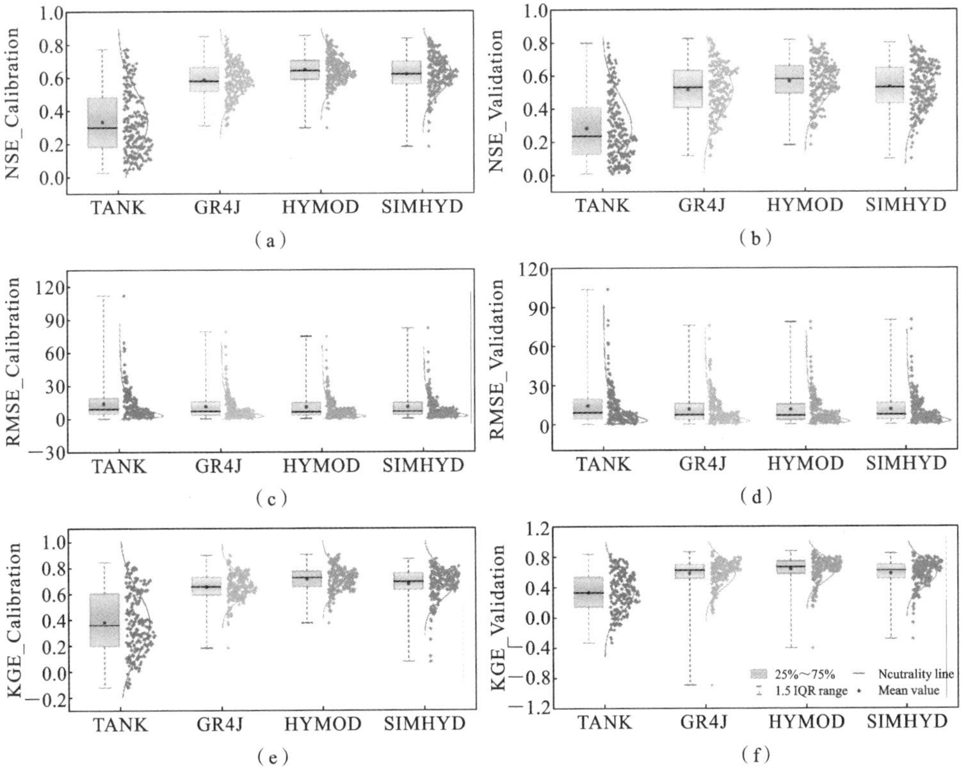

图 4-23　水文模型性能指标箱线图

4.3.4.2　模型参数说明

由于本研究设计 196 个集水区，无法一一呈现。为了保证混合模型参数解释的充分性和代表性，我们选择了 4 个典型集水区作为分析对象。具体而言，所选集水区的 ID 编码及相应特征如下：01669000（HUC 是 2，位于美国东部沿海）、05585000（HUC 是 7，位于美国中部平原）、08023080（HUC 是 12，位于美国南部阳光带）和 11532500（HUC 是 18，位于美国西部海岸线）。这些集水区不仅地理位置各异，而且在气候特征、流域属性等方面展现出显著差异。此外，这些集水区在数据质量的可靠性和模型预测精度方面均表现较好，选择它们作为研究对象具有一定的合理性。

图 4-24 是 4 个集水区排名前 10 的主要特征的 SHAP 值。每个特征的 SHAP 值的绝对值的平均值作为该特征的重要性，它表示每个特征对目标输出的影响程度。由图可知，4 个典型集水区中对混合模型影响程度最大的主要特征为 Perc、P_r、E、S、P_n、P_s、P。这些特征的 SHAP 值越大，对目标输出的正向影响越大，反之

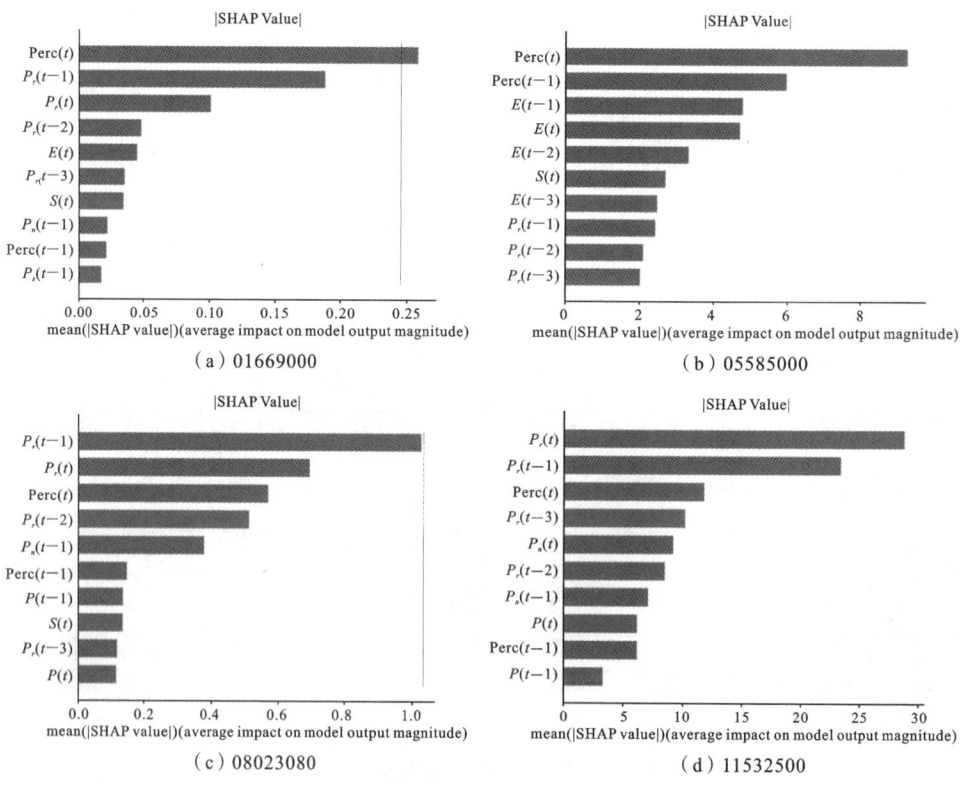

（a）01669000　　　　　　　　（b）05585000

（c）08023080　　　　　　　　（d）11532500

图 4-24　排名前 10 的 SHAP 值

亦然。其中,影响最大的特征是 Perc 和 P_r,这表明 GR4J 产流量模块对混合模型的贡献很大,同时也间接证明了 GR4J 产流模块在混合模型中不可或缺。

图 4-25 为 4 个典型集水区前 10 的特征量。该图不仅直观呈现了各特征的贡献度及其正负向作用,而且通过不同颜色表达了特征值的相对强度。一般用红色象征高值,用蓝色则代表低值。每一行代表一个特征,横坐标 SHAP 值表示该特征的平均影响力大小。由图可知,Perc、P_r、E、S、P_n、P_s、P 特征值与 SHAP 值表现出明显的正相关性。特征值越大,代表对于混合模型的输出的正向影响就越大。其中,Perc、P_r 对混合模型预测的影响是巨大的,Perc、P_r 越大,模型的输出也就越大。这表明这两个特征在混合模型内起核心主导作用。这一发现也支持了 GR4J 产流量模块在提高混合模型预测效能方面的显著贡献。

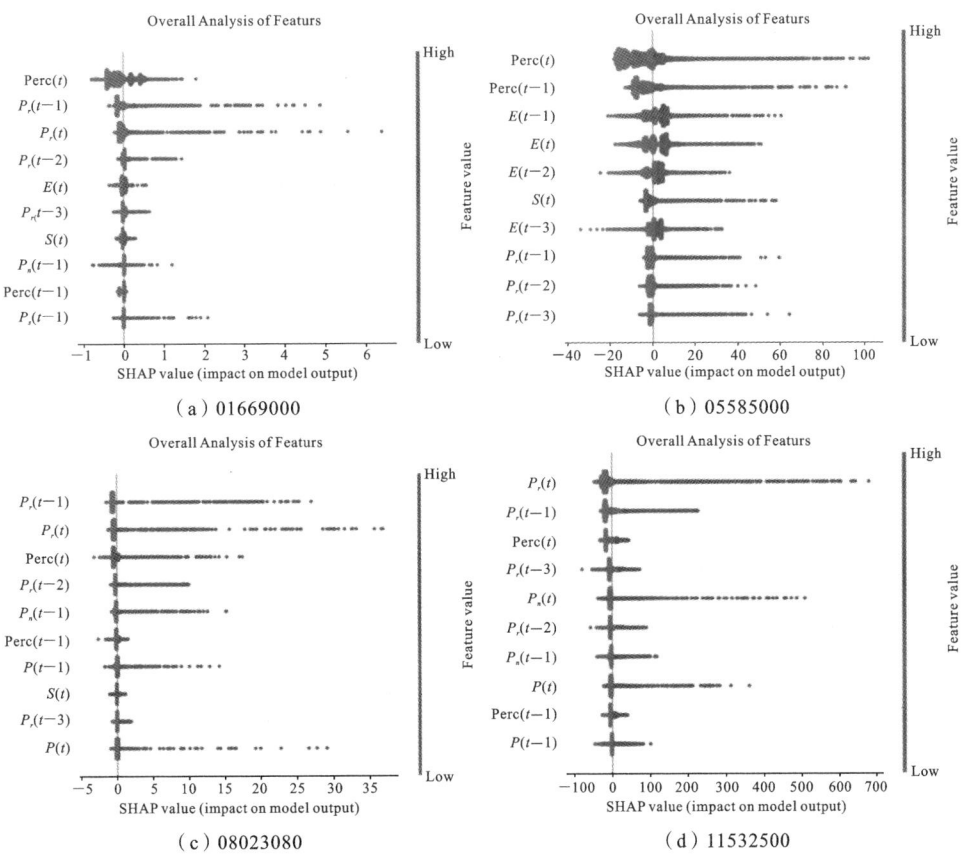

图 4-25　典型集水区前 10 的特征量

为了理解单个特征如何影响混合模型的输出,我们以集水区 01669000 为例,分析 7 个核心特征 Perc、P_r、E、S、P_n、P_s 和 P 的内在联系。图 4-26 是集水区

01669000 的双特征依赖图,它展示了特征间复杂的相互作用及对混合模型的边际影响。依赖图 4-26(a)~(f)中横坐标为特征取值范围,左侧纵轴为 SHAP 值,右轴表示另一特征值的相对大小。它可以揭示目标和特征之间简单的线性、单调或更复杂的关系。图(a)和(c)表明 Perc、S 与目标输出之间为复杂的阶梯式增长关系,这暗示了 Perc、S 在不同阈值区间对模型预测具有阶段性的增强效果。与此同时,

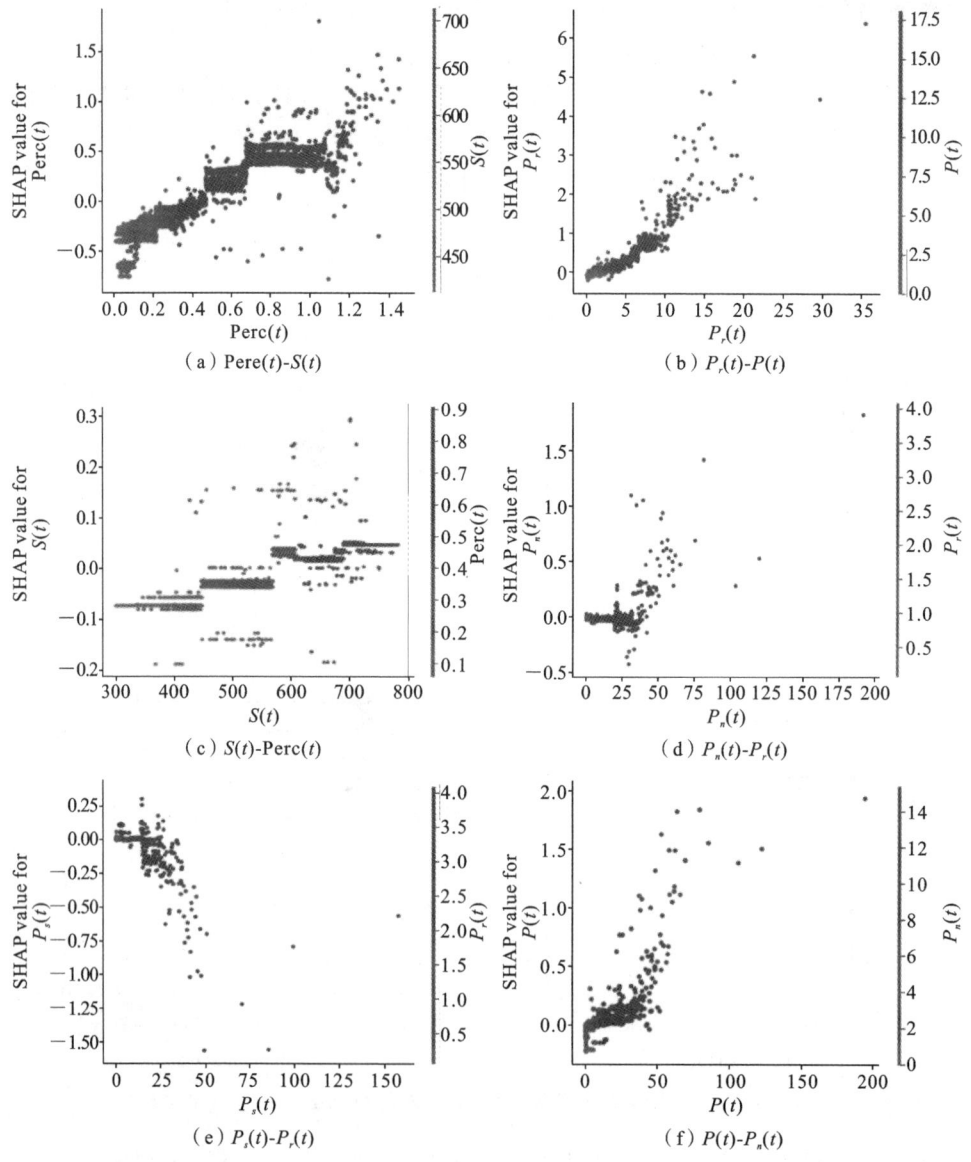

图 4-26　01669000 双特征依赖图

Perc 与 S 呈现正相关性,表明二者在促进模型预测值提升方面可能存在协同效应。类似地,其他子图中的特征呈现多样化的正比或反比关系,在一定程度上反映特征与目标输出之间的非线性关系。

4.3.4.3　Hybrid GR4J 模型的评估

基于 GR4J 水文模型的产流结果和 XGBoost-SHAP 评估的因子集合,我们构建 Hybrid GR4J 模型。为了全面评估这一模型的可靠性和泛用性,我们构建了两个对比模型:LSTM 与 GR4J-LSTM。在构建 LSTM 模型时,我们仅将降雨数据 P 和蒸发数据 E 作为 LSTM 的输入,同时设置滑动步长为 3 day。在构建 GR4J-LSTM 时,我们没有考虑 XGBoost-SHAP 的评估结果,将所有的数据流全部作为 LSTM 的输入。在构建 Hybrid GR4J 模型时,我们根据 XGBoost-SHAP 评估分析的 10 个关键特征作为模型输入。LSTM 超参数取值范围参考 Greff 等人 (2017)的研究,并采用 Python 中的贝叶斯函数优化超参数,以保证模型的最佳性能。

表 4-6 展示了 Hybrid GR4J 的性能评估结果。结果显示,当仅以降水 P 和蒸发 E 作为 LSTM 的输入,校准期 NSE 系数可达到 0.73,RMSE 降低至 8.61,KGE 提升至 0.71,相较于传统水文模型来说提升巨大。GR4J-LSTM 整体模拟效果也表现较好,校准期 NSE 系数勉强可达到 0.75,验证期 NSE 系数达到0.68,相比于 LSTM 分别提升了 2.66% 和 0.74%。这表明 GR4J 与 LSTM 结合能有效提升模型的预测性能。Hybrid GR4J 的模拟效果是最好的,校准期 NSE 达到了 0.75 以上,验证期 NSE 达到了 0.7 以上,相比于 GR4J-LSTM 分别提升了 0.46% 和 2.97%,相比于 LSTM 分别提升了 3.14% 和 3.73%。这证明了 Hybrid GR4J 模型的有效性和可靠性。图 4-27 为 Hybrid GR4F 和对比模型评价指标直方图。

表 4-6　Hybrid GR4J 模型性能评估结果

模型	时期	NSE	RMSE/(m³/s)	KGE
LSTM	校准期	0.7294	8.6084	0.7122
	验证期	0.6762	9.0724	0.6763
GR4J-LSTM	校准期	0.7488	8.4569	0.7329
	验证期	0.6812	9.0995	0.6980
Hybrid GR4J	校准期	0.7523	8.4291	0.7432
	验证期	0.7014	8.8851	0.7186

图 4-28 直观展示了 Hybrid GR4J 和对比模型的评估指标箱型图。由图可知,LSTM、GR4J-LSTM 和 Hybrid GR4J 模型评估指标整体表现均较好,整体分布情

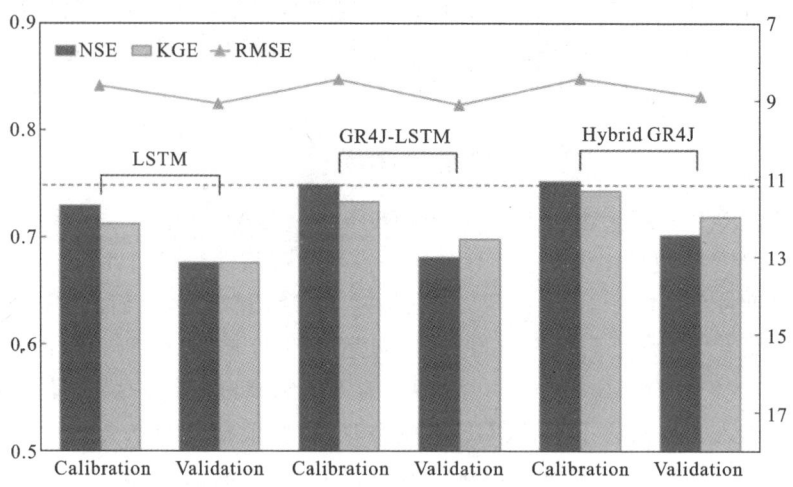

图 4-27　Hybrid GR4J 和对比模型评价指标直方图

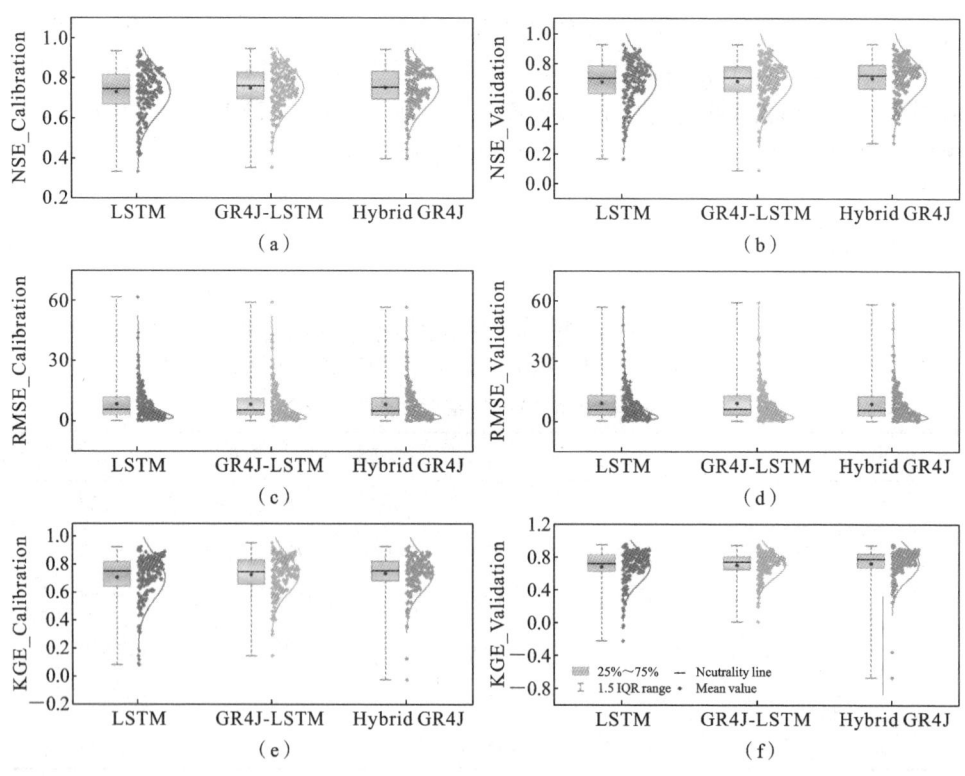

图 4-28　Hybrid GR4J 和对比模型评价指标箱线图

况十分接近。NSE 和 KGE 指标均呈现向高值区域聚集的态势,而 RMSE 更多集中在低值区间附近。这一分布特征与图 4-23 相比,明显显示出模型预测效能的普遍提升与稳定性的增强。

为了直观展示出 196 个集水区评估指标的空间分布特征,图 4-29 给出了 Hybrid GR4J 模型性能指标的空间分布 GIS 图。图 4-29 中每个指标从最大到最小被均分为 5 个区间。红色越深代表值越大,蓝色越深代表值越小。由图 4-29 可知,NSE 系数高、RMSE 低、KGE 高的集水区,集中分布在 HUC 为 2、3、5、6、7、10、11、17、18 的地区。这些地区位于美国密西西比河平原、西部沿海及大西洋沿岸平原,地势平坦,易于水分汇聚与流动,且频繁受到来自海洋的暖湿气流影响,有利于形成稳定的水文循环条件。

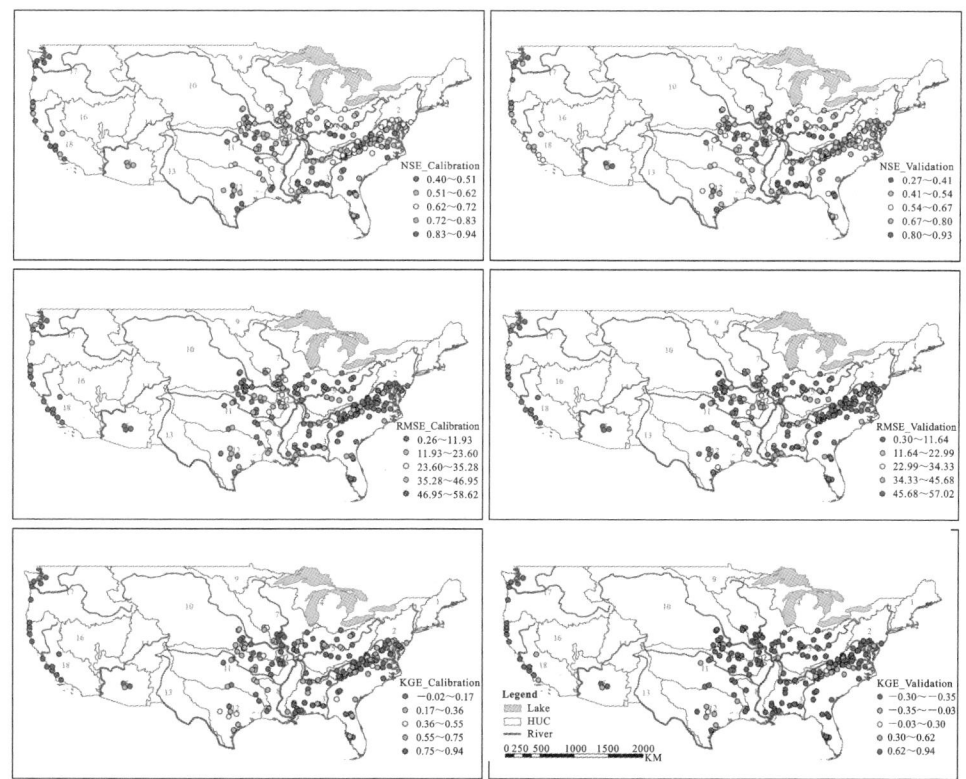

图 4-29　Hybrid GR4J 模型评价指标的空间分布图

表 4-7 给出了 LSTM、GR4J-LSTM、Hybrid GR4J 相比于经典水文模型 GR4J 的评估指标提升情况,以验证改进模型的提升效果。由表可知,这三个改进模型相比于 GR4J 模型,校准期 NSE 分别提升了 24%、27.3%、27.89%。Hybrid GR4J

模型的模拟效果最佳,尤其是其验证期提升最为显著,NSE 提升可达 35.03%。这进一步证明了混合模型在模拟精度上的巨大优势。图 4-30 为相比于 GR4J 模型的评价指标的改进结果柱状图。

表 4-7   相比 GR4J 模型的评价指标改进结果

模型	时期	NSE ↑	RMSE ↓	KGE ↑
LSTM	校准期	24.00%	−24.59%	10.20%
	验证期	30.17%	−22.58%	16.47%
GR4J-LSTM	校准期	27.30%	−25.92%	13.42%
	验证期	31.13%	−22.35%	20.21%
Hybrid GR4J	校准期	27.89%	−26.16%	15.00%
	验证期	35.03%	−24.18%	23.76%

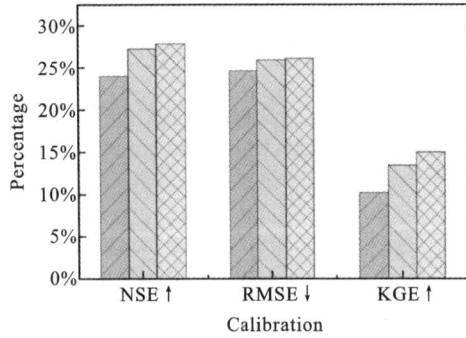 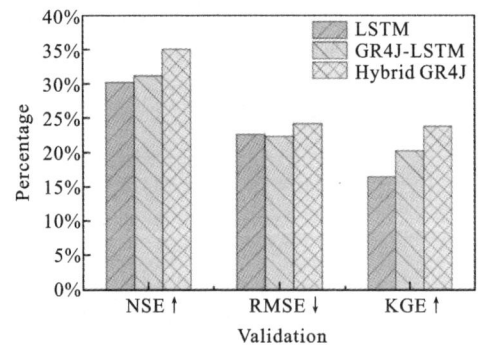

图 4-30   相比于 GR4J 模型的评价指标的改进结果柱状图

4.3.5   讨论

4.3.5.1   模型输入维度分析

为探究不同特征维度下模型综合表现,并确定最佳输入维度,我们根据 XG-Boost-SHAP 评估结果,设置 Hybrid GR4J 模型特征输入维度为 5~20,结果见表 4-8 和图 4-31。总体来看,不同特征维度下混合模型评估指标存在一定差异,同时也表现出一定的规律性。在 5~16 维度区间内,混合模型的 NSE 虽然有所波动,但是总体呈现上升趋势。这表明在这一阶段,新增特征对混合模型的输出是积极且有效的。虽然输入维度为 10 时混合模型的表现并非最佳,但是其邻近区域混合

表 4-8　不同输入维度条件下 Hybrid GR4J 模型性能指标结果

输入维度	校准期		验证期	
	NSE	RMSE	NSE	RMSE
5	0.8073	242.83	0.7654	2805
6	0.8102	241.11	0.7615	289.74
7	0.8094	241.67	0.7757	280.75
8	0.8177	235.58	0.7647	287.87
9	0.8415	220.48	0.7681	285.70
10	0.8399	21.2422	0.7745	282.32
11	0.8546	210.6	0.7599	290.71
12	0.8513	213.63	0.7607	290.22
13	0.8612	205.53	0.7687	285.34
14	0.8579	208.22	0.7676	285.97
15	0.8660	201.8	0.7711	283.94
16	0.8693	1994	0.7684	285.53
17	0.8742	194.82	0.7594	290.11
18	0.8729	195.91	0.7549	293.18
19	0.8756	193.77	0.7579	291.88
20	0.8742	194.23	0.7542	29

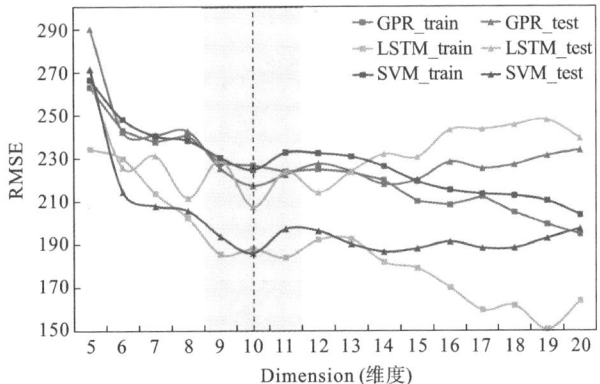

图 4-31　不同输入维度下各模型的性能指标对比

模型整体表现较优。这表明本研究选择特征输入维度为 10 时有一定的合理性。当特征维度达到 18 及以上后,混合模型 NSE 呈现明显的下降趋势。这表明此时混合模型的输入特征冗余信息较多,影响了模型整体的泛化性能。基于此,我们建议混合模型的特征输入维度设定为 10 或 15,保证模型的最佳性能。

4.3.5.2　模型输入参数的析

在构建混合模型时,我们仅将 GR4J 模型产流过程中间变量纳入考虑范围。然而,GR4J 模型的模拟径流 Q_{pre} 及历史观测流量 Q_{obs} 对于预测模型性能的提升作用很大。基于此,我们将 GR4J 模型的模拟径流 Q_{pre} 加入到 GR4J-LSTM 和 Hybrid GR4J 模型中,将历史观测流量 Q_{obs} 加入到 LSTM 模型中,模型结果如表 4-9 所示。由表可知,加入模拟径流 Q_{pre} 后,GR4J-LSTM 和 Hybrid GR4J 模型校准期的 NSE 系数分别提升 0.46% 和 0.16%,提升效果微乎其微。有趣的是,验证期 NSE 系数不增反降。这表明 Q_{pre} 对混合模型的贡献有限,无法提升模型整体预报精度。相比之下,加入历史观测流量 Q_{obs} 后,LSTM 模型校准期和验证期的 NSE 系数分别为 0.8157 和 0.7668,分别提升了 11.83% 和 13.40%。LSTM 加入 Q_{obs} 后模型提升效果十分明显,甚至超过了 Hybrid GR4J 的表现。因此,我们没有将 Q_{obs} 引入到 GR4J-LSTM 和 Hybrid GR4J 模型。这表明了历史观测流量 Q_{obs} 对混合模型的贡献十分巨大。未来可考虑将历史观测流量 Q_{obs} 加入到模型中,这将使得混合模型预报精度有较大的提升。图 4-32 为加入 Q_{pre} 和 Q_{obs} 后的模型性能指标结果柱状图。

表 4-9　加入 Q_{pre} 和 Q_{obs} 后的模型性能指标结果

模型	时期	NSE	RMSE/(m³/s)	KGE
GR4J-LSTM+Q_{pre}	校准期	0.7523	8.3513	0.7365
	验证期	0.6807	9.0903	0.6851
Hybrid GR4J+Q_{pre}	校准期	0.7535	8.3408	0.7563
	验证期	0.7012	8.8198	0.7303
LSTM+Q_{obs}	校准期	0.8157	6.6115	0.8057
	验证期	0.7668	7.2328	0.7761

4.3.6　结论

在本研究中,我们提出了一种可解释的概念性降雨径流混合模型 Hybrid GR4J。该混合模型以概念水文模型 GR4J 为骨干,并使用 LSTM 神经网络替代水

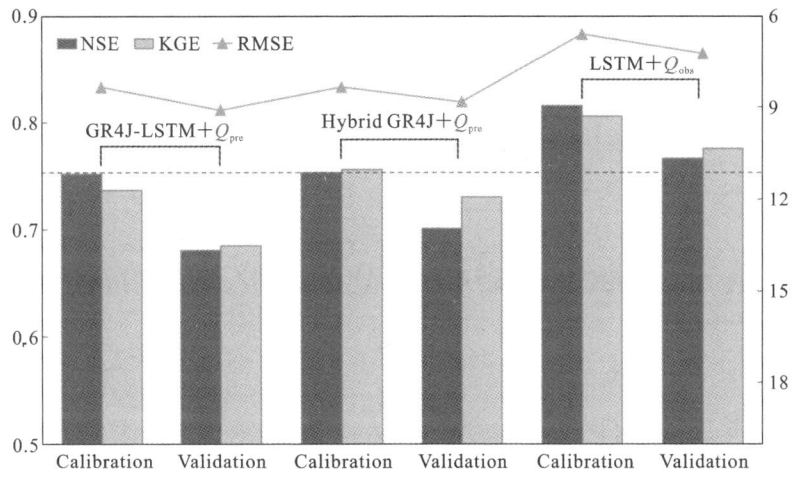

图 4-32　加入 Q_{pre} 和 Q_{obs} 后的模型性能指标结果柱状图

文模型核心汇流过程。同时,我们构建了 XGBoost-SHAP 框架为混合模型提供了清晰的因子评估及解释方案。研究工作使用 CAMELS 数据集中美国 196 个集水区对混合模型的性能进行了全面评估,验证了混合模型在提高模拟精度的优越性及因子理解的有效性。

(1)利用 LSTM 替换汇流模块可以显著提高模型预报效果。混合模型在数据集中的表现明显高于常见的经典水文模型。与经典 GR4J 模型相比,GR4J-LSTM 模型校准期 NSE 系数提升 27.3%,RMSE 降低了 25.92%,KGE 提升了 13.42%,提升效果十分显著。同时,混合模型模拟效果也优于单纯数据驱动的 LSTM 模型。

(2)XGBoost-SHAP 因子评估及解释框架能够赋予混合模型一定的可解释性。研究工作证明了 GR4J 产流量模块 Perc 和 P_r 对混合模型的输出贡献最大。此外,我们发现目标与特征、特征与特征之间存在复杂的单调递增或递减关系。这些发现对解析和理解混合模型内部特征间的相互作用机制意义重大。

(3)因子评估及解释框架有助于改进混合模型的模拟效果。与 GR4J-LSTM 模型相比,Hybrid GR4J 模型验证期 NSE 系数提升了 2.97%,RMSE 降低了 2.36%,KGE 提升了 2.96%。这表明因子评估与解释的过程不仅加深了对模型内部机制的理解,还直接促进了模型模拟精度的提升。

总的来说,本研究融合了传统水文模型的物理机制与现代机器学习技术的优势,为水文预测提供了一个可解释的降雨径流混合模型框架。研究工作通过 LSTM 替代传统的物理机制水文模型的核心汇流过程,来实现模型预测性能的提升。但是,本研究仅使用 GR4J 模型的输入及产流中间变量进行测试。未来的研究将会把更多的特征序列考虑在内,以期更全面地捕捉水文系统的复杂动态。同时,针对对更多的集水区进行测试,持续完善混合模型的通用性和鲁棒性。

4.4　基于图神经网络和长短期记忆网络的径流预测

为了综合流域内时空特征并提高径流预测的准确性,本节提出了一种基于图神经网络和长短期记忆网络的径流预测方法。首先对流域径流有影响的流域属性特征进行确定,结合图神经网络中节点的不规则特点对赣江流域整体进行子流域的划分,提出联合流域时空特征的径流预测建模流程,然后详细阐述基于图神经网络和长短期记忆网络的设计思路和整体流程,包含模型的具体结构和参数,最后通过构建该模型所需的子流域邻接矩阵训练该模型得到径流预测结果,并与对比模型进行比较分析,采用纳什效率系数(NSE)、线性回归决定系数(R^2)、平均绝对误差(MAE)和均方根误差(RMSE)等评价指标进行评价分析,以验证所提出的模型基于上述指标的性能是否优于对比模型。

4.4.1　模型理论基础

长短期记忆网络(LSTM)的理论在第 3 章已经提及,普通 LSTM 网络又称为全连接长短时记忆网络(FC-LSTM),因为其在输入层到状态层以及状态到状态层的传播过程中全部采用全连接的方式,在数学表达中称为 Hadamard 乘积。FC-LSTM 在处理时间序列数据时具有一定的优势,但在分析空间数据时,却缺乏空间局部特征提取的能力。而 CNN 与 LSTM 结合的卷积 LSTM,其常规的卷积运算限制了模型只能处理网格结构数据(如图像、视频),而不是一般的拓扑结构数据,因此,越来越多的研究者投入到了对图结构数据的研究中。

4.4.2　图的概念

1. 图

图 $G=(V,E)$ 是这样的一种数学结构:包含一个非空的有限顶点/节集合 V,一个由无序节点对构成的边集合 $E \supseteq V \times V$。节点到其自身的边 (v_i,v_i) 称作一个自环(loop)。一个没有自环的无向图称作为简单图。若 v_i 和 v_i 之间由边 $e=(v_i,$

v_j)连接,则称 e 附着于节点 v_i 和 v_j,则 v_i 和 v_j 是邻接的,或者称它们为邻居。图 G 中的节点数目 $|V|$ 称为图的阶,图中边的数目 $|E|$ 称为图的尺寸。

有向图的边集 E 是由一组有序的节点对构成的。一条有向边 (v_i,v_j) 也称作一条从 v_i 到 v_j 的弧,称 v_j 是弧的尾节点,v_i 为弧的头节点。

带权图是由一个图及每条边 $(v_i,v_j) \in E$ 的权值 w_{ij} 构成。每个图都可以看作一个边的权值为 1 的带权图。

2. 子图

图 $H = (V_H,E_H)$ 称作为图 $G = (V,E)$ 的子图,若满足 $V_H \supseteq V$ 且 $E_H \supseteq E$,也称 G 是 H 的母图。给定一个顶点的子集 $V' \supseteq V$,则子图 $G' = (V',E')$ 包含了图 G 中所有两个端点都在 V' 中的边。即对所有的 $v_i,v_j \in V'$,$(v_i,v_j) \in E' \Leftrightarrow (v_i,v_j) \in E$。换言之,图 G' 中的两个顶点相邻,这两个顶点在 G 中也相邻。若一个(子)图中所有节点对之间都有边,则称其为完全图或团。

3. 度

一个节点 $v_i \in V$ 的度是与之相连的边的数目,表示为 $d(v_i)$ 或 d_i。一个图的度序列是所有节点的度以非增序列排列的列表。

令 N_k 代表度为 k 的节点数目。图的度频率分布为

$$(N_0,N_1,\cdots,N_t)$$

式中:t 是一个节点在图 G 中的最大度数。令 X 为代表节点度数的随机变量,图的度数分布给出的 X 的概率质量函数为

$$(f(0),f(1),\cdots,f(t))$$

式中:$f(k) = P(X=k) = N_k/n$ 是一个节点度数为 k 的概率,其值等于度数为 k 的节点数目 N_k 除以总的节点数目 n。

有向图中,节点 v_i 的入度表示为 $id(v_i)$,是以 v_i 为头节点的边的数目,即 v_i 的入边的数目。节点 v_i 的出度表示为 $od(v_i)$,是以 v_i 为尾节点的边的数目,即 v_i 的出边的数目。

4. 路径和距离

图 G 的顶点 x 和 y 之间的一次通路为一个有序顶点序列,x 为起点,y 为终点:

$$x=v_0,v_1,\cdots,v_{t-1},v_t=y \tag{4-36}$$

序列中紧挨着的两个顶点之间都有一条边,即 $(v_{i-1},v_i) \in E, i=1,2,\cdots,t$。通路的长度 t 即路径所包含的边的数目。在一次通路中,并不限制同一节点在序列中出现的次数,因此,节点和边在通路中都是可以重复出现的。起点与终点重合的通路称为路径。一条长度 $t \geqslant 3$ 的闭路径称为一个圈,即一个圈的起点和终点相

同,其他点两两不同。

节点 x 和 y 之间的最小路径长度称作最短路。最短路的长度称作为 x 和 y 之间的距离,表示为 $d(x,y)$。若两个节点之间不存在路径,则 $d(x,y)=\infty$。

5. 连通性

若两个节点 v_i 和 v_j 间有一条路径,则称它们是连通的。若图的所有顶点对之间都有路径,则这个图是连通的。连通分支或分支是图的一个最大的连通子图。根据定义,两个不同的分支之间是没有路径的,所以若一个图只有一个分支,说明这个分支连接了所有节点,则该图为连通图。

对于一个有向图,如果所有的有序顶点对之间都存在一条有向路径,则称之为强连通的。当只有把边看作为无向边时,所有节点之间才存在路径,则称图是弱连通的。

6. 邻接矩阵

一个图 $G=(V,E)$ 包含 $|V|=n$ 个节点,可以方便地表示为一个 $n \times n$ 的对称二值邻接矩阵 A:

$$A(i,j)=\begin{cases} 1, & \text{若 } v_i \text{ 与 } v_j \text{ 邻接} \\ 0, & \text{其他情况} \end{cases} \tag{4-37}$$

若该图为有向图,则邻接矩阵 A 是非对称的,因为即使 $(v_i,v_j) \in E$,但并不一定有 $(v_j,v_i) \in E$。

若该图为带权图,则可以得到一个 $n \times n$ 的带权邻接矩阵 A,定义为

$$A(i,j)=\begin{cases} 1, & \text{若 } v_i \text{ 与 } v_j \text{ 邻接} \\ 0, & \text{其他情况} \end{cases} \tag{4-38}$$

式中: w_{ij} 是边 $(v_i,v_j) \in E$ 的权值。一个带权邻接矩阵可以转换为一个二值矩阵(通过在边权值上使用某个阈值 τ):

$$A(i,j)=\begin{cases} 1, & \text{若 } w_{ij} > \tau \\ 0, & \text{其他情况} \end{cases} \tag{4-39}$$

7. 数据矩阵的图

很多不以图的形式出现的数据集也可以转换为图的形式。令 $D=\{x_i\}_{i=1}^{n}$ ($x_i \in \mathbf{R}^d$),表示一个包含 d 维空间中 n 个点的数据集。由此可以定义一个带权图 $G=(V,E)$,其中 D 中的每一个数据点都对应着一个顶点,每一对数据点都对应着图中的一条边,且权值为

$$w_{ij}=\text{sim}(x_i,x_j) \tag{4-40}$$

式中: $\text{sim}(x_i,x_j)$ 代表 x_i 和 x_j 之间的相似度。例如,相似度可以定义为与两个点间的欧几里得距离逆相关,如公式(4-41)定义:

$$w_{ij} = \text{sim}(x_i, x_j) = \exp\left\{-\frac{\|x_i - x_j\|^2}{2\sigma^2}\right\} \tag{4-41}$$

式中:x 为与正态密度函数中的标准差等价的一个函数。这样的变换限制了相似函数 sim() 的值位于区间 $[0,1]$ 内。通过公式(4-39),可以选择一个恰当的阈值 τ,并将一个带权邻接矩阵转换为一个二值矩阵。

4.4.3　图神经网络

图神经网络(GNN)的概念是于 2009 年首次提出的,它扩展了现有的神经网络来处理用图表示的数据。在一个图中,每个节点都是由其特征和相邻的节点表示的。GNN 通过从节点任意深度的邻居节点来更新该节点的状态信息。GNN 的目标是为每个节点学习一个状态嵌入向量 $\boldsymbol{h}_v \in \mathbf{R}^s$,这个向量包含每个节点的邻域信息。状态嵌入向量 $\boldsymbol{h}_v$ 是节点 v 的 s 维向量,可以用局部输出函数来产生一个输出 o_v。设 f 为带有参数的函数,也叫做局部转移函数,图中所有的节点共享该函数,并根据输入的邻域节点更新中心节点的状态。简单来说就是通过该函数,图中的节点 v_i 可以聚合它自己的特征 X_i 与它的邻居特征 $X_j (j \in N(v_i))$ 来生成节点 v_i 的一个新的状态。

设 g 为局部输出函数,它描述了如何产生输出。h_v 和 o_v 的定义如下:

$$h_v = f(X_v, X_{\text{co}[v]}, h_{\text{ne}[v]}, X_{\text{ne}[v]}) \tag{4-42}$$

$$o_v = g(h_v, X_v) \tag{4-43}$$

式中:X_v、$X_{\text{co}[v]}$、$h_{\text{ne}[v]}$、$X_{\text{ne}[v]}$ 分别是节点 v 的特征、节点的边的特征、节点状态,以及节点 v 的邻域节点的特征。

设 $\boldsymbol{H}$、$\boldsymbol{O}$、$\boldsymbol{X}$、$\boldsymbol{X}_N$ 分别是所有状态、所有输出、所有特征叠加而成的向量和所有节点的特征。那么,可以更加简洁地表示为

$$\boldsymbol{H} = F(\boldsymbol{H}, \boldsymbol{X}) \tag{4-44}$$

$$\boldsymbol{O} = G(\boldsymbol{H}, \boldsymbol{X}_N) \tag{4-45}$$

式中:F 为全局转换函数,G 是全局输出函数,分别是图中所有节点的 f 和 g 在整个图中进行一系列的堆叠而生成的新的版本。根据 Banach 不动点定理(不动点即被函数映射到其自身的一个点,在函数的有限次迭代之后回到相同值的点叫做周期点,周期为 1 的周期点即为不动点),GNN 使用以下传统迭代方案来计算状态参量:

$$H^{t+1} = F(H^t, X) \tag{4-46}$$

式中:H^t 表示 H 的第 t 个迭代周期的张量。对于任意初始值 $H(0)$,公式(4-46)能够快速地收敛到公式(4-44)最终固定点的解。

当我们有了 GNN 的框架后,接下来的问题是如何学习 f 和 g 的参数。通过

使用目标信息(特定节点的 t_v)进行监督学习,可以把损失函数可以定义为如下形式:

$$\text{loss} = \sum_{i=1}^{p} (t_i - o_i) \qquad (4\text{-}47)$$

式中:p 是监督节点的个数,t_i 和 o_i 分别表示节点的原始值和预测值。损失函数的学习基于梯度下降策略,由以下步骤组成:

(1) 状态 h_v^t 由方程(4-42)迭代更新 T 次,直到达到公式(4-44)的定点解的时刻 T,这时得到的 H 会接近不动点的解 $H(T) \approx H$;

(2) 权重 W 的梯度由 loss 中计算得出;

(3) 权重 W 根据上一步计算的梯度进行更新。

在原始 GNN 中,输入图由带有标签信息的节点和无向边组成,这是最简单的图格式。然而,图在世界上有很多变体,其中一种就是有向图。无向边可以看作是两条有向边,表示两个节点之间存在一定的关系。但是,有向边可以比无向边带来更多的信息。我们可以使用邻接矩阵来表示有向图,如图 4-33 所示。

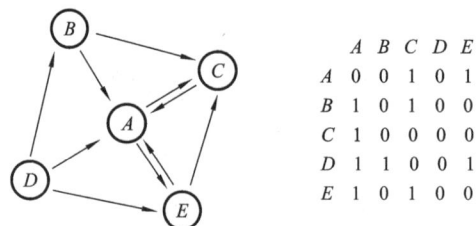

图 4-33　有向图节点邻接矩阵构建方法

4.4.4　融合流域空间属性

在近些年来基于数据驱动和水文过程的水文模型研究中,基于水文过程的水文模型是按流域各处气候信息和下垫面特性要素信息的不同,将流域划分为若干小单元,在每一个单元上用一组参数反映其流域特征,具有从机理上考虑降雨和下垫面条件空间分布不均匀对降雨径流形成影响的功能。如以变源产流为基础的 TOPMODEL 模型基于 DEM 推求地形指数,并利用地形指数来反映下垫面的空间变化对流域水文循环过程的影响。Famiglietti 等人将修改的 TOPMODEL 和一个表面能量平衡模型耦合在一起,计算整个流域范围内的蒸散发空间变化,但 TOPMODEL 并未考虑降水、蒸发等因素的空间分布对流域产汇流的影响。SWAT 模型基于栅格 DEM 将流域进行离散化,综合考虑降水、蒸发等气候因素对流域水循环的影响。Frederik Kratzert 等人通过使用气象时间序列数据和静态流域属性对 Camel 数据集中的 531 个流域训练单个 LSTM 模型,显著提高了模型性能和精度。基于数据驱动的水文模型大多考虑基于降雨-径流的时序数据进行建模预测,在时间尺度上充分挖掘数据的时序特征以达到良好的预测精度,但在实际流域产流过程中,上下游之间的水系连接和流域的产流能力对径流的预测也有着重要影响。

不同种类的土地利用类型蓄水能力也不相同,气温和蒸发量反映了在水循环中液态水汽化的部分,降雨量经过蒸发、渗透,剩余的部分才会存在地表进行汇流。因此本研究综合考虑赣江流域内对产流有影响的因素,深度挖掘流域及其时序数据的空间和时间特征,以获取更好的预测效果。除流域径流要素外,还选取了子流域面积、坡度、坡向、土地利用类型、气温、土壤含水量、蒸发量、降雨量等对径流预测有重要影响的流域属性来辅助径流预测。在本研究中,将整个研究区域进行子流域划分,每个子流域作为图中的一个节点,其中主要的径流站点和其属于的未划分到具体子流域的区域也作为节点,具体的图结构如图 4-34 所示。

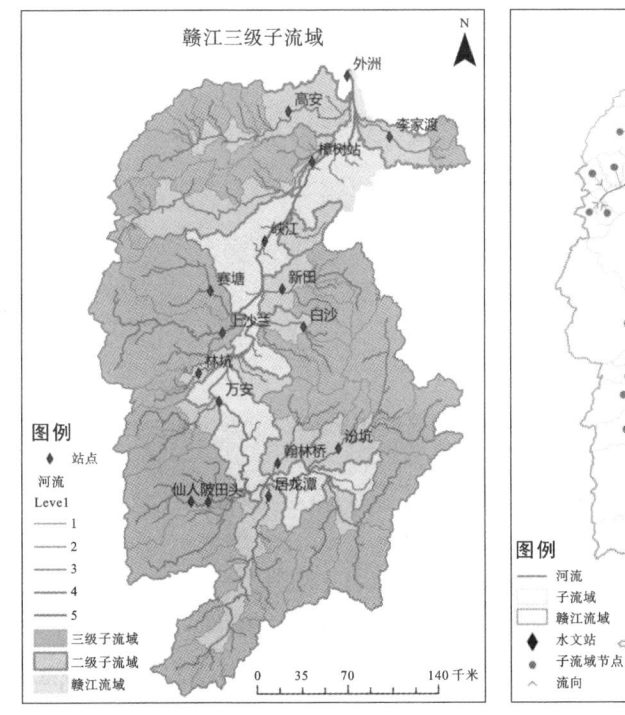
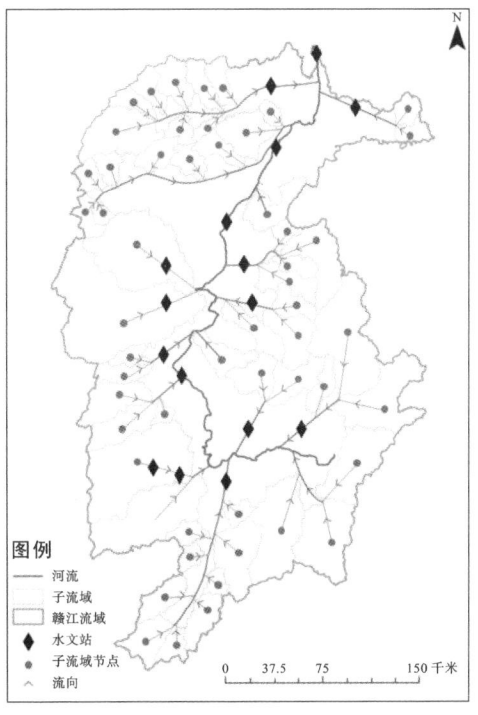

图 4-34　研究区域图结构

4.4.5 基于图神经网络和长短期记忆网络的径流预测模型结构设计

本研究所提出的 GNN 和 LSTM 模型的结合(GNN-LSTM),为了充分利用空间信息,使用无加权有向图来对子流域进行构图建模。在 GNN-LSTM 模型中,GNN 用于学习复杂拓扑结构以获取空间相关性,LSTM 用于学习时序数据的动态变化以获取时间相关性,通过在普通的 LSTM 模型中引入图卷积运算来提取空间和时间特征。具体而言,将输入层到状态层以及状态到状态层的传递全部采用卷积运算代替全连接,使其既能提取时序信息,又能获取潜在的空间特征。

4.4.5.1 图卷积

我们将整个赣江流域划分为三级,三级子流域作为节点,子流域的空间属性和降雨、径流数据作为节点的属性,通过构建有向图来描述子流域间的拓扑关系,关注子流域的状态特征 h_t,表示每个时间步的当前数据状态,记录在图结构数据矩阵中,结构如图 4-35 所示。

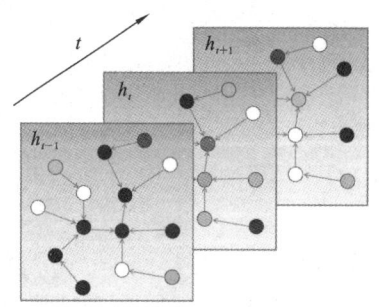

图 4-35　图结构的时序数据

对于图卷积,基于谱图卷积引入了图卷积算子 $^*g$ 的概念,即特征 x 与卷积核 Θ 的乘积:

$$\Theta \, {}^*g x = \Theta(L)x = \Theta(U\Lambda U^{\mathrm{T}})x = U\Theta(\Lambda)U^{\mathrm{T}}x \tag{4-48}$$

式中:傅里叶基 $U \in \mathbf{R}^{n \times n}$ 是归一化图拉普拉斯 $L = I_n - D^{-\frac{1}{2}}WD^{-\frac{1}{2}} = U\Lambda U^{\mathrm{T}} \in \mathbf{R}^{n \times n}$ (I_n 是单位矩阵, $D \in \mathbf{R}^{n \times n}$ 是 $D_{ii} = \sum_j W_{ij}$ 的对角度矩阵)的特征向量矩阵; $\Lambda \in \mathbf{R}^{n \times n}$ 是 L 的特征值的对角线矩阵,而且过滤器 $\Theta(\Lambda)$ 也是一个对角矩阵。据此定义,图特征 x 为卷积核 Θ 和卷积核 Θ 与傅里叶变换 $U^{\mathrm{T}}x$ 之间的乘积。

由于式(4-48)的时空复杂度 $O(n^2)$ 过高,可以采用切比雪夫多项式近似来克服这一困难。为了局部化过滤器并减少参数的数量,当 $\Theta(\boldsymbol{\Lambda}) = \sum_{k=0}^{K-1} \theta_k \boldsymbol{\Lambda}^k$ 时,卷积核 Θ 被限制为 $\boldsymbol{\Lambda}$ 的多项式,$\boldsymbol{\theta} \in \mathbf{R}^K$ 是一个多项式系数的向量,K 是图卷积核的大小,其决定了从中心节点开始卷积的最大半径。习惯上,切比雪夫多项式 $T_k(x)$ 被用于近似核,作为 $k-1$ 阶的截断展开,当 $\Theta(\boldsymbol{\Lambda}) = \sum_{k=0}^{K-1} \theta_k T_k(\widetilde{\boldsymbol{\Lambda}})$ 时,重新缩放 $\widetilde{\boldsymbol{\Lambda}} = 2\boldsymbol{\Lambda}/\lambda_{\max} - \boldsymbol{I}_n$($\lambda_{\max}$ 为 $\boldsymbol{L}$ 的最大特征值)。图的卷积可以改写为

$$\Theta *_g \boldsymbol{x} = \Theta(\boldsymbol{L})\boldsymbol{x} \approx \sum_{k=0}^{K-1} \theta_k T_k(\widetilde{\boldsymbol{L}})\boldsymbol{x} \tag{4-49}$$

$T_k(\widetilde{\boldsymbol{L}}) \in \mathbf{R}^{n \times n}$ 是 k 阶切比雪夫多项式在缩放拉普拉斯 $\widetilde{\boldsymbol{L}} = 2\boldsymbol{L}/\lambda_{\max} - \boldsymbol{I}_n$ 处的求值,通过多项式近似递归计算 k,如式(4-49)所示。式(4-48)的时空复杂度可以减少到 $O(K|\varepsilon|)$。

定义在 $\boldsymbol{x} \in \mathbf{R}^{n \times n}$ 上的图卷积算子 $*_g$ 可以泛化到多维张量。对于有 C_i 个通道的特征,图的卷积可以推广为

$$y_i = \sum_{i=1}^{C_i} \theta_{i,j}(\boldsymbol{L})x_i \in \mathbf{R}^n, \quad 1 \leqslant j \leqslant C_o \tag{4-50}$$

切比雪夫系数的 $C_i \times C_o$ 个向量 $\in \mathbf{R}^K$(C_i、C_o 分别为特征映射的输入和输出的大小)。2D 变量的图卷积记为"$\Theta *_g \boldsymbol{x}$",$\theta \in \mathbf{R}^{K \times C_i \times C_o}$。具体而言,径流预测的输入由 M 帧子流域图组成,如图 4-35 所示。每一帧 v_t 可以看作一个矩阵,其第 i 列是图中第 i 个节点 $v_{t,i}$ 的 C_i 维的值,$\boldsymbol{x} \in \mathbf{R}^{n \times C_i}$。对于 M 的每一个时间步长 t,对 x_t 并行施加具有相同核 Θ 的等图卷积运算。因此,图的卷积可以进一步泛化到三维变量,记为"$\Theta *_g \boldsymbol{X}$",$\boldsymbol{X} \in \mathbf{R}^{M \times n \times C_i}$。

4.4.5.2　模型结构

GNN-LSTM 模型由图神经网络和长短期记忆网络两部分组成。如图 4-36 所示,我们首先使用历史时间序列数据作为输入,利用图神经网络捕获赣江流域子流域链接网络的拓扑结构,获得空间特征,输出为 4D 的形状(节点数目、节点属性种类数目、每次训练样本数、输入长度)的张量。其次,将获得的具有空间特征的时间序列输入长短期记忆网络模型,通过单元间的信息传递获取动态变化和时间特征。具体来讲,将图卷积层的输出应用于输入张量,我们得到了另一个张量,其包含节点随时间推移的表示(另一个 4D 张量)。每次步骤中,节点的表示由来自其邻居的信息通知。我们不仅需要来自邻居节点的信息,还需要随着时间的推移处理这些信息。为此,可以通过循环层传递每个节点的张量,最后我们通过全连接层得到结果。

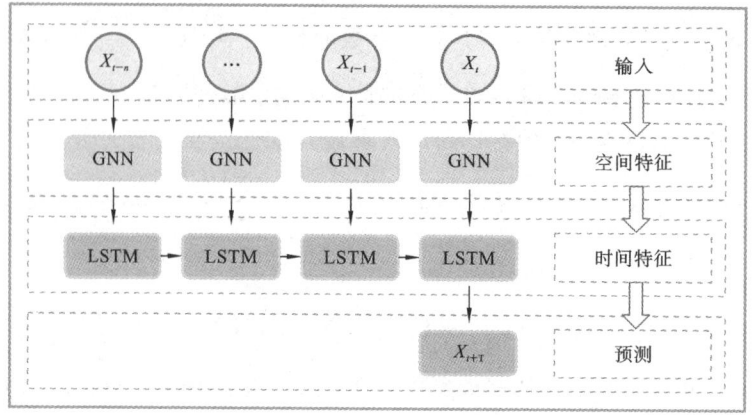

图 4-36　GNN-LSTM 神经网络结构

4.4.6　实验分析

4.4.6.1　相关性分析

在本研究中,首先基于皮尔逊相关性系数对赣江流域 16 个水文站点径流时序数据之间的相关性进行分析,考虑时间滞后性因素,综合可见,各站点的径流时序数据与流域出水口的径流数据相关性较强。详细结果见表 4-10 和表 4-11,各站点之间的相关性见图 4-37。

表 4-10　各站点径流数据相关性分析(a)

滞后天数	站 点							
	外洲	樟树	峡江	万安	高安	赛塘	上沙兰	林坑
0	1.00	0.95	0.90	0.75	0.56	0.60	0.65	0.41
1	1.00	0.97	0.95	0.79	0.63	0.70	0.75	0.47
2	1.00	0.91	0.93	0.80	0.62	0.73	0.77	0.50
3	1.00	0.84	0.86	0.77	0.56	0.68	0.71	0.48
4	1.00	0.76	0.78	0.72	0.51	0.62	0.64	0.44
5	1.00	0.71	0.72	0.66	0.46	0.56	0.58	0.40
6	1.00	0.66	0.67	0.62	0.43	0.52	0.53	0.36
7	1.00	0.61	0.62	0.58	0.39	0.48	0.49	0.33
8	1.00	0.57	0.58	0.55	0.36	0.44	0.45	0.30
9	1.00	0.54	0.54	0.52	0.32	0.40	0.41	0.28
10	1.00	0.52	0.52	0.50	0.30	0.36	0.38	0.26
11	1.00	0.51	0.50	0.48	0.28	0.33	0.36	0.26

续表

滞后天数	站　点							
	外洲	樟树	峡江	万安	高安	赛塘	上沙兰	林坑
12	1.00	0.50	0.49	0.47	0.28	0.32	0.35	0.25
13	1.00	0.49	0.48	0.47	0.28	0.32	0.35	0.26
14	1.00	0.48	0.47	0.46	0.28	0.33	0.36	0.26
15	1.00	0.47	0.46	0.44	0.29	0.32	0.36	0.25

表 4-11　各站点径流数据相关性分析(b)

滞后天数	站　点							
	仙人陂	田头	居龙潭	翰林桥	汾坑	白沙	新田	李家渡
0	0.61	0.11	0.29	0.46	0.57	0.51	0.64	0.74
1	0.63	0.11	0.30	0.50	0.61	0.61	0.75	0.81
2	0.62	0.12	0.31	0.53	0.64	0.68	0.78	0.81
3	0.58	0.11	0.33	0.54	0.65	0.68	0.74	0.75
4	0.53	0.11	0.35	0.55	0.67	0.64	0.68	0.69
5	0.49	0.10	0.37	0.54	0.68	0.57	0.61	0.63
6	0.45	0.10	0.37	0.54	0.67	0.52	0.56	0.58
7	0.43	0.09	0.38	0.53	0.65	0.46	0.51	0.53
8	0.41	0.08	0.38	0.53	0.62	0.41	0.46	0.49
9	0.39	0.07	0.39	0.54	0.60	0.37	0.42	0.45
10	0.37	0.07	0.39	0.54	0.58	0.34	0.38	0.42
11	0.35	0.06	0.40	0.54	0.55	0.31	0.36	0.40
12	0.34	0.06	0.40	0.53	0.53	0.30	0.35	0.40
13	0.33	0.06	0.41	0.50	0.49	0.29	0.35	0.40
14	0.33	0.06	0.42	0.48	0.47	0.29	0.34	0.39
15	0.33	0.06	0.42	0.45	0.45	0.28	0.33	0.39

4.4.6.2　评价指标

基于上一节的 MAE、RMSE、R^2 等评价指标,本小节评价指标添加了纳什效率系数(Nash-Sutcliffe Efficiency Coefficient,NSE),其常用于用于量化水文模型的预测精度,取值范围为 $(-\infty, 1]$,公式如下:

$$\mathrm{NSE} = 1 - \frac{\sum (y_i - y_i^{\mathrm{pred}})^2}{\sum (y_i - \overline{y})^2} \tag{4-51}$$

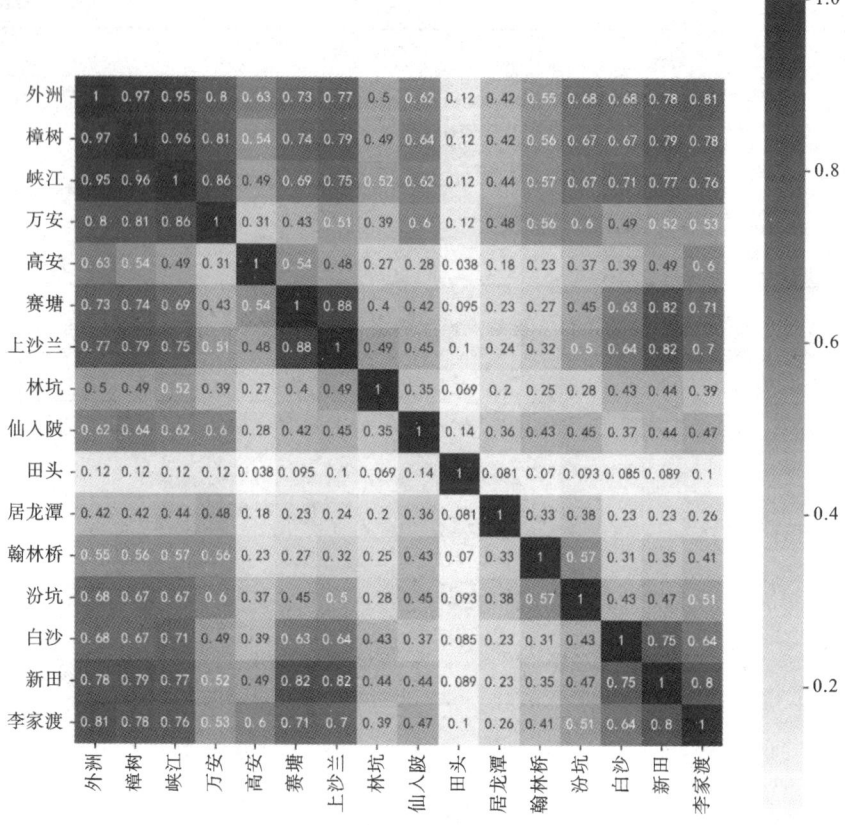

图 4-37　水文站点径流数据相关性

式中：y_i^{pred} 是预测模型对变量的预测值。预测值属于回归样本外得到的预测结果，与回归模型的模拟值有很大区别，模型误差的平方和 $y_i - y_i^{\mathrm{pred}}$ 可能大于总平方和 $(y_i - \bar{y})^2$，对于一个完美的模型，估计的误差的方差等于 0，则 NSE＝1；相反，一个模型产生的估计误差方差等于观察到的时间序列的方差，则 NSE＝0。实际上，NSE＝0 表示该模型具有与时间序列平均值相同的预测能力，即误差平方和。当预测模型得到的估计误差方差显著大于观测值方差时，则 NSE＜0。NSE 值越接近 1，表明模型预测能力越好。因此，NSE 的取值范围为（−∞，1]。但是如果将 NSE 用于模型回归中，则与 R^2 完全等价，范围是[0，1]。

4.4.6.3　参数设置

为对比本研究所提模型在径流预测上的效果，将 GNN-LSTM 模型与上一小节所提及的 ANN、ARMA、和 LSTM 模型进行对比，四种模型运行的硬件环境为

Intel(R) Core(TM) i7-11800H@2.30GHz，几种模型的详细参数如表 4-12 所示。

表 4-12　模型配置详情

	输入变量	参数	运行环境
ANN	2012—2020 年径流	层数：2；神经元数：50；批处理大小：64；迭代次数：30；激活函数："relu"；优化算法："adam"	Python 3.7.0，keras 2.7.0，Tensorflow 2.7.0
LSTM	2012—2020 年径流、气象数据	层数：2；神经元数：72；批处理大小：64；迭代次数：30；优化算法："adam"	Python 3.7.0，keras 2.6.0，Tensorflow 2.6.0
ARMA	2012—2020 年径流	$p=2$，$q=1$	statsmodels 0.11
GNN-LSTM	2012—2020 年径流、气象数据、空间属性	层数：3；神经元数：72；批处理大小：64；迭代次数：120；优化算法："adam"	Python 3.7.0，keras 2.7.0，Tensorflow 2.7.0

4.4.6.4　结果对比

对赣江流域 16 个主要水文站点使用上述四种模型进行径流预测，且为验证不同模型的预测能力，选取了纳什效率系数（NSE）、线性回归决定系数（R^2）、平均绝对误差（RMSE）、均方根误差（MAE）四个验证指标。本小节主要讨论所用模型在径流预测上的精度，用本章所提出的模型与第 3 章中的三种模型进行对比。赣江流域 16 个主要水文站点各种模型预测的相关图表如图 4-38 至图 4-53 以及表 4-13 所示。

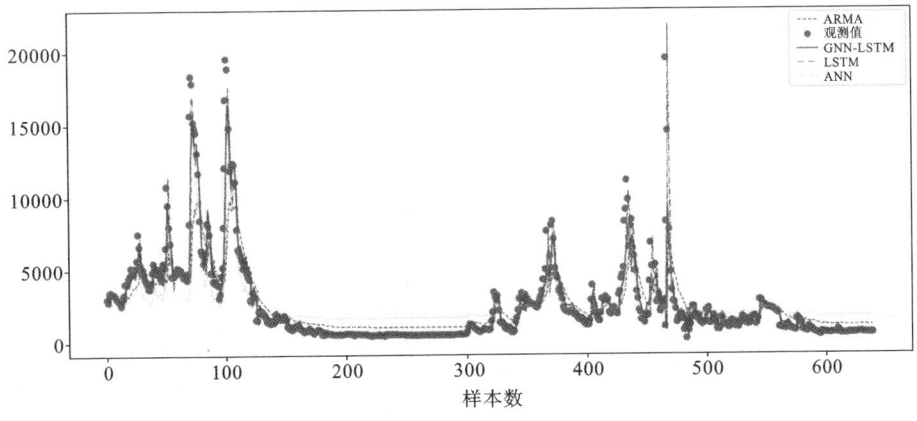

图 4-38　外洲站径流各模型预测图示

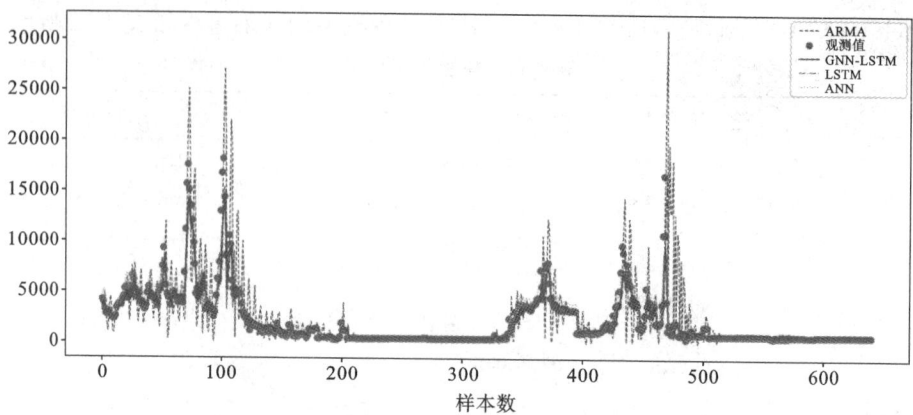

图 4-39　樟树站径流各模型预测图示

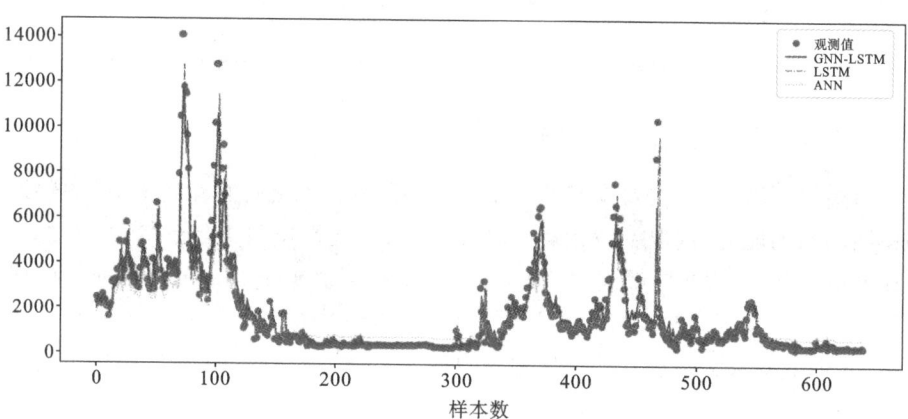

图 4-40　峡江站径流各模型预测图示

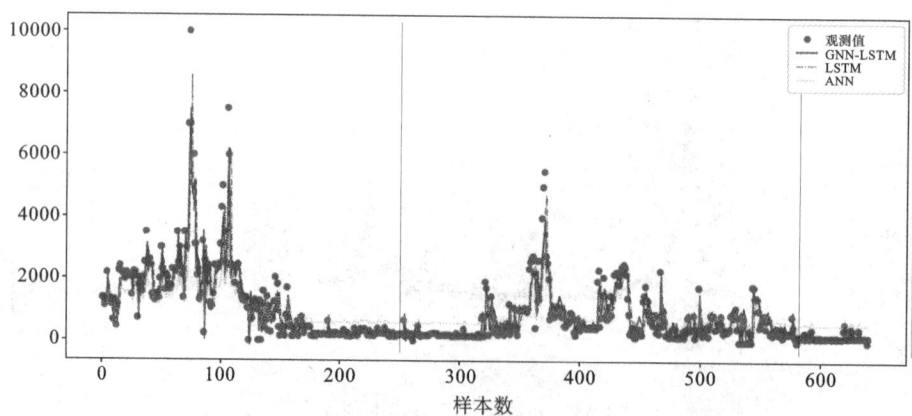

图 4-41　万安站径流各模型预测图示

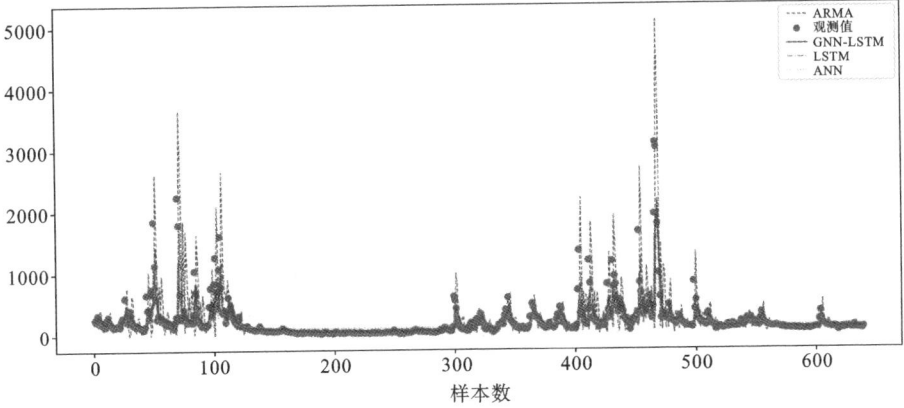

图 4-42　高安站径流各模型预测图示

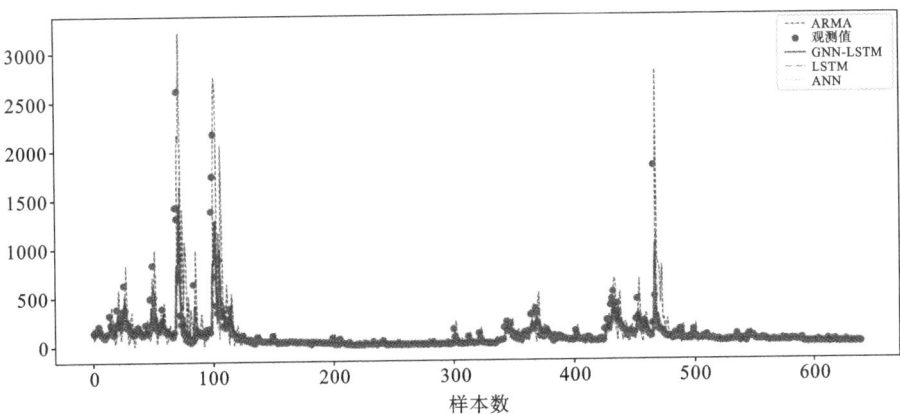

图 4-43　赛塘站径流各模型预测图示

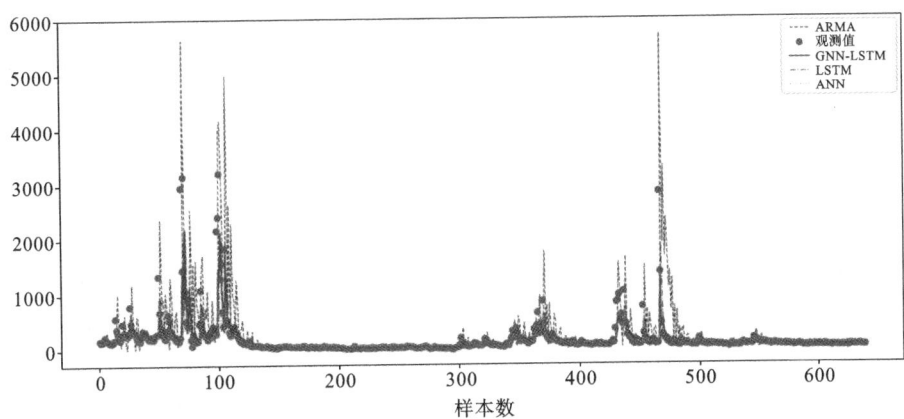

图 4-44　上沙兰站径流各模型预测图示

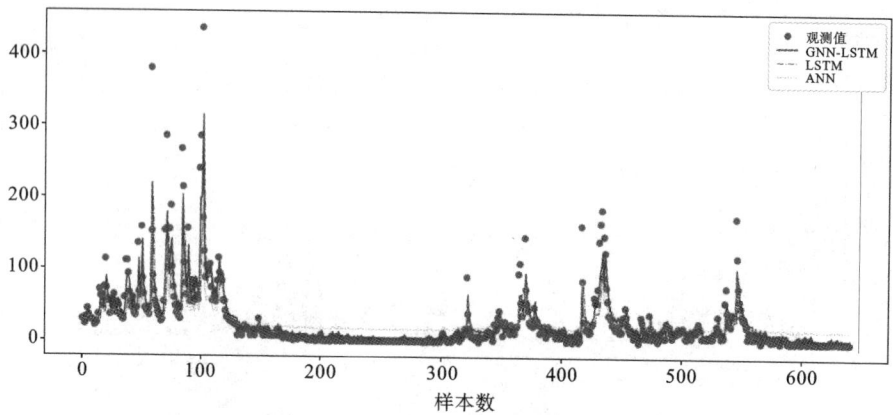

图 4-45　林坑站径流各模型预测图示

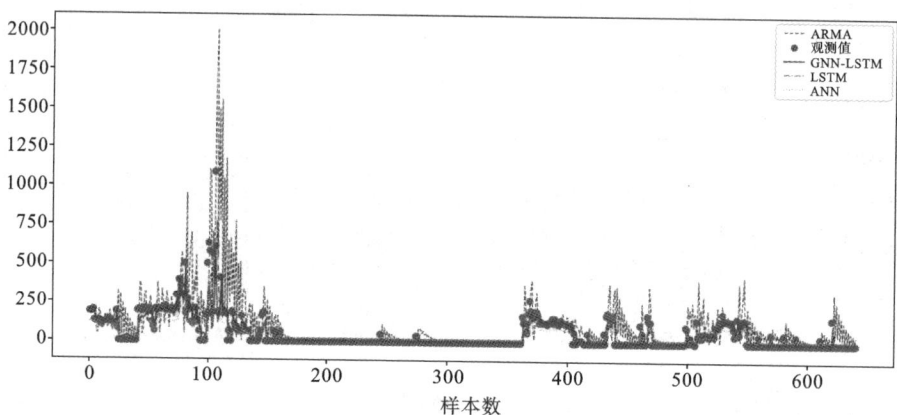

图 4-46　仙人陂站径流各模型预测图示

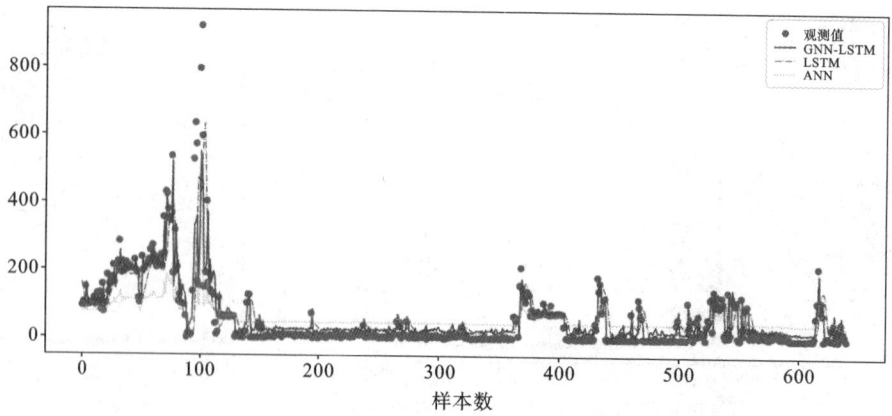

图 4-47　田头站径流各模型预测图示

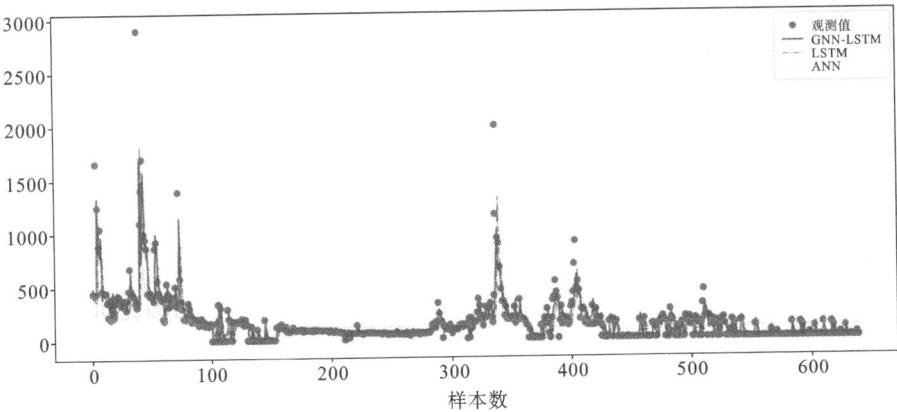

图 4-48　居龙潭站径流各模型预测图示

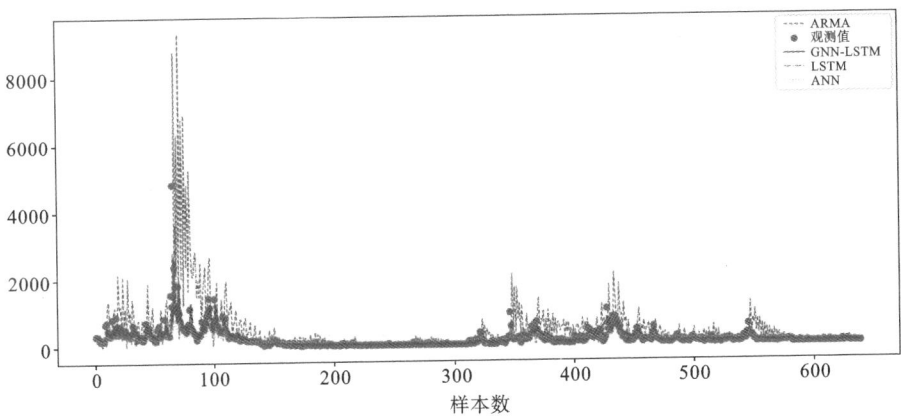

图 4-49　汾坑站径流各模型预测图示

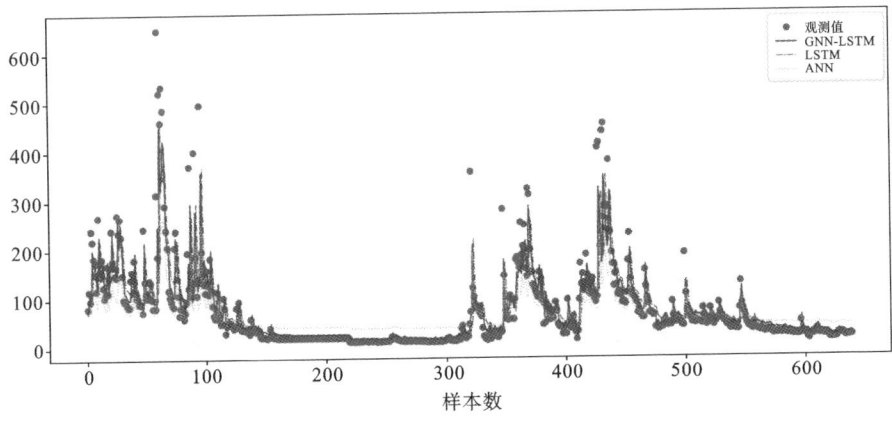

图 4-50　翰林桥站径流各模型预测图示

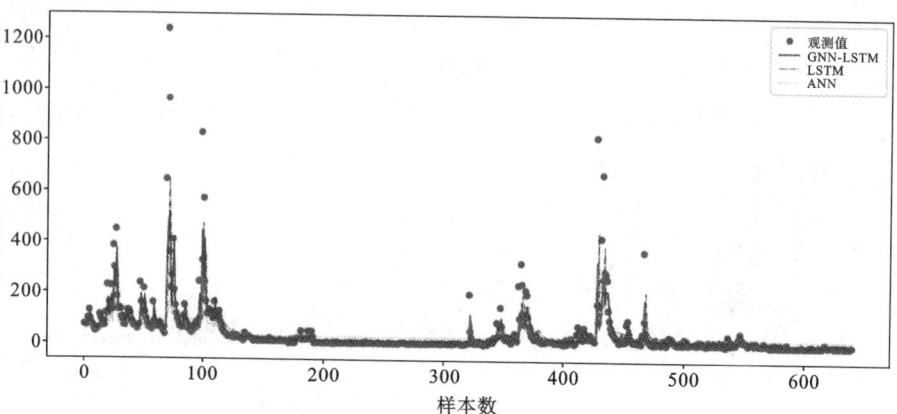

图 4-51 白沙站径流各模型预测图示

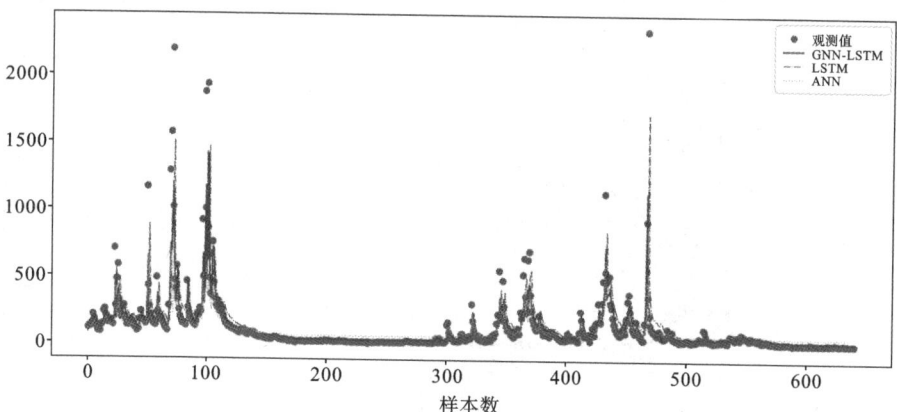

图 4-52 新田站径流各模型预测图示

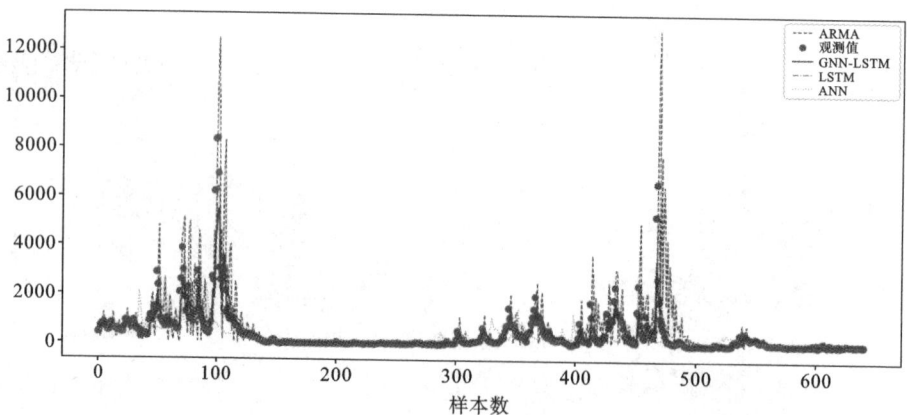

图 4-53 李家渡站径流各模型预测图示

表 4-13   不同模型径流预测的精度对比

站点	指标	ANN	ARMA	LSTM	GCN-LSTM
外洲	NSE	0.38	−0.02	0.68	0.82
	R^2	0.70	0.61	0.73	0.87
	RMSE	1659.10	1868.38	1553.72	1084.16
	MAE	1052.78	986.71	614.00	474.31
樟树	NSE	0.66	0.46	0.67	0.84
	R^2	0.73	−0.11	0.75	0.89
	RMSE	1382.23	2819.90	1344.17	907.70
	MAE	713.85	1266.93	547.49	440.93
峡江	NSE	−0.24	—	0.66	0.82
	R^2	0.66	—	0.73	0.87
	RMSE	1204.90	—	1076.09	756.43
	MAE	582.56	—	494.32	397.76
万安	NSE	−0.86	−0.08	0.44	0.62
	R^2	0.58	−5.71	0.59	0.73
	RMSE	714.39	2877.92	708.97	575.10
	MAE	474.66	1786.99	364.69	328.08
高安	NSE	−3.51	0.15	−0.46	0.03
	R^2	0.20	−1.01	0.25	0.60
	RMSE	332.15	428.99	262.54	190.46
	MAE	117.14	181.42	104.88	79.35
赛塘	NSE	−3.80	0.19	−0.83	−0.43
	R^2	0.24	−0.77	0.27	0.43
	RMSE	194.84	281.87	181.53	159.26
	MAE	65.99	94.92	58.31	48.41
上沙兰	NSE	−3.42	0.21	−0.67	−0.37
	R^2	0.27	−1.59	0.30	0.41
	RMSE	282.54	524.11	272.06	249.80
	MAE	98.82	192.58	87.63	72.94

续表

站点	指标	ANN	ARMA	LSTM	GCN-LSTM
林坑	NSE	−1.98	—	−0.49	0.23
	R^2	0.36	—	0.40	0.59
	RMSE	37.47	—	34.59	28.34
	MAE	19.82	—	13.89	12.80
林坑	NSE	−0.68	0.17	0.20	0.40
	R^2	0.48	−2.18	0.48	0.49
	RMSE	75.91	179.79	73.08	72.11
	MAE	39.01	82.12	29.24	28.22
田头	NSE	−4.26	—	0.28	0.50
	R^2	0.44	—	0.52	0.69
	RMSE	73.48	—	67.78	54.50
	MAE	48.89	—	35.65	29.81
居龙潭	NSE	−5.34	—	−0.07	0.28
	R^2	0.38	—	0.45	0.55
	RMSE	199.77	—	185.06	167.38
	MAE	104.62	—	75.20	74.45
汾坑	NSE	−5.66	0.14	0.12	0.25
	R^2	0.38	−5.30	0.43	0.56
	RMSE	247.30	795.77	238.68	208.76
	MAE	117.84	334.60	92.30	75.30
翰林桥	NSE	−1.52	−0.10	0.28	0.47
	R^2	0.51	−8.46	0.55	0.67
	RMSE	58.33	258.91	56.41	48.37
	MAE	32.14	155.76	29.33	23.54
白沙	NSE	−5.81	−0.16	−0.92	−0.65
	R^2	0.31	−17.78	0.32	0.44
	RMSE	86.59	456.47	87.11	78.91
	MAE	32.41	232.25	27.83	25.73

续表

站点	指标	ANN	ARMA	LSTM	GCN-LSTM
新田	NSE	−3.50	0.09	−0.25	−0.38
	R^2	0.30	−3.51	0.34	0.46
	RMSE	190.07	487.64	186.03	168.01
	MAE	73.40	208.94	67.04	54.32
李家渡	NSE	−0.66	0.34	0.35	0.46
	R^2	0.52	−0.76	0.54	0.73
	RMSE	598.91	1137.71	581.32	441.39
	MAE	273.53	465.61	225.73	167.17

从以上图和表中可以看出,在各个站点中 LSTM 和 GCN-LSTM 相比于其他模型表现均较为优秀,但 GCN-LSTM 表现最好,尤其在流域出水口附近的外洲、樟树、峡江等站点,NSE 和 R^2 等指标的值均达到了大于 0.8 的水平。万安、高安、仙人陂、田头、翰林桥和李家渡等站点的 NSE 或 R^2 达到了大于 0.6 或 0.7 的水平,而剩余的站点在评价指标上表现不够优秀。从整个流域的出水口——外洲站点来看,GCN-LSTM 模型的 NSE 相比于其他模型分别提高了 0.44、0.84 和 0.14;R^2 指标分别提高了 0.17、0.26、0.14;RMSE 降低了 574.94、784.22、469.56;MAE 分别降低了 578.47、512.4、139.69。在有效统计指标中,万安站点 GCN-LSTM 模型 NSE 相比于 LSTM 模型提高了 0.18;R^2 指标提高了 0.14;RMSE 降低了 133.87;MAE 降低了 36.61。而对于整体表现最差的上沙兰站点 GCN-LSTM 模型 NSE 相比于 ANN 和 LSTM 模型分别提高了 3.05 和 0.3;R^2 指标分别提高了 0.08 和 0.12;RMSE 分别降低了 12.74 和 23.68;MAE 分别降低了 5.88 和 17.58。对于大部分站点来说,ARMA 模型表现均不理想,从各个站点的历史数据分析来看,由于数据的平滑性较差,导致 ARMA 模型不能较好地拟合训练数据,从而导致效果较差。

4.4.7　结论

对径流的高精度预测可以为流域内城市和环境规划、土地利用、洪水和水资源管理提供重要信息,可为防洪减灾决策提供依据,对水资源的合理利用具有重要意义。本节提出了融合卷积神经网络和长短期记忆网络的径流预测方法(GCN-LSTM),该方法通过构建赣江流域的子流域拓扑图,并根据多种时序数据挖掘流域内径流的时空特征来进一步提高预测精度。本节首先介绍模型的理论基础,然后介绍模型具体的构建思路和设计细节。经过实验和对比,发现 GCN-LSTM 在径流预测的各项指标上优于 ANN、ARMA、LSTM 等模型。这些都表明模型能够获取径流高精度和高可靠性的预测结果。

4.5　基于多模型耦合校正的洪水预报模型

4.5.1　总体技术思路

为了优选和组合得到预测性能较好的模型,项目提出了耦合多物理机制模型和深度学习的建模框架(见图 4-54),具体描述如下。

(1)搜集流域的降水、蒸发、径流量等观测数据,将数据划分为校准期数据和验证期数据,为保障模型校准和验证的可靠性,一般选择不少于 3 年的校准数据和不少于 1 年的验证数据。

(2)构建 16 个具有物理机制的水文预报模型,采用 SCE-UA 算法优化校准模型参数,由于模型优化具有较大的随机性,且参数优化中可能陷入局部最优,优化校准每个模型参数时独立运行 10 次,选择 10 次中预测性能最好的参数,计算每个模型。

(3)设定性能指标阈值,剔除校准和验证性能较差的模型,得到参与模型优选和组合的多个候选模型。

(4)多个模型按照验证期指标(RMSE 或 R^2、F 值或相关系数)排序,依次选择验证期性能指标最好的加入模型组合,各模型的输出作为 LSTM 的输入,LSTM 的输出作为最终的多模型组合预测结果,每加入一个模型进入模型组合,再重新计算预测的性能指标。

(5)首先运行 1 个物理机制模型,以物理机制模型的输出作为 LSTM 的输入,LSTM 的输出作为最终的多模型组合预测结果,计算预测的性能指标;然后在预测性能最好的模型基础上,增加另外 1 个物理机制模型,以 2 个物理机制模型的输出作为 LSTM 的输入,LSTM 的输出作为最终的多模型组合预测结果,计算预测的性能指标;再次在预测性能最好的模型基础上,增加另外 1 个物理机制模型,以 3 个物理机制模型的输出作为 LSTM 的输入,LSTM 的输出作为最终的多模型组合预测结果,计算预测的性能指标;依次类推,直到所有候选的物理机制模型全部添加到模型组合中。

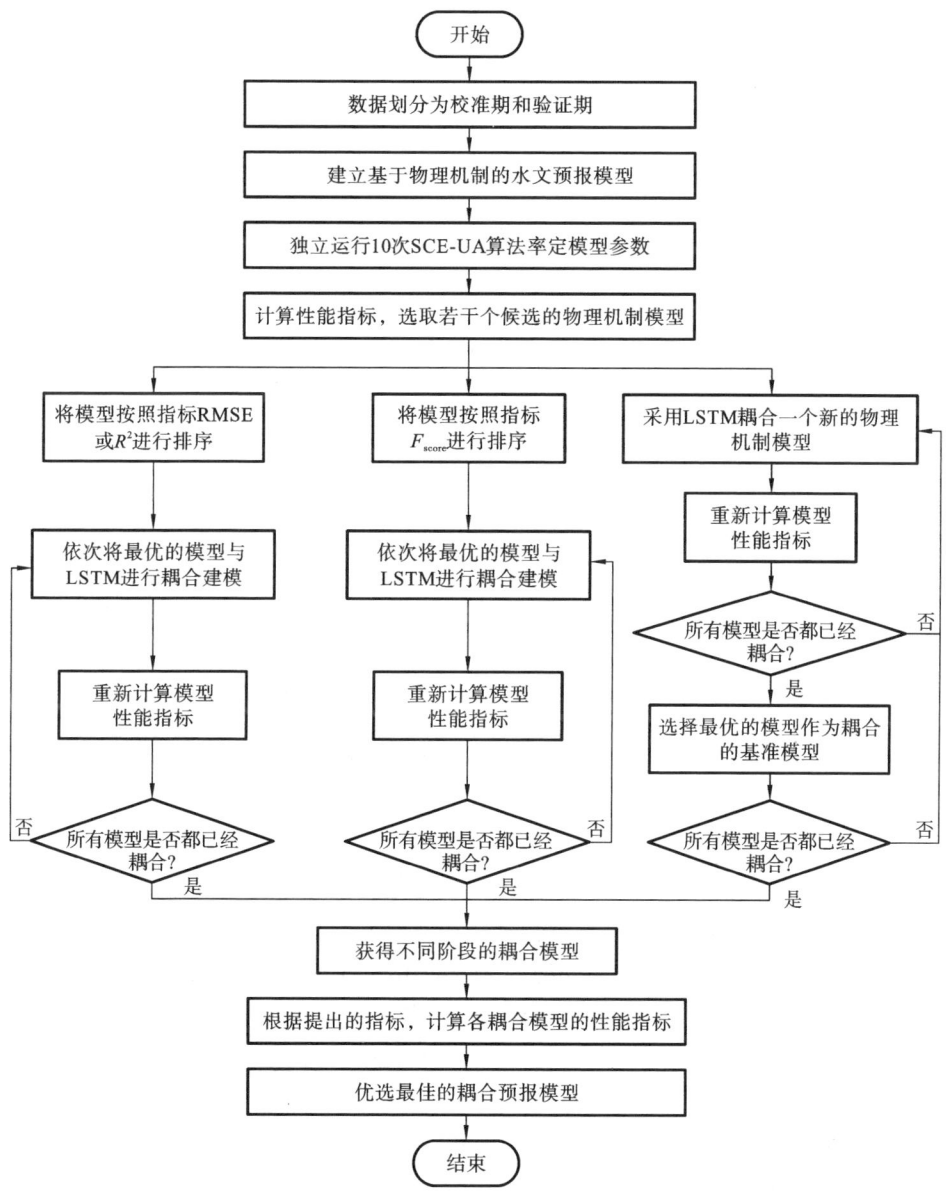

图 4-54　多模型耦合水文预报建模框架

（6）将所有候选的物理机制模型全部组合，将每个物理机制模型的输出作为 LSTM 的输入，LSTM 的输出作为最终的多模型组合预测结果，计算预测的性能指标，作为比对的对象。

（7）采用项目提出的指标，优选出最佳的模型组合方案。

4.5.2 模型评价指标

4.5.2.1 常规指标

项目选择了 3 种常用的评价指标：均方根误差 RMSE、纳什效率系数 R^2、统计量 F_{score}。计算公式分别如下：

$$\text{RMSE} = \sqrt{\frac{1}{n}\sum_{i=1}^{n}(Q_i - \hat{Q}_i)^2} \tag{4-52}$$

$$R^2 = 1 - \frac{\sum_{i=1}^{n}(Q_i - \hat{Q}_i)^2}{\sum_{i=1}^{n}(Q_i - \bar{Q})^2} \tag{4-53}$$

$$F_{score} = \frac{r^2}{1-r^2} \times (n-2) \tag{4-54}$$

$$r = \frac{n\sum_{i=1}^{n}Q_i\hat{Q}_i - \sum_{i=1}^{n}Q_i\sum_{i=1}^{n}\hat{Q}_i}{\sqrt{\left[n\sum_{i=1}^{n}Q_i^2 - \left(\sum_{i=1}^{n}Q_i\right)^2\right]\cdot\left[n\sum_{i=1}^{n}\hat{Q}_i^2 - \left(\sum_{i=1}^{n}\hat{Q}_i\right)^2\right]}} \tag{4-55}$$

式中：n 是径流序列的长度；Q_i 是第 i 个时刻的径流观测值；$\hat{Q}_i$ 是第 i 个时刻的径流模拟值；$\bar{Q}$ 是实测径流的平均值。

4.5.2.2 项目提出的指标

模型优选最本质的目的是优选出性能较优且其他大部分同类模型难以达到同等性能的模型，因为如果该性能指标的其他同类模型也能达到，那就失去了模型优选的价值。特别是出现模型校准期性能较好而验证期预测性能较差，或者模型校准期性能较差而验证期预测性能较好的情形时，难以优选适合的预测模型，这时就需要与同类模型的性能指标进行综合比较分析。而现有的预报模型性能分析一般采用上述常规评价指标进行计算，但这些指标仅进行了单个模型自身的指标量化分析，未考虑与其他同类模型的预测性能对比分析，当出现多个性能指标（比如校准期与验证期）变化不一致时，往往靠经验判断或个人偏好进行模型优选，缺乏量化的分析指标。

为此，项目提出了一种综合考虑同类其他模型预测性能的综合评价指标。其计算方法如下：

从候选的物理机制径流预报模型中，随机抽取若干个（1 个，2 个，3 个，…）进行组合,针对每一个组合建立物理机制模型加 LSTM 的耦合预报模型,每个组合中的单个模型的输出作为 LSTM 的输入,LSTM 的输出作为该组合模型的最终预测结果。重复该步骤 N 次,得到 N 个模型预测结果。进而,计算 N 个模型预测结果的校准期和验证期的性能指标 RMSE、R^2 等。接着再计算各个性能指标的概率密度分布和累积概率分布,示意图如图 4-55 所示。

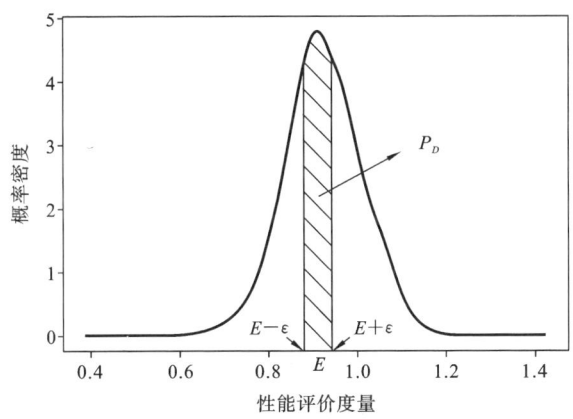

图 4-55   模型性能评价指标的概率密度分布

基于这些概率分布,可以计算出模型的分组预测性能度量 P_G。提出这个指标的目的是选择具有大多数模型无法实现的优越的预测性能指标的模型。该度量值的计算公式如下:

$$P_D = \int_{E-\varepsilon}^{E+\varepsilon} f(x)\mathrm{d}x \qquad (4\text{-}56)$$

$$P_G = (1 - P_D) \times E_i \qquad (4\text{-}57)$$

式中:P_D 是图 4-55 中阴影区域的面积,$f(x)$ 是性能评价度量的概率密度,ε 是性能评价度量的一个微小步长(本研究中 ε 设置为 0.01),E_i 是第 i 个模型的性能评价度量。

此外,性能指标有的越大越好,可以根据度量计算结果直接计算出概率密度分布函数 $f(x)$。然而,对于较小的性能度量,概率密度分布函数 $f(x)$ 是基于度量的倒数计算的。对于每个模型,计算校准期和验证期的分组性能指标 P_G,并将平均值作为最终的性能指标。

4.5.3   计算结果分析

4.5.3.1   降水径流数据

项目选取了 2002—2005 年逐日的降水、径流、蒸发数据进行分析,如图 4-56 所示。

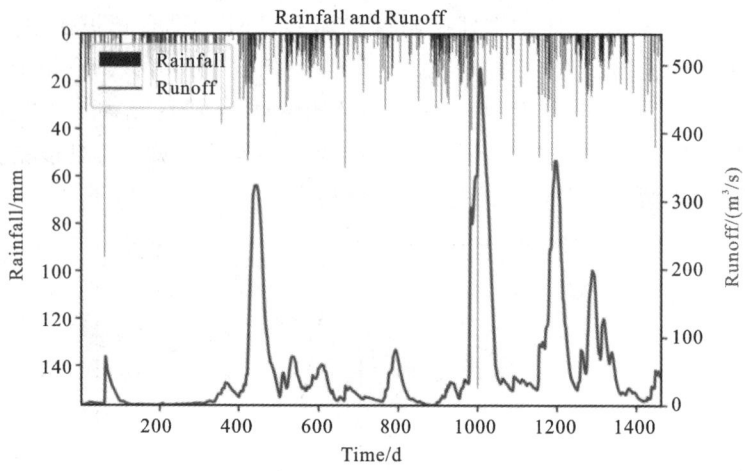

图 4-56　2002 年至 2005 年期间的降雨量和径流数据

4.5.3.2　16 个物理机制径流预报模型率定结果(含模型参数)

采用 SCE-UA 算法分别独立优化校准 16 个物理机制径流预报模型 10 次,优选出性能指标最好的模型参数,每个模型校准后的性能指标结果如图 4-57 所示。其中,模型 10(NEWZEALAND 模型)的校准期和验证期计算结果如图 4-58 所示。

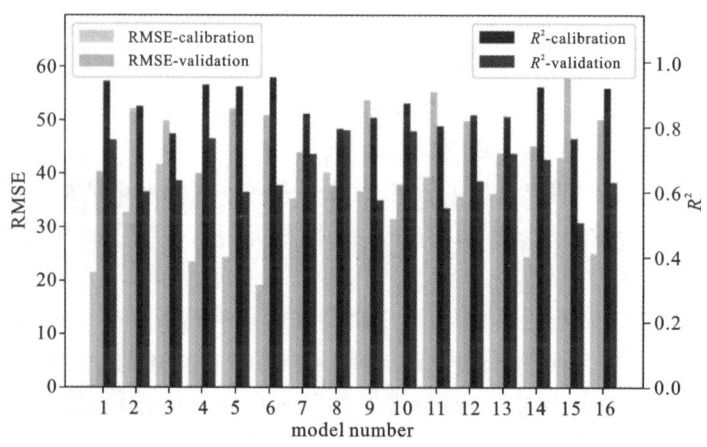

图 4-57　模型优化校准后的性能指标

从图 4-57 和图 4-58 的结果可以看出:

(1)校准期的指标 RMSE 和 R^2 均要比验证期的更优;

(2)模型 6(HYMOD 模型)校准期的指标 RMSE 和 R^2 比其他模型的更优,但其验证期的指标 RMSE 和 R^2 并不优于其他模型;

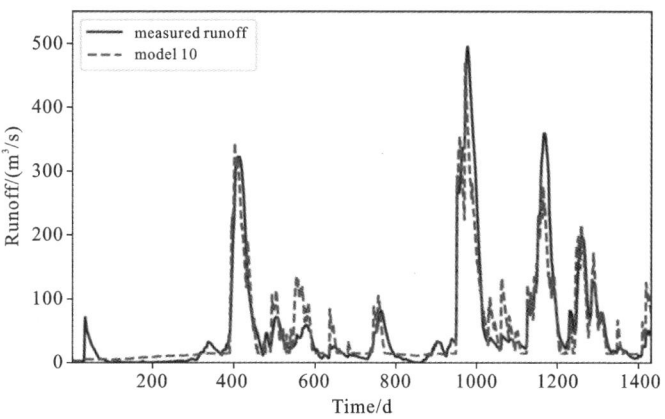

图 4-58　NEWZEALAND 模型的校准期和验证期计算结果

（3）模型 10（NEWZEALAND 模型）验证期的指标 RMSE 和 R^2 比其他模型的更优，但其校准期的指标 RMSE 和 R^2 并不优于其他模型；

（4）本研究设置性能指标阈值为：验证期或校准期 R^2 不小于 0.5，所有 16 个模型均满足该阈值要求，所以所有模型都列入候选模型中。

此外，对比了采用 SCE-UA 算法 10 次独立校准模型的结果，发现模型 1（AUSTRALIA 模型）和模型 10（NEWZEALAND 模型）的性能指标变化范围较大，如图 4-59 所示。

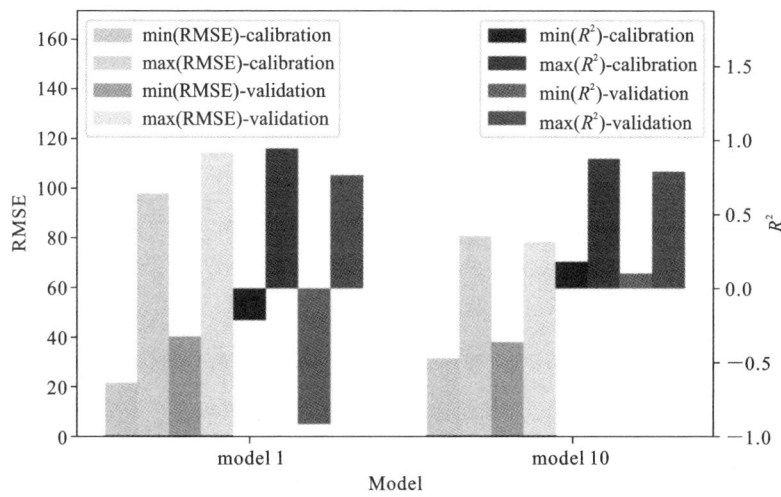

图 4-59　模型 1 和模型 10 的 10 次模型校准性能指标对比

由图 4-59 可知，SCE-UA 算法在校准这两个模型参数时易陷入局部最优，需要多次校准以选择最优的模型参数校准结果。

4.5.3.3 按照验证期 RMSE/R^2 排序进行模型组合的预测结果分析

将 16 个候选模型按照验证期指标 RMSE/R^2 进行排序,依次增加到模型组合中,并将每个模型的输出作为 LSTM 的输入,将 LSTM 的输出作为组合模型的最终输出。为克服 LSTM 模型的随机性,每次 LSTM 模型独立运行 10 次,绘制 10 次运行结果的小提琴图,如图 4-60 所示。

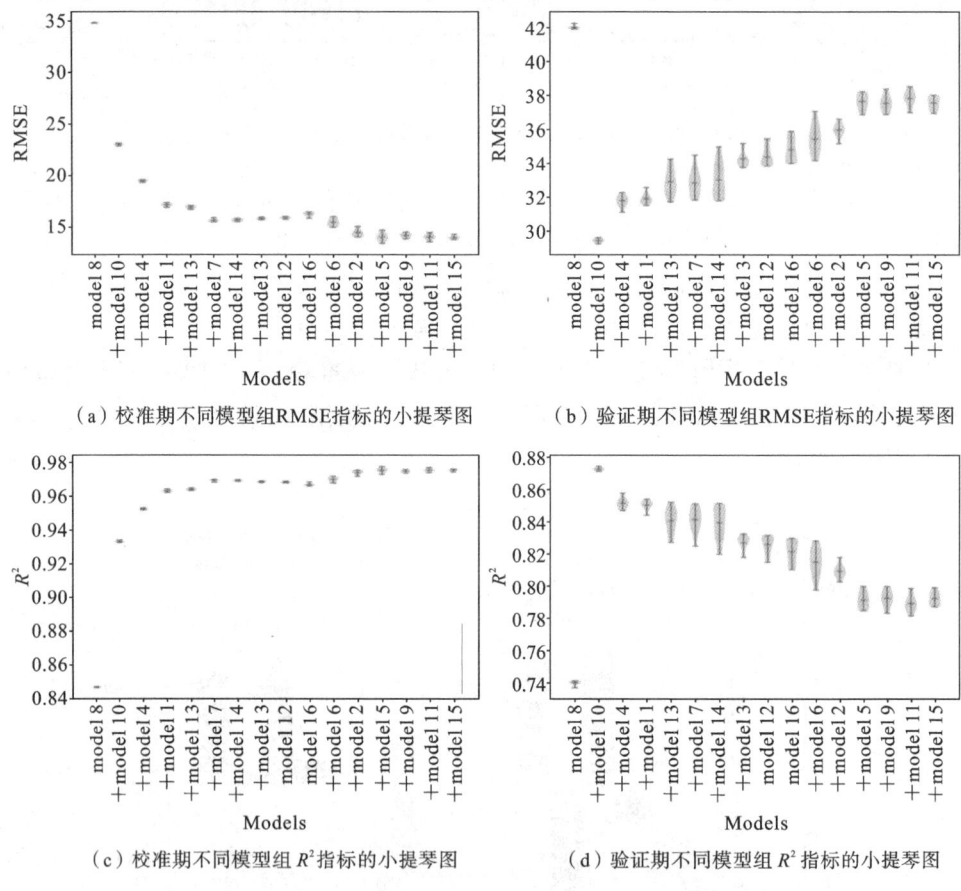

（a）校准期不同模型组 RMSE 指标的小提琴图   （b）验证期不同模型组 RMSE 指标的小提琴图

（c）校准期不同模型组 R^2 指标的小提琴图   （d）验证期不同模型组 R^2 指标的小提琴图

图 4-60　不同组合模型的性能指标小提琴图

同时,图 4-61 还给出了 model 8＋model 10＋LSTM 模型组合的预测结果。从图 4-60 和图 4-61 可以发现:

（1）通过多个物理机制模型组合和 LSTM 模型的非线性映射后,模型在校准期和验证期的预测性能指标都有明显的提升;

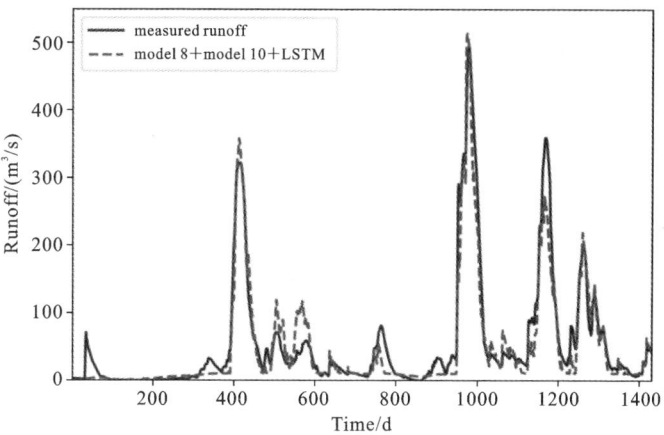

图 4-61　model 8＋model 10＋LSTM 模型组合的预测结果

（2）在校准期，以模型组合 model 8＋model 10＋LSTM 为例，校准期指标 RMSE 的最小值为 22.84，R^2 的最大值为 0.934，相比单独 model 8 分别降低了 43.1%、提高了 17.3%，相比单独 model 10 分别降低了 27.5%、提高了 6.8%，相比 model 8＋LSTM 分别降低了 34.1%、提高了 10.3%；

（3）在验证期，以模型组合 model 8＋model 10＋LSTM 为例，验证期指标 RMSE 的最小值为 29.24，R^2 的最大值为 0.875，相比单独 model 8 分别降低了 22.5%、提高了 10.6%，相比单独 model 10 分别降低了 22.9%、提高了 10.9%，相比 model 8＋LSTM 分别降低了 30.4%、提高了 18.1%；

（4）模型组合 model 8＋model 10＋LSTM 对于验证期的大洪峰过程预测仍存在一定的偏差，可能是由于物理机制模型在描述该类洪水过程中仍有一定的局限性，或者是现有的降雨或径流观测资料存在一定的误差导致的；

（5）校准期指标 RMSE 和 R^2 的变化范围较小，表明模型训练结果比较稳定；验证期指标 RMSE 和 R^2 的变化范围比校准期更大，主要原因是模型根据校准期数据进行优选，但对于未知的验证期数据的泛化能力还需要进一步提升；整体而言，校准期和验证期的性能变化范围均较小，表明模型受随机因素的影响较小；

（6）随着验证期性能指标更好的模型加入，校准期指标 RMSE（或 R^2）呈明显下降（或上升）趋势，中间加入 model 16 后 RMSE（或 R^2）出现略微上升（或下降），但随着 model 6 等模型的加入，模型性能指标又开始呈更优的变化；

（7）随着验证期性能指标更好的模型加入，验证期指标 RMSE 和 R^2 变化与校准期呈现明显不同的特征，model 10 的加入使得组合模型的性能出现明显的提升，但随着后续 model 4 等模型的加入，验证期指标开始呈现缓慢变差的变化，这时需要引入更加科学的评价指标进行模型优选。

4.5.3.4 按照验证期 F_{score} 排序进行模型组合的预测结果分析

F_{score} 也是用于模型优选的重要判别指标之一,该指标也被集成在 Python 语言的 sklearn. feature_selection 工具包中,在模型或影响因子优选问题中得到广泛的应用。本项目也采用该指标进行模型优选分析,分析该指标的适用性。

类似于前述方式,将 16 个候选模型按照验证期指标 F_{score} 进行排序,依次增加到模型组合中,并将每个模型的输出作为 LSTM 的输入,将 LSTM 的输出作为组合模型的最终输出。为克服 LSTM 模型的随机性,每次 LSTM 模型独立运行 10次,绘制 10 次运行结果的小提琴图,如图 4-62 所示。

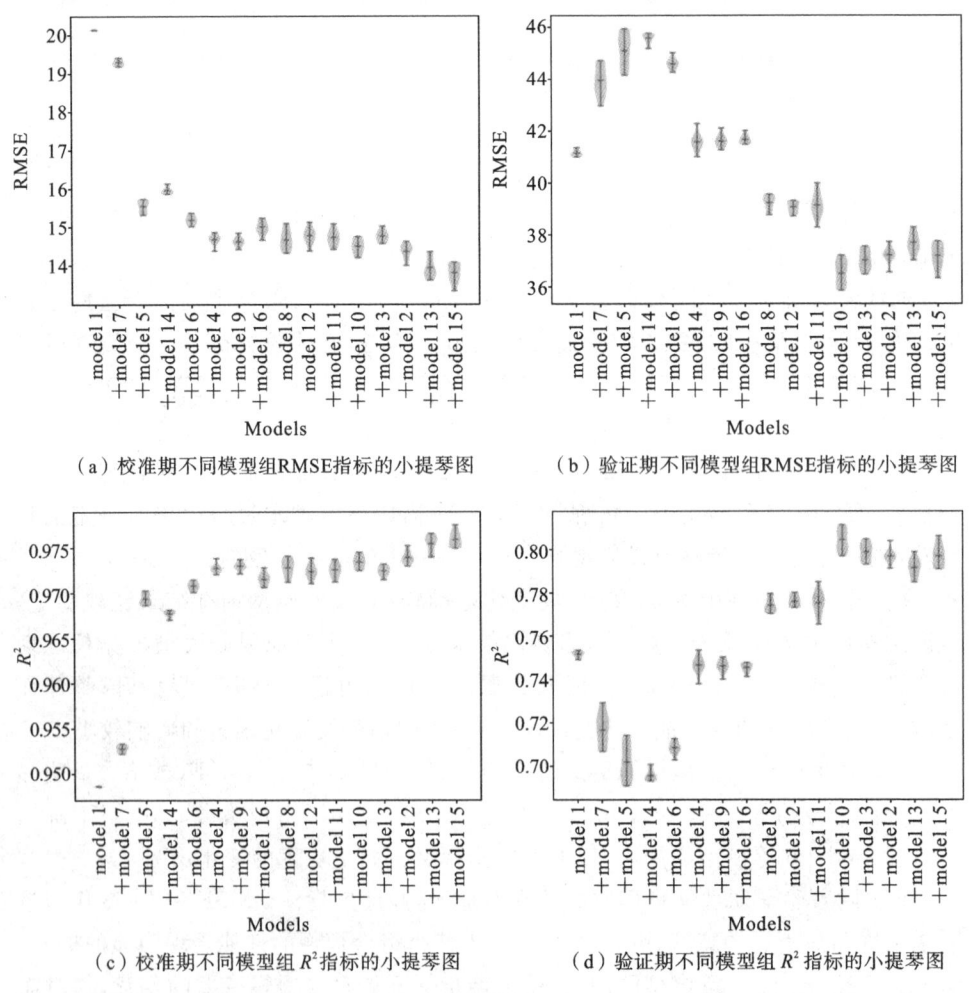

（a）校准期不同模型组RMSE指标的小提琴图　　　（b）验证期不同模型组RMSE指标的小提琴图

（c）校准期不同模型组 R^2 指标的小提琴图　　　（d）验证期不同模型组 R^2 指标的小提琴图

图 4-62　不同组合模型的性能指标小提琴图

从图 4-62 可以发现：

（1）整体而言，校准期和验证期的性能变化范围均较小，同时校准期和验证期的变化范围大致相当，表明模型受随机因素的影响较小；

（2）校准期性能指标 RMSE 或 R^2 相比单一物理机制模型有明显的提升，但验证期性能指标有一定的波动；

（3）根据验证期性能指标，可以将模型划分为 5 大类，第一类为 model 1、model 7、model 5，该类模型的加入将降低模型的预报性能；第二类为 model 14、model 6，该类模型的加入能缓慢提升模型的预报性能；第三类为 model 4、model 9、model 16，该类模型的加入可提升模型预报性能，但持续加入该类模型反而提升不明显；第四类为 model 8、model 12、model 11，加入该类模型的提升效果类似于第三类；第五类为 model 10、model 3、model 2、model 13、model 15，加入该类模型的提升效果类似于第三类；通过分析这些类别的模型预测结果可以发现第 3～5 类模型中各模型的预报结果存在较大的相似性（涨水过程和退水过程相似度高），而不同类别的模型预测结果存在一定差异，正是由于这种特性导致这种现象的发生，第一类和第二类模型结果存在较大波动，从而导致模型预测性能的先降后升；

（4）针对校准期性能指标，本小节中最优的模型组合为 model 1＋model 7＋model 5＋model 14＋model 6＋model 4＋model 9＋model 16＋model 8＋model 12＋model 11＋model 10＋LSTM，在该模型组合下 RMSE 最小为 35.87，R^2 最大为 0.811，相比于组合模型 model 8＋model 10＋LSTM 分别偏大 22.7%、偏小 7.3%，表明通过指标 F_{score} 优选的组合模型性能劣于通过指标 RMSE/R^2 优选的组合模型。其主要原因是指标 F_{score} 主要用于评价预测径流与实测径流的变化过程相似程度，而对于预测径流与实测径流的具体偏离程度考虑不足。因此，在进行模型优选时它不是最合适的评价指标。

4.5.3.5　逐个模型加入进行模型组合的预测结果分析

首先单独运行每个物理机制模型，以其输出作为 LSTM 模型的输入，LSTM 模型的输出作为该组合模型的预测结果，选择性能最优的物理机制模型保留，然后在此基础上，再增加一个其他的物理机制模型，依次类推，得到不同组合模型下的预测结果，如图 4-63 所示。

从图 4-63 可以看出：

（1）本小节的模型组合优选结果与前述结果整体变化趋势基本一致；

（2）本小节优选的排名前 4 的模型组合与前述基本相同，顺序略有差别；

（3）本小节优选的排名第 5～16 的优选模型组合与前述基本保持一致；

（4）本小节模型组合优选的计算次数为 136，是前述的 8.5 倍，表明本小节计

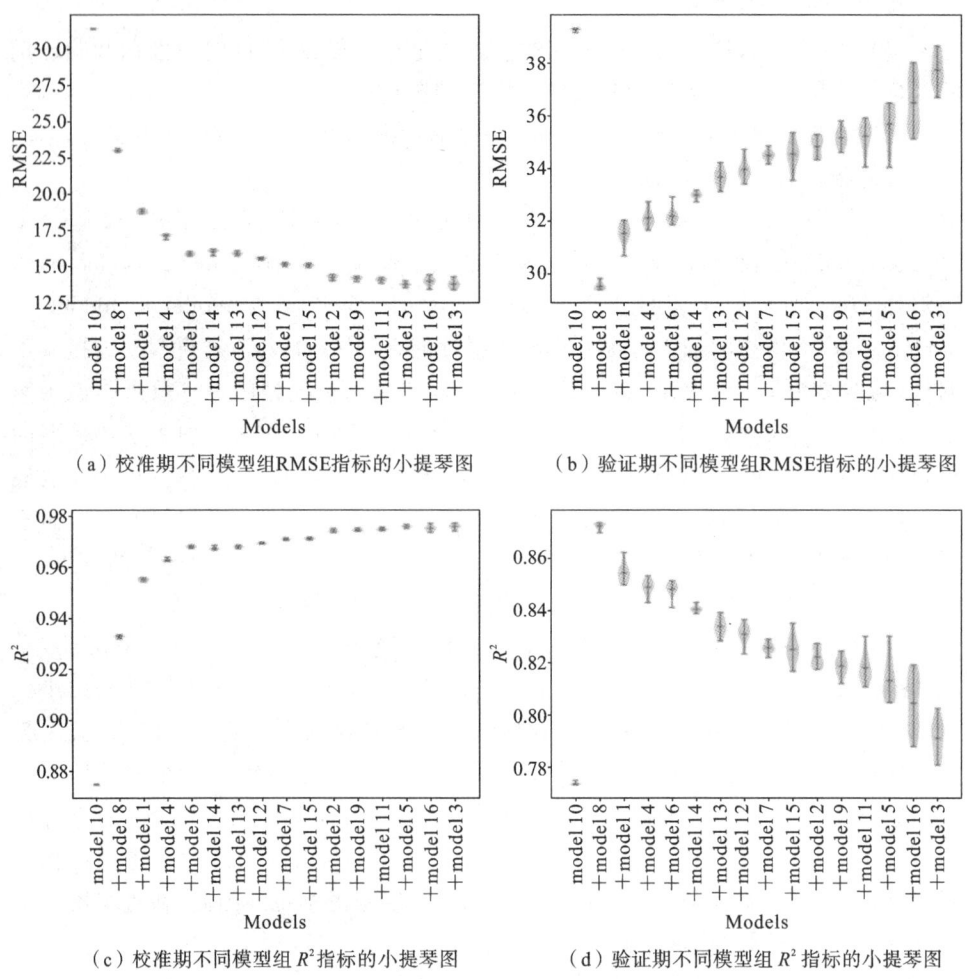

（a）校准期不同模型组RMSE指标的小提琴图　　　（b）验证期不同模型组RMSE指标的小提琴图

（c）校准期不同模型组 R^2 指标的小提琴图　　　（d）验证期不同模型组 R^2 指标的小提琴图

图 4-63　不同组合模型的性能指标小提琴图

算结果基本一致,但计算量增加了 7.5 倍。

4.5.3.6　多模型预测结果对比分析及优选

根据多个模型随机组合预测结果,计算得到校准期指标 RMSE、R^2 的概率密度分布以及验证期指标 RMSE、R^2 的概率密度分布,如图 4-64 所示。

采用本研究提出的分组预测性能度量指标对模型进行排序,排序计算结果如图 4-65 所示。

从图 4-65 可以得出,最优的模型组合方案为 model 8＋model 10＋LSTM,其中 model 8 主要对于提升峰值流量预测更精准但对小流量预测偏差较大,model 10

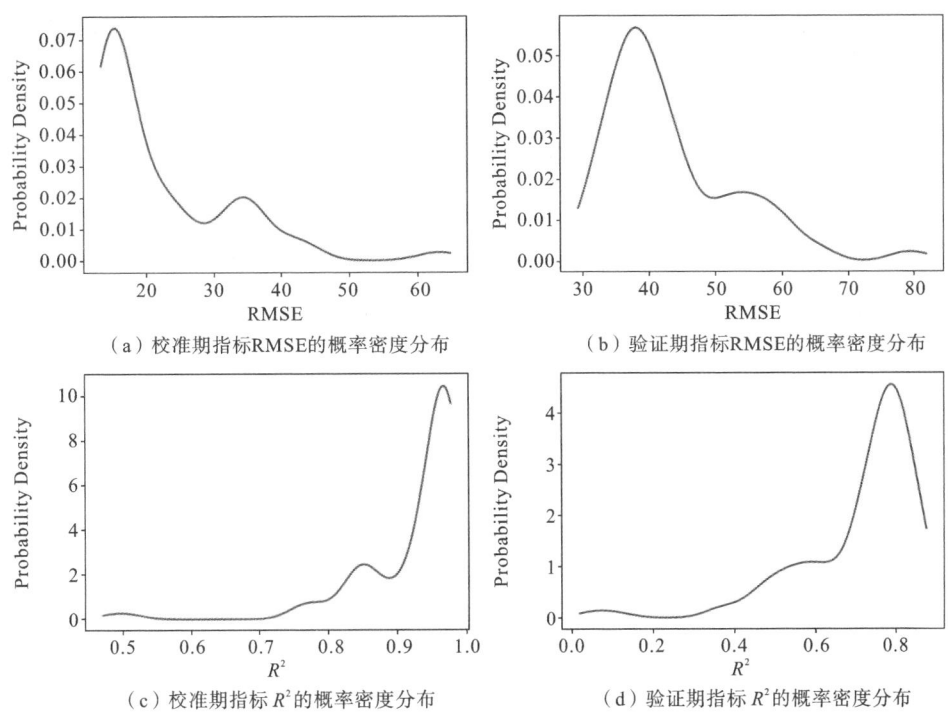

（a）校准期指标RMSE的概率密度分布　　　　　（b）验证期指标RMSE的概率密度分布

（c）校准期指标 R^2 的概率密度分布　　　　　（d）验证期指标 R^2 的概率密度分布

图 4-64　模型性能指标概率密度分布

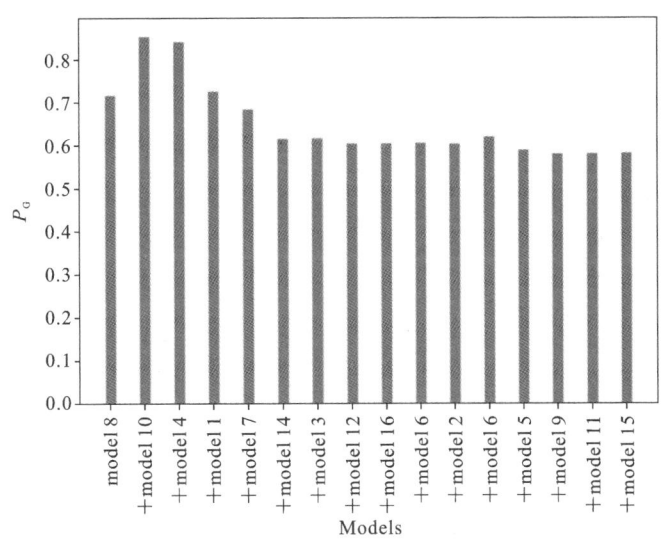

图 4-65　基于分组预测性能度量指标的组合模型优选排序结果

对于小流量预测较准确,但对峰值流量预测有时滞偏差,通过 model 8、model 10 与 LSTM 的组合,可有效利用两类模型优势,有效提升整体预测性能。预测结果如图 4-66 所示。

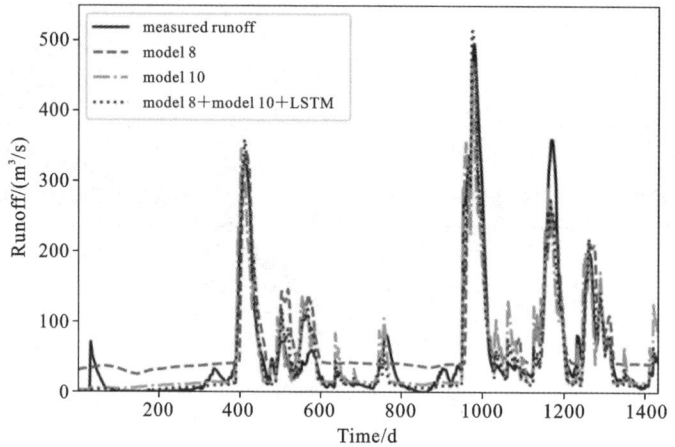

图 4-66　模型组合优选预测结果对比

通过对比优选的组合模型与单一物理机制模型(见表 4-14),校准期指标 RMSE 平均降低 39.62%,R^2 平均提升 7.49%。验证期指标 RMSE 平均降低 62.68%、R^2 平均提升 24.24%。虽然 model 1 和 model 6 在校准期较优选的组合 模型性能更优,但其在验证期比组合模型性能更差。通过本研究提出的分组预测 性能度量指标 P_G 可直接判别出模型性能优劣,可为其他模型的优选和评估提供有 效的判别指标。

表 4-14　优选的组合模型与单一物理机制模型性能对比

指标	校准期				验证期				P_G
	RMSE	RMSE 的降低 百分比	R^2 数值	R^2 的提升 百分比	RMSE	RMSE 的降低 百分比	R^2 数值	R^2 的提升 百分比	
model 1	21.50	−5.84%	0.941	−0.80%	40.31	37.85%	0.762	12.90%	0.805
model 2	32.70	43.16%	0.865	7.42%	52.14	78.29%	0.601	31.23%	0.716
model 3	41.68	82.50%	0.780	16.48%	49.89	70.61%	0.635	27.39%	0.687
model 4	23.47	2.77%	0.930	0.40%	39.98	36.71%	0.766	12.46%	0.768
model 5	24.32	6.51%	0.925	0.95%	52.21	78.55%	0.600	31.36%	0.714

续表

指标	校准期				验证期				P_G
	RMSE	RMSE的降低百分比	R^2数值	R^2的提升百分比	RMSE	RMSE的降低百分比	R^2数值	R^2的提升百分比	
model 6	19.08	−16.45%	0.954	−2.13%	50.87	73.96%	0.621	29.04%	0.727
model 7	35.31	54.62%	0.842	9.83%	43.94	50.25%	0.717	18.03%	0.722
model 8	40.13	75.72%	0.796	14.76%	37.73	29.02%	0.791	9.53%	0.726
model 9	36.66	60.51%	0.830	11.14%	53.76	83.86%	0.576	34.12%	0.687
model 10	31.48	37.86%	0.875	6.37%	37.94	29.75%	0.789	9.80%	0.754
model 11	39.34	72.26%	0.804	13.91%	55.31	89.13%	0.552	36.94%	0.665
model 12	35.76	56.57%	0.838	10.26%	49.90	70.66%	0.635	27.41%	0.692
model 13	36.27	58.79%	0.833	10.76%	43.81	49.81%	0.719	17.83%	0.745
model 14	24.45	7.07%	0.924	1.03%	45.14	54.37%	0.701	19.82%	0.744
model 15	43.03	88.43%	0.766	18.03%	58.02	98.41%	0.506	42.09%	0.620
model 16	25.00	9.45%	0.921	1.40%	50.18	71.61%	0.631	27.88%	0.739
model 8 +10+ LSTM	22.84	—	0.934	—	29.24	—	0.875	—	0.854
平均	—	39.62%	—	7.49%	—	62.68%	—	24.24%	—

4.6　耦合气象-海洋-陆地数据的径流预报误差校正方法

准确的流域径流预报数据不仅能够为洪涝灾害预防提供参考，还能为水库安全稳定运行提供依据，进而促进流域整体效益最大化。为深入探讨气-海-陆因子在驱动径流变化中的内在规律和机制，本研究基于流域历史径流、气象因子和环流指数数据，提出了 Pearson 相关系数和极限梯度学习树（P-XGBoost）相结合的预报因子降维体系。同时，采用高斯过程回归（GPR）、长短期记忆神经网络

(LSTM)和支持向量机(SVM)智能算法,构建了气-海-陆数据驱动的径流预报模型。最后,针对预报残差提出了基于集合经验模态分解-自回归(EEMD-AR)的误差耦合校正框架。通过对两河口水文站的实例分析发现,本研究提出的预报因子降维体系可显著降低模型输入维度,并评判每个因子的重要度,相较于传统的随机森林(RF)降维方法,表现出更高的预测精度。为避免信息泄露,误差校正时采用滑动窗口-滚动预测策略进行五步预测,可将纳什效率系数(NSE)提高至 0.93 左右,相较于串并联耦合(AR-Parallel)和经验模态分解-自回归(EMD-AR)校正方法分别提高了 4.91% 和 1.97%,在降低模型输入维度的同时,提高流域径流预报精度。

4.6.1　引言

准确可靠的中长期径流预报能够为流域防汛抗旱和水库科学调度提供重要参考,充分发挥水库群的安全和经济效益,进而更好地指导长期生产实践[37-38],然而中长期径流过程形成的物理机制较为复杂,涉及预报因子较多,且预见期较长,径流时变和非平稳性质突出,导致径流形成的规律性特征难以挖掘[39-40]。因此,如何整合多源异构信息,提升中长期径流预报的准确性和可靠性仍然是困扰众多学者的难题。当前常见的径流预报模型有过程驱动模型和数据驱动模型,过程驱动模型探究了降雨径流的内在物理机制和规律,目前在径流预报领域得到了广泛应用[41-42]。但是随着人工智能技术的发展,以数据驱动的径流预报模型已经成为众多学者研究的热点[43-45]。

流域径流过程是多因子共同作用的结果,其中涉及径流、气温、降水、大气环流等诸多要素,若将其全部考虑到建模过程会造成数据冗余,模型复杂,对揭示径流形成客观规律和变化机理作用有限。同时,众多学者研究发现流域降水、径流与大气环流形势、季风指数和不同区域海温异常等遥相关气候因子有着密切联系,水文、气象和气候变量之间存在相互作用和相互影响[46-47]。但是,中长期径流预报方法常以历史径流或气象因子数据作为模型驱动因子,忽略了全球遥相关因子的交互性影响,无法深入解析径流循环物理机制,且对径流预报精度提升作用有限[48-49]。当预报因子不断增加时,模型输入复杂度和过拟合风险急剧上升,因此因子筛选和降维问题是中长期径流预报模型构建的基础性工作,筛选出与径流过程关联程度较高的因子序列对提升模型预报精度意义重大。目前,常见的预报因子筛选方法包括相关系数、灰色关联分析、互信息法、决策树等[50]。决策树能够有效地捕捉特征变量和目标变量之间的非线性关系,同时在处理复杂高维数据、评估特征变量重要性方面表现出色。

预报模型构建是中长期径流预报中的关键一步,也是中长期径流预报中的核心主体部分,预报模型的优劣性和适用性直接决定了预测精度高低和可靠程度强弱。近年来随着计算机技术和智能化算法的进步,以人工智能算法为代表的现代化水文预报体系正逐步建立[51]。深度学习以其强大的非线性映射能力和泛化特性,在挖掘降雨-径流内在机理、剖析径流形成规律上效果显著,在水文预报领域得到了广泛的应用[52-53]。与此同时,由于单一模型的局限性,不能满足不同流域径流预报要求,而组合预报方法能够将不同模型的优点进行耦合,在实际应用中也是研究热点之一[54]。

水文预报模型所求得的径流过程本质上是流量的一种平均状态,其预报误差不可避免,因此对预报结果进行误差实时校正十分必要[55]。误差校正问题是水文预报中的补充性研究,可提升预报精度和可靠性,增强模型适用性和泛化能力。目前,常见的误差校正方法有误差自回归、最小二乘法、串并联耦合和卡尔曼滤波等[54,56-57]。以上误差校正方式是通过对预报残差序列进行预处理、再预测的方式达到降低误差、提高精度的目的。模态分解能处理非平稳非线性信号,识别误差序列中的时变特征,在预报残差预处理方面具有其他方式不可比拟的优势[58-59]。这在一定程度上能够较好地发掘预报残差序列的潜在信息,弱化原始序列的冗余信息,从而提升预报精度[60]。

本研究的创新之处在于将气-海-陆因子集考虑到中长期径流预报模型构建中去,同时提出了 Pearson 相关系数和 XGBoost 相结合的预报因子降维体系,并构建了基于智能学习算法的径流预报模型,最后针对径流预报残差提出了基于 EEMD-AR 的分解-预测-重构误差校正框架。结果证明,本研究所构建的中长期径流预报模型体系和预报误差校正框架在降低模型输入维度、增强径流预报精度方面效果显著,具备较强的应用价值。

4.6.2 研究方法概述

4.6.2.1 预报因子筛选

1. Pearson 相关系数初筛

皮尔逊相关系数常用于描述两个变量 X 和 Y 之间的线性联系的紧密程度,一般用 r 表示,目前广泛应用于水文气象径流预报因子的相关性筛选分析中[61]。在对两个数据序列 $X = (x_1, x_2, \cdots, x_n)$ 和 $Y = (y_1, y_2, \cdots, y_n)$ 进行相关性分析时,其皮尔逊相关系数计算公式如下:

$$r_{xy} = \frac{\sum\limits_{i=1}^{n}(x_i - \overline{x})(y_i - \overline{y})}{\sqrt{\sum\limits_{i=1}^{n}(x_i - \overline{x})^2 \sum\limits_{i=1}^{n}(y_i - \overline{y})^2}} \tag{4-58}$$

式中：$\overline{x} = \dfrac{1}{n}\sum\limits_{i=1}^{n}x_i$ 为数据序列 X 的均值，$\overline{y} = \dfrac{1}{n}\sum\limits_{i=1}^{n}y_i$ 为数据序列 Y 的均值，n 为数据序列长度。

皮尔逊相关系数 r 的范围为 $[-1,1]$，当 $|r|$ 值越接近于 1，表明变量 X 和变量 Y 之间的相关性越强。一般变量间的相关程度与皮尔逊相关系数 r 的范围关系如表 4-15 所示。

表 4-15 皮尔逊相关系数和相关程度

皮尔逊相关系数	相关程度
$|r| > 0.8$	高度相关
$0.6 < |r| \leqslant 0.8$	强相关
$0.4 < |r| \leqslant 0.6$	中等强度相关
$0.2 < |r| \leqslant 0.4$	弱相关
$|r| \leqslant 0.2$	极弱相关

2. 随机森林因子降维

随机森林（Random Forest，RF）算法是由 Leo Breiman 和 Adele Cutler 在 2001 年提出，它利用 Bootstrap 重采样方法从原始训练样本随机抽取多个训练子集，然后对样本进行决策树建模，最后通过多棵决策树投票的方式来达到预测或分类的目的[62]。该方法采用 Boostrap 重采样方式从原训练集中随机抽取构建多个样本集，对每个样本集通过多棵分类回归树算法进行节点分裂决策树建模，若选取的随机特征变量有 n 个特征，则在每棵决策树的节点处随机抽取 mtry 个特征（mtry$\leqslant n$），计算每个特征变量蕴含的信息类，在 mtry 个特征中选择一个分类能力最强的特征进行节点分裂，对每棵决策树采用不剪枝的方式使其最大限度地生长，进而构建完整的随机森林模型。对未被抽取的样本集数据构成袋外数据（Out of Bag，OOB），并以袋外数据误差作为衡量自身性能的标准。图 4-67 给出了采用 Pearson 相关系数和随机森林模型进行预报因子优选的具体流程。

3. 极限梯度学习树

极限梯度增强（XGBoost）是一种基于决策树和增强算法的集成模型，由 Chen 等人[63]在其开创性的工作中首次提出。XGBoost 算法的基本原理是：首先

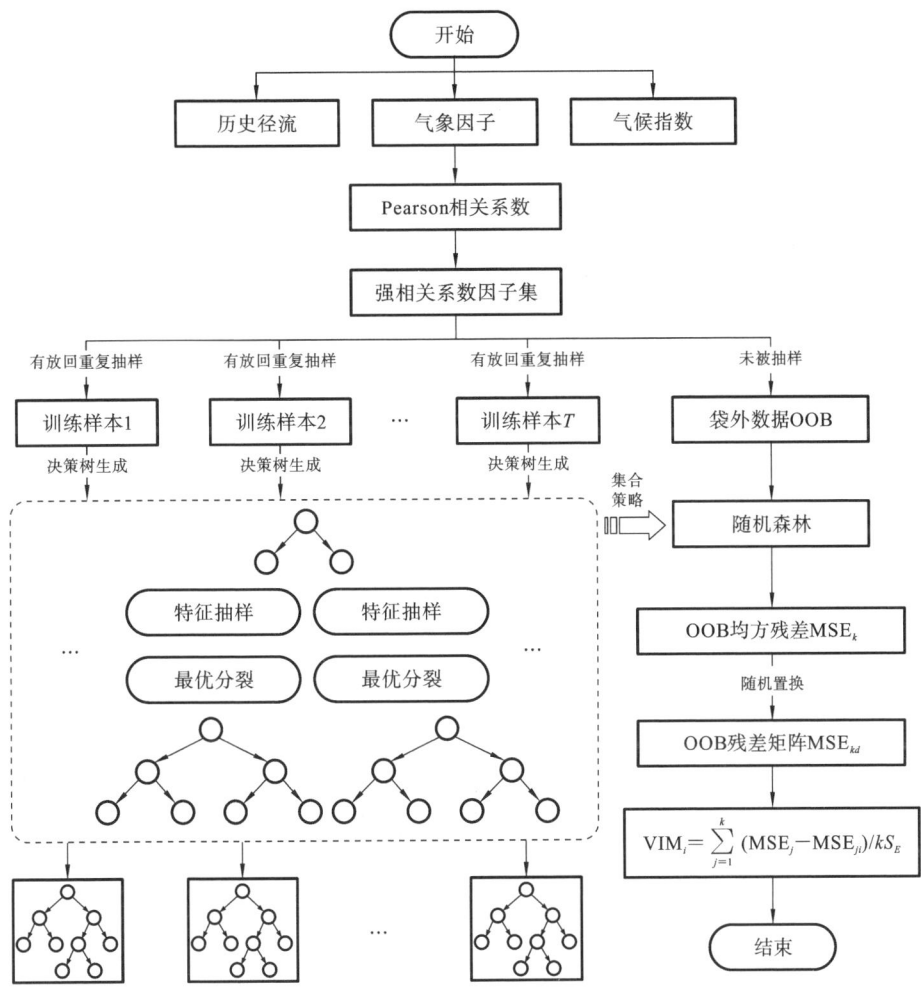

图 4-67　预测器初步筛选降维流程图

基于原始样本创建一个弱学习器,然后根据前一个弱学习器的拟合误差生成新的弱学习器。每个弱学习器是参照每一步的损失函数构造的,最终的强学习器是由所有弱学习器的加权聚合而成[64]。XGBoost 算法的核心创新在于其对传统梯度增强树的优化和增强,将正则化和二阶泰勒展开纳入损失函数"obj",其定义如下[65-67]:

$$\text{obj} = \sum_{i=1}^{m} l(y_i, \hat{y}_i) + \sum_{k=1}^{t} \Omega(f_k) \tag{4-59}$$

$$\hat{y}_i = \sum_{k=1}^{t-1} f_k(x_i) + f_t(x_i) = \hat{y}_i^{(t-1)} + f_t(x_i) \tag{4-60}$$

155

式中: y_i 为实际值; $\hat{y_i}$ 为预测值; l 为损失函数,一般为均方误差、平均相对误差等; m 为第 t 棵树的数据量, t 为当前建立的所有树, f_k 为第 k 棵决策树, Ω 代表模型复杂度。

将式(4-59)代入(4-60)中,并对右边第一项在 $\hat{y_i}^{(t-1)}$ 处进行 2 阶泰勒展开可得

$$\mathrm{obj} = \sum_{i=1}^{m}\left[l(y_i^t, \hat{y_i}^{(t-1)}) + f_t(x_i)g_i + \frac{1}{2}(f_t(x_i))^2 h_i\right] + \sum_{k=1}^{t-1}\Omega(f_k) + \Omega(f_t)$$

(4-61)

而式(4-61)中 $l(y_i^t, \hat{y_i}^{(t-1)})$, $\sum_{k=1}^{t-1}\Omega(f_k)$ 均为常数项,故目标函数转化为

$$\mathrm{obj} = \sum_{i=1}^{m}\left[f_t(x_i)g_i + \frac{1}{2}(f_t(x_i))^2 h_i\right] + \Omega(f_t)$$

(4-62)

$$\Omega(f) = \gamma T + \frac{1}{2}\alpha\sum_{j=1}^{T}|\omega_j| + \frac{1}{2}\lambda\sum_{j=1}^{T}\omega_j^2$$

(4-63)

式中: g_i 和 h_i 分别为 $l(y_i^t, \hat{y_i}^{(t-1)})$ 在 $\hat{y_i}^{(t-1)}$ 处所求的一阶导数和二阶导数,统称为样本的梯度统计量; T 为决策树叶子节点数量; ω_j 叶子节点上的样本权重; γ, α, λ 为模型复杂度参数。

相较于随机森林(RF)构建相互独立的决策树,XGBoost 算法中每一棵决策树是在已有决策树基础上采用最小化损失函数迭代训练产生。此外,其通过列采样技术提高算法效率,并引入正则项限制模型复杂度,均在一定程度上避免模型过拟合。在评估因子重要性方面,XGBoost 算法提供了更为精细的特征重要性度量值,在减少维度和模型复杂度的同时,保持了良好的计算性能。

本小节基于 Pearson 相关系数提取流域强相关因子集,将强相关因子作为 XGBoost 模型的输入,将流域出口断面流量作为输出,构建预报模型的同时评估强相关因子集的重要程度,以此实现输入因子的降维。

4.6.2.2 径流预报模型

1. 高斯过程回归

高斯过程回归(GPR)是 Williamms 和 Rasmussen 于 1996 年提出的一种对数据进行回归分析的非参数数据驱动模型[68-69]。该模型基于贝叶斯概率框架构建,主要包括回归残差和高斯过程先验两部分。与传统回归模型相比,GPR 既能进行确定性预报,也能进行不确定性估计[70]。GPR 在小样本下表现出色,不需要训练大量的数据,即可完成高维度的回归问题,预测准确度和鲁棒性均较好,特别适合流域中长期径流预报的研究。本研究选择高斯核函数用来捕获特征因子与径流之

间的关系。图 4-68 为高斯过程回归原理图。

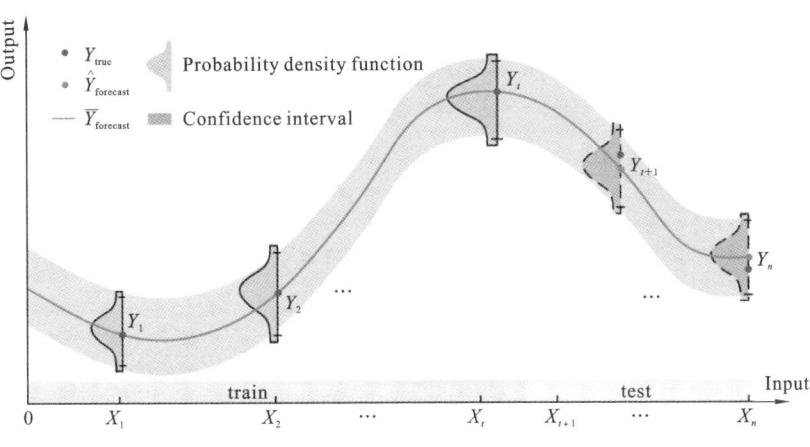

图 4-68　高斯过程回归原理图

2. LSTM 神经网络

长短期记忆神经网络(LSTM)主要由输入门、输出门和遗忘门组成的一种特殊循环神经网络(见图 4-69),具备 RNN 的递归属性,能够有效利用长序列信息,在各个领域均有良好的表现。同时,LSTM 能够捕获和记忆数据序列中的信息,而不易受到梯度消失或梯度爆炸问题的影响,这使得它们在自然语言处理、语音识别和时间序列分析等领域中表现出色[71]。由于 LSTM 特殊的记忆机构和门结构设计,可以灵活地适应学习时序数据中含有的相关性特征,因此被广泛应用于序列模型分析中[72]。

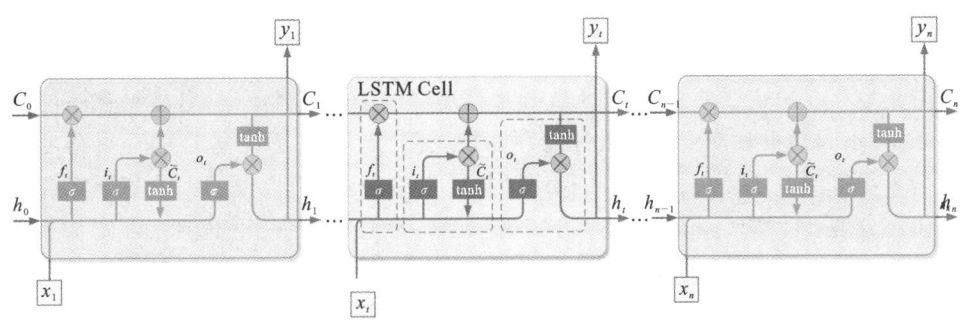

图 4-69　LSTM 神经网络结构图

3. 支持向量机

支持向量机(SVM)在 1995 年由贝尔实验室的 Vapnik 等提出,该方法结合了统计学的 VC 维理论和结构风险最小化的机器学习方法,最早用于解决模式识别问题[73]。它在解决小样本、非线性及高维模式识别中表现出许多特有的优势,可以分析数据、识别模式,用于分类和回归分析,这也使得其在中长期径流预报中占有重要地位[74],且发展前景广阔,其目标函数和约束条件计算如下:

$$\begin{cases} \min\left[\dfrac{1}{2}\parallel\omega\parallel^2 + C\sum\limits_{i=1}^{l}(\xi_i+\xi_i^*)\right] \\ s.t. \begin{cases} y_i - \omega\Phi(x_i) - b \leqslant \varepsilon + \xi_i \\ -y_i + \omega\Phi(x_i) + b \leqslant \varepsilon + \xi_i,\ i=1,2,\cdots,l \\ \xi_i \geqslant 0, \xi_i^* \geqslant 0 \end{cases} \end{cases} \tag{4-64}$$

最终的回归函数为

$$f(x) = \sum_{i=1}^{l}(a_i - a_i^*)K(x_i,x) + b \tag{4-65}$$

式中:$\Phi(x)$ 为非线性映射函数;$\parallel w\parallel^2/2$ 为正则化部分;b 为超平面的偏移量;ξ_i 和 ξ_i^* 为松弛变量;ε 为估计精度;a_i,a_i^* 为二次规划中拉格朗日乘子;$K(x_i,x_j) = \Phi(x_i)\Phi(x_j)$ 为满足 Mercer 条件的核函数,本研究选择径向基核函数作为 SVM 的核函数。

由于径流过程存在较强的时空变化特性,与诸多因子(如降雨、蒸发、土地利用类型等)存在复杂映射关系,SVM 可以捕捉径流数据与特征因子之间的非线性关系,这对于解决实际水文问题中的非线性特质和不确定性因素作用巨大。同时,SVM 能够有效地处理高维数据,具备良好的泛化性能,可以较好地适应验证期数据。

4.6.2.3 误差校正框架

水文预报模型是对流域物理机制进行概化的一种数学方法,因此水文预报不可避免地存在一定误差,且不同水文预报模型建模物理基础不同,各模型在不同地域条件、不同预报时期下的预报性能存在较大差异。单一预报模型的预报精度难以进一步得到有效提高。为提高径流预报模型精度,我们提出了一种基于集合经验模态分解-自回归(EEMD-AR)的"分解-预测-集成"误差校正框架。首先基于各个模型径流预报残差进行 EEMD 模态分解,其次对每个模态分量进行 AR 模型预测,再将各个预测的模态分量进行集成,即可得到经误差修正后的径流预报值。下面具体论述校正预报方法。

1. 集合经验模态分解

1998 年,Wu 等人为研究信号处理方法,提出了经验模态分解算法(EMD)[75]。该方法就是将任意信号中不同尺度的波形或趋势逐级分解出来,产生一系列具有不同特征尺度的数据序列,并将每一个序列作为一个特征模函数分量。相对于傅里叶变换,它的优点在于可以处理非平稳性、非线性信号,将复杂信号分解为余波和一系列模态分量(IMF),最终分解结果[76-77]为

$$x(t) = \sum_{i=1}^{n} \mathrm{im} f_i(t) + c(t), \quad i = 1, 2, \cdots, n \quad (4\text{-}66)$$

式中:t 为时间,n 为模态数,$x(t)$ 为原始信号,$c(t)$ 为剩余分量。$\mathrm{im} f_i(t)$ 是 EMD 分解得到的第 i 个模态分量 IMF。

EMD 分解得到的 IMF 存在模态混叠现象,这会导致不同尺度或频率的信号被混合到同一个 IMF 中,难以识别其特征。为避免模态混叠,Wu 等人提出了一种新型噪声辅助数据分析方法,即集成经验模态分解算法(EEMD)[78],其核心思想是将高斯白噪声加入信号中进行多次 EMD 分解,最后将多次分解的 IMF 总体平均定义为最终的 IMF,从而达到消除加入的白噪声目的,进而有效抑制模态混叠的产生。EEMD 的分解结果如下。

对 EMD 进行 M 次试验,得到所有 IMF 分量及剩余分量计算均值为

$$\bar{x}_i(t) = \sum_{m=1}^{M} \frac{x_{i,m}(t)}{M}, \quad i = 1, 2, \cdots, n \quad (4\text{-}67)$$

$$\bar{c}_n(t) = \sum_{m=1}^{M} \frac{c_{i,m}(t)}{M}, \quad i = 1, 2, \cdots, n \quad (4\text{-}68)$$

式中:M 为 EMD 试验总次数,$\bar{x}_i(t)$ 和 $\bar{c}_n(t)$ 分别为 EEMD 分解得到的第 n 个 IMF 分量和剩余分量。

2. 自回归模型

自回归模型(AR)是统计学中的一种处理时间序列数据的方法,它的基本思想是分析时序数据前后演变情况的统计规律和不同时刻要素本身之间的相关性[79]。在通过 AR 模型进行误差校正时,利用前期预测径流残差数据的模态分量推断当前时刻径流残差值的模态分量,以期达到误差校正的目的。AR 模型结构简单,易于实现,广泛应用于水文径流预测中去,其模型表达式如下[80]:

$$X_t = \varphi_0 + \varphi_1 X_{t-1} + \varphi_2 X_{t-2} + \cdots + \varphi_p X_{t-p} + \varepsilon_t \quad (4\text{-}69)$$

式中:X_t 为时间序列数据;φ_0 为常数项,且 $\varphi_0 \neq 0$;$\varphi_1, \varphi_2, \cdots, \varphi_p$ 为自回归系数;p 为自回归阶数;ε_t 为服从均值为 0,方差为 σ_ε^2 的正态分布白噪声信号。

本研究选择 EEMD 对径流预报残差进行分解得到各个模态分量(IMF),然后采用 AR 分别对各个 IMF 进行再预测,最后将预测后的各模态分量 IMF 进行集成,再将预测后的残差序列与原始预报值结合即可得到经误差修正后的径流预报值,以此达到误差校正的目的。本研究总体流程如图 4-70 所示。

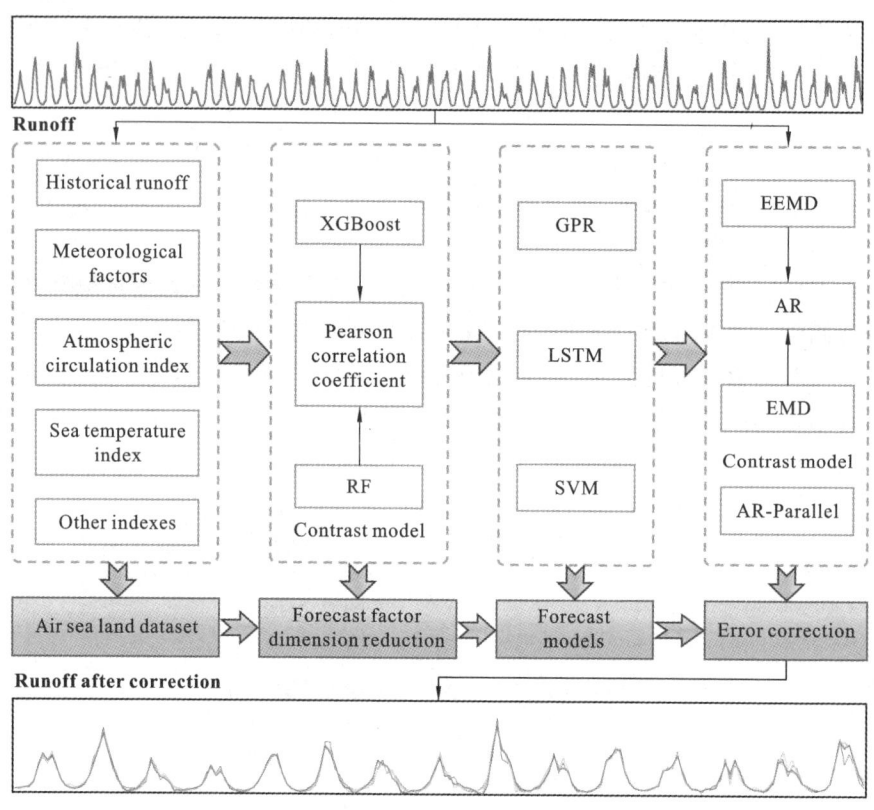

图 4-70 "分解-预测-集成"误差校正框架图

4.6.3 实例验证及结果分析

4.6.3.1 流域概况

本小节以雅砻江流域两河口水文站作为研究对象,对所提模型及方法进行探讨分析。雅砻江流域干流长达 1571 km,天然落差为 3830 m,流域面积达到 13.6 万 km²,多年平均降雨量为 520~2470 mm,由北往南递增,河口多年平均流量为 1930 m³/s,年径流量近 600 亿 m³,占长江上游总水量的 13.3%。雅砻江流域水能资源十分富集,流域水系水量丰沛、落差巨大且集中,干支流蕴藏水能资源丰富,水能资源可开发量为 3461 万 kW,其中干流为 2932 万 kW,占全水系的 85%。图 4-71 为研究区域和站点分布图。

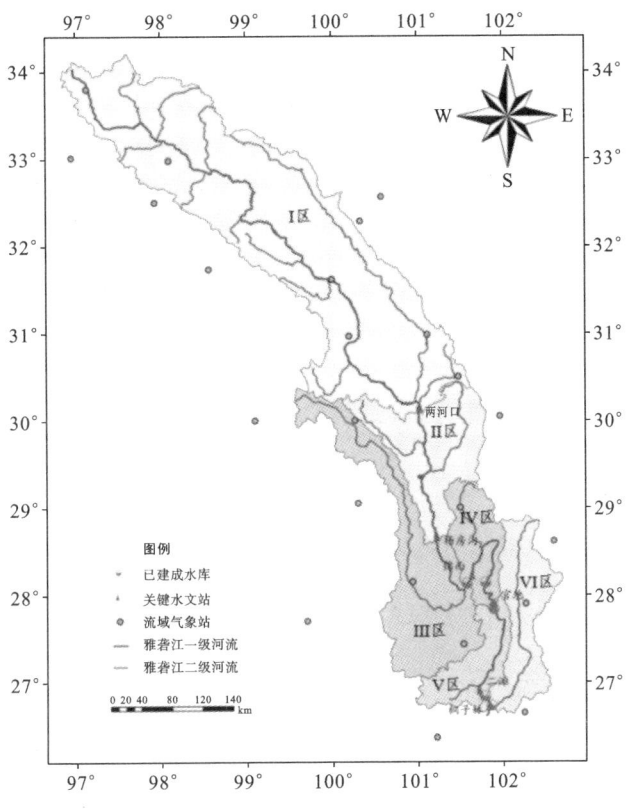

图 4-71 研究区域和站点分布图

4.6.3.2 特征选择

本研究收集整理了两河口水文站点 1958—2018 年月尺度径流数据,中国的 130 项气候指数数据集,以及其控制断面内的 6 个气象站点数据。4 个气象站点数据主要包括平均露点温度、平均降水量、平均站压、平均温度、平均能见度和平均风速,该数据来源于美国国家海洋和大气管理局(NOAA)。130 项气候指数集合主要包括 88 项逐月大气环流指数、26 项逐月海温指数和 16 项逐月其他指数,该数据集来源于中国国家气候中心。基于以上大气-海洋-陆地数据因子集,本研究采用 P-XGBoost 模型进行因子筛选及降维,并将其作为预报模型的输入。

4.6.3.3 对比模型

1. 随机森林

为了验证本节所提出的 P-XGBoost 因子降维方法的适用性和可靠性,仍然选择 Pearson 相关系数获取两河口水文站强相关因子集,采用随机森林(RF)评估因子重要性并实现降维,并将降维后的因子应用于该区间的预报,与 XGBoost 的降维效果进行对比分析。随机森林采用 MATLAB 中的 TreeBagger 函数实现。

2. 经验模态分解

本节将基于经验模态分解与自回归(EMD-AR)的误差校正方式与前面提出的误差校正方式进行对比分析,以验证该误差校正模型在提升径流预测精度方面的优越性。经验模态分解的基本概念和原理在 4.6.2.3 小节中已阐述,以下不再赘述。

3. 串并联耦合校正

径流预报误差校正常使用串并联耦合校正方法进行,本小节同样采用该方法与 EEMD-AR 方法进行对比分析,进一步验证该误差校正方法的可靠性。基于 AR 的串联校正原理已在 4.6.2.3 小节中阐述。并联校正是将多个模型预报结果进行组合,具体计算方法参考吴江等人的研究成果[81]。

多模型并联组合预报的预测值为

$$\hat{F}_t = \sum_{i=1}^{m} \omega_i F_t^i \qquad (4-70)$$

式中:$\sum_{i=1}^{m} \omega_i = 1$,$\omega$ 为模型权重,$\hat{F}_t$ 为 t 时刻下的多模型预报修正值。

将流量实测值与不同模型预测值相减得到残差序列如下:

$$e_t^m = (e_1^m, e_2^m, \cdots, e_n^m) \qquad (4-71)$$

式中:e_t^m 为 m 预报模型下 t 时刻的预报残差值。

为保证多模型径流预报模型下预报误差最小,将其方差期望记为 $E(\hat{F}_t - Q_t)^2$,则模型权重求解问题可转化为线性规划问题。三个径流预报模型下的并联耦合方式的求解问题,转化后的线性规划目标函数为

$$\begin{aligned} \min E(\hat{F}_t - Q_t)^2 &= \min E(\omega_1 F_t^1 + \omega_2 F_t^2 + \omega_3 F_t^3 - Q_t)^2 \\ &= \min E[\omega_1(e_t^1 + Q_t) + \omega_2(e_t^2 + Q_t) + \omega_3(e_t^3 + Q_t) - Q_t]^2 \\ &= \min E(\omega_1 e_t^1 + \omega_2 e_t^2 + \omega_3 e_t^3)^2 \end{aligned} \qquad (4-72)$$

为求得以上线性规划问题,引入拉格朗日乘子 λ,则可得到

$$L(\omega_1, \omega_2, \omega_3, \lambda) = (\omega_1 e_t^1 + \omega_2 e_t^2 + \omega_3 e_t^3)^2 + \lambda(\omega_1 + \omega_2 + \omega_3 - 1) \qquad (4-73)$$

令上式的各个参数偏导为 0 可求得

$$E(e_t^1)^2 = \frac{1}{n}\sum_{i=1}^{n}(e_i^1)^2, \quad E(e_t^2)^2 = \frac{1}{n}\sum_{i=1}^{n}(e_i^2)^2, \quad E(e_t^3)^2 = \frac{1}{n}\sum_{i=1}^{n}(e_i^3)^2,$$

$$E(e_t^1 e_t^2) = \frac{1}{n}\sum_{i=1}^{n}(e_i^1 e_i^2), \quad E(e_t^1 e_t^3) = \frac{1}{n}\sum_{i=1}^{n}(e_i^1 e_i^3), \quad E(e_t^2 e_t^3) = \frac{1}{n}\sum_{i=1}^{n}(e_i^2 e_i^3)$$

3. 评价指标

本研究采用纳什系数(NSE)、均方根误差(RMSE)、平均绝对误差百分比(MAPE)和洪量相对误差(VRE)四种评价指标来评估模型的预测性能,评价指标计算方式如下:

$$NSE = 1 - \frac{\sum_{i=1}^{n}(Q_i - \hat{Q})^2}{\sum_{i=1}^{n}(Q_i - \overline{Q})^2} \tag{4-74}$$

$$RMSE = \sqrt{\frac{1}{n}\sum_{i=1}^{n}(Q_i - \hat{Q}_i)^2} \tag{4-75}$$

$$MAPE = \frac{1}{n}\sum_{i=1}^{n}\left|\frac{Q_i - \hat{Q}_i}{Q_i}\right| \times 100\% \tag{4-76}$$

$$VRE = \frac{\left|\sum_{i=1}^{n}(Q_i - \hat{Q})\right|}{\sum_{i=1}^{n}Q_i} \tag{4-77}$$

式中:Q_i 为水文要素实测值,$\hat{Q}_i$ 为水文要素预报值,n 为预报序列数据长度,$\overline{Q}_i$ 为水文要素实测值在预报序列长度内的平均值。

一般来说,NSE 反映了洪水预报过程与水文要素实测值和模拟值之间的拟合程度,NSE 值越大,表明预报值与实测值拟合程度越高。RMSE 反映了洪水预报过程中水文要素实测值和模拟值之间的偏离程度,RMSE 值越小,表明预报值和实测值偏差程度越小。MAPE 反映了洪水预报过程中水文要素实测值和预测值之间的准确度。VRE 反映了洪水预报过程中水文要素实测总量和预报总量的偏差程度。

4.6.4　结果分析

4.6.4.1　预报因子初筛降维

本小节对两河口水文站 1958—2018 年的月尺度历史径流数据、气象因子和环流指数数据进行 Pearson 相关系数分析,得到强相关因子集。首先将 15 个历史平均流量(T-1Q～T-15Q)、2 个历史同期流量(YEAR-1Q、YEAR-2Q)、6 个历史同期气象数据(MF1～MF6)和 130 项环流指数(大气环流指数表示为 AI1～AI88;海温指数表示为 SI1～SI26;其他指数表示为 OI1～OI16)共计 153 维因子作为待选预报因子,通过计算当前流量 Q 与待选因子集的相关系数可得到 51 个强相关预报因子集。历史流量、气象数据与当前流量 Q 的相关系数热力图和雷达图如图 4-72 所示。

	Q	T-1Q	T-2Q	T-3Q	T-4Q	T-5Q	T-6Q	T-7Q	T-8Q	T-9Q	T-10Q	T-11Q	T-12Q	T-13Q	T-14Q	T-15Q	YEAR-1Q	YEAR-2Q
Q	1	0.72	0.37	0.01	0.35	0.58	0.65	0.58	0.37	0.03	0.32	0.6	0.75	0.6	0.32	0.02	0.77	0.75
T-1Q	0.72	1	0.72	0.37	0	0.35	0.58	0.65	0.58	0.37	0.03	0.33	0.6	0.75	0.6	0.32	0.62	0.6
T-2Q	0.37	0.72	1	0.72	0.37	0	0.36	0.58	0.65	0.58	0.37	0.03	0.33	0.6	0.75	0.6	0.33	0.32
T-3Q	0.01	0.37	0.72	1	0.72	0.37	0	0.35	0.58	0.65	0.58	0.37	0.03	0.33	0.6	0.75	0.03	0.04
T-4Q	0.35	0	0.37	0.72	1	0.72	0.37	0.01	0.35	0.58	0.65	0.58	0.37	0.03	0.32	0.6	0.37	0.38
T-5Q	0.58	0.35	0	0.37	0.72	1	0.72	0.37	0.01	0.35	0.58	0.65	0.58	0.37	0.03	0.32	0.58	0.59
T-6Q	0.65	0.58	0.36	0	0.37	0.72	1	0.72	0.37	0.01	0.35	0.58	0.65	0.58	0.37	0.04	0.66	0.66
T-7Q	0.58	0.65	0.58	0.35	0.01	0.38	0.72	1	0.72	0.37	0	0.36	0.58	0.65	0.58	0.37	0.59	0.59
T-8Q	0.37	0.58	0.65	0.58	0.35	0.01	0.37	0.72	1	0.72	0.37	0	0.36	0.58	0.65	0.58	0.37	0.37
T-9Q	0.03	0.37	0.58	0.65	0.58	0.35	0.01	0.37	0.72	1	0.72	0.37	0	0.36	0.58	0.65	0.03	0.04
T-10Q	0.32	0.03	0.37	0.58	0.65	0.58	0.35	0	0.37	0.72	1	0.72	0.37	0	0.36	0.58	0.32	0.32
T-11Q	0.6	0.33	0.03	0.37	0.58	0.65	0.58	0.36	0	0.37	0.72	1	0.72	0.37	0	0.35	0.6	0.61
T-12Q	0.75	0.6	0.33	0.03	0.37	0.58	0.65	0.58	0.36	0	0.37	0.72	1	0.72	0.37	0	0.75	0.76
T-13Q	0.6	0.75	0.6	0.33	0.03	0.37	0.58	0.65	0.58	0.36	0	0.37	0.72	1	0.72	0.38	0.6	0.62
T-14Q	0.32	0.6	0.75	0.6	0.32	0.03	0.37	0.58	0.65	0.58	0.36	0	0.37	0.72	1	0.72	0.32	0.33
T-15Q	0.02	0.32	0.6	0.75	0.6	0.32	0.04	0.37	0.58	0.65	0.58	0.35	0	0.38	0.72	1	0.04	0.03
YEAR-1Q	0.77	0.62	0.33	0.03	0.37	0.58	0.66	0.59	0.37	0.03	0.32	0.6	0.75	0.6	0.32	0.04	1	0.75
YEAR-2Q	0.75	0.6	0.32	0.04	0.38	0.59	0.66	0.59	0.37	0.04	0.32	0.61	0.76	0.62	0.33	0.03	0.75	1

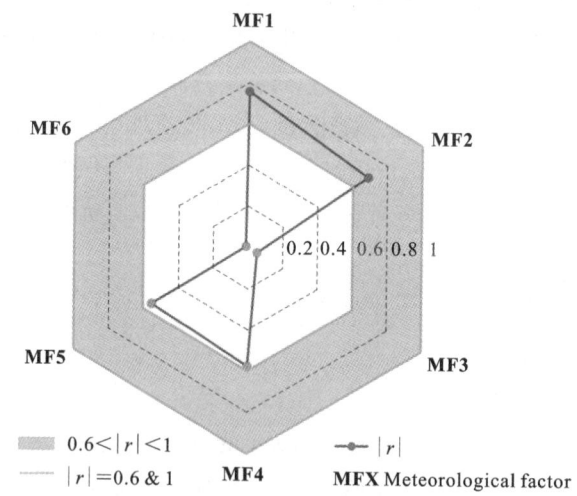

$0.6 < |r| < 1$ $|r|$
$|r| = 0.6 \, \& \, 1$ MFX Meteorological factor

图 4-72   历史径流的热图和雷达图以及气象因素的相关系数

为避免模型输入维数过多而造成模型复杂、数据冗余、训练较慢的问题,需要对模型输入进行降维。本研究将经过 Pearson 相关系数得到的 51 个强相关预报因子集作为 XGBoost 和 RF 的特征变量,同时划分训练集和检验集,进而得到各个特征变量的重要度评价值。强相关因子集经 XGBoost 和 RF 降维后,为评价其降维因子在预测模型中的实际效果,本研究将不同维度的因子作为 GPR、LSTM 和 SVM 三个预测模型的输入,并以纳什系数(NSE)和均方根误差(RMSE)评价其因子降维效果。

表 4-16 展示了输入维度为 5、10、15 和 20 下三种预测模型的评价指标均值 NSE_Avg 和 RMSE_Avg。不同输入维度下 P-RF 和 P-XGBoost 降维因子的训练期评价指标基本一致,但是检验期下 P-XGBoost 预测指标明显优于 P-RF,这表明 P-RF 降维得到的预报因子冗余信息较多,影响了模型的泛化性能。图 4-73 给出了输入维度为 5~20 的三种预测模型评价指标的平均值 NSE_Avg 和 RMSE_Avg,评价指标表现与表 4-16 基本一致,进一步验证了 P-XGBoost 在因子降维方面的可靠性和优越性。

表 4-16 不同输入维度下模型预测因子的平均值

降维模型	输入维度	训练		测试	
		NSE_Avg	RMSE_Avg	NSE_Avg	RMSE_Avg
P-RF	5	0.8073	242.8073	0.7654	287.0528
	10	0.8399	221.4203	0.7745	282.3252
	15	0.8660	201.8434	0.7711	283.9124
	20	0.8742	194.2543	0.7542	293.3370
P-XGBoost	5	0.7888	254.5150	0.7834	276.0861
	10	0.8514	213.0526	0.8819	203.6050
	15	0.8655	202.7208	0.8705	212.8260
	20	0.8850	187.3559	0.8574	223.4335

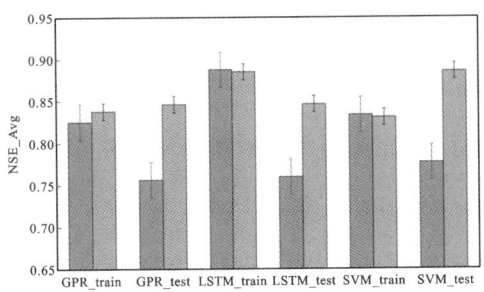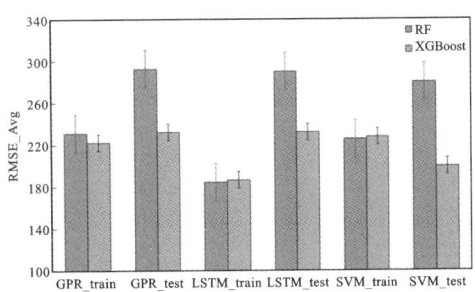

图 4-73 5 至 20 个输入维度的模型预测值的平均值

虽然 P-XGBoost 降维得到的预报因子检验期评价指标相较于 P-RF 更优,但是随着输入维度的增加,训练期 NSE 不断增大,检验期 NSE 先增大后减小,模型过拟合的风险不断上升。为此,需要选择合适的预报模型输入维度,降低冗余信息对预测模型的影响。图 4-74 给出了不同输入维度、不同预报模型对应的 NSE 和 RMSE 参数,直观展示不同维度下模型预报评价指标,以此作为判断模型输入维度的依据。

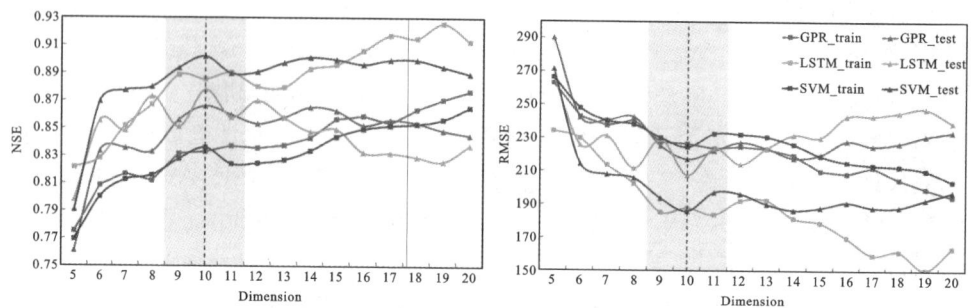

图 4-74　不同模型输入维度下的预测性能指标

由图 4-74 可知,当模型输入维度由 5 增大到 20 时,各个预报模型训练期 NSE 逐渐增大,RMSE 也逐渐减小,但是检验期 NSE 呈现先增大后减小的趋势,这是模型输入维度过多导致的过拟合现象,该现象表现为训练期模型精度高、检验期模型精度低的特点。尤其当预报模型为 LSTM 时,高维输入下过拟合表现更为显著。同时可知,模型输入维度在 9~11 内较为适宜,通常认为 NSE 越高且 RMSE 越小的情况下,模型泛化性能和可靠程度就越高,最终确定模型的输入维度为 10,降维后的预报因子如表 4-17 所示。

表 4-17　两河口水文站最终预报因子

因子编号	代表意义
T-1Q	1 个月前流量
YEAR-2Q	两年前同期流量
T-12Q	12 个月前流量
T-6Q	6 个月前流量
T-11Q	11 个月前流量
MF2	面平均降水量(英寸)
AI28	东太平洋副高脊线位置指数
MF1	面平均露点温度
AI65	西藏高原-1 指数
AI24	北非副高脊线位置指数

4.6.4.2　SHAP 可解释结果

本研究基于 SHAP 可解释性框架,对表 4-17 中 XGBoost 输入的 10 个特征因子进行全局及局部解释。图 4-75 是排名前 10 的 SHAP 特征值。每个特征的 SHAP 值的绝对值的平均值作为评价该特征的重要性,它表示每个特征对目标输出的影响程度。由图可知,AI24 对模型的预测贡献度最大,其次为 T-1Q、T-6Q 和 MF1。这些特征的 SHAP 值越大,对目标输出的正向影响越大,反之亦然。

图 4-76 为排名前 10 的特征。该图不仅直观呈现了各特征的贡献度及其正负向作用,而且通过颜色表达了特征值的相对强度。其中,红色(接近 High 端)象征高值,蓝色(接近 Low 端)则代表低值。每一行代表一个特征,横坐标 SHAP 值表示该特征的平均影响力大小。由图可知,AI24、T-1Q 与 SHAP 值表现出明显的正相关性,T-6Q 对表现出明显的负相关性。AI24 和 T-1Q 的值越大,代表对于模型的输出的正向影响就越大。这表明这两个特征在模型中起核心主导作用。

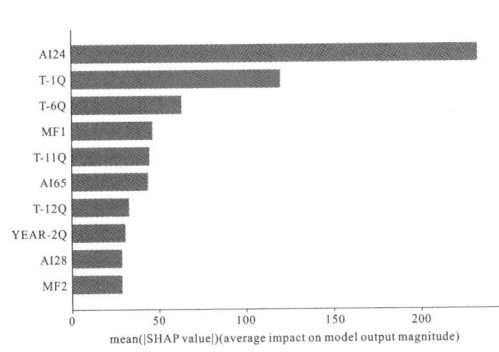

图 4-75　排名前 10 的 SHAP 特征值　　　　图 4-76　排名前 10 的特征值分析

为了进一步理解特征的交互效应,图 4-77(a)~(h)展示了双特征的相互依赖图。它展示了特征间复杂的相互作用及对预测模型的边际影响。图中横坐标为特征取值范围,左侧纵轴为 SHAP 值,右轴表示另一特征值的相对大小。它可以揭示目标和特征之间简单的线性、单调或是更复杂的关系。图 4-77(a)和(b)表明 AI24、T-1Q 与目标输出之间为近似正比例关系。然而,T-6Q、AI65、MF1 与目标输出表现出更为复杂的相关关系。与此同时,MF1 与 MF2 呈现弱正相关性,表明两者在促进模型预测值提升方面可能存在协同效应。类似地,其他子图中的特征呈现多样化的正比例或反比例关系,在一定程度上反映特征与目标输出之间的非线性关系。

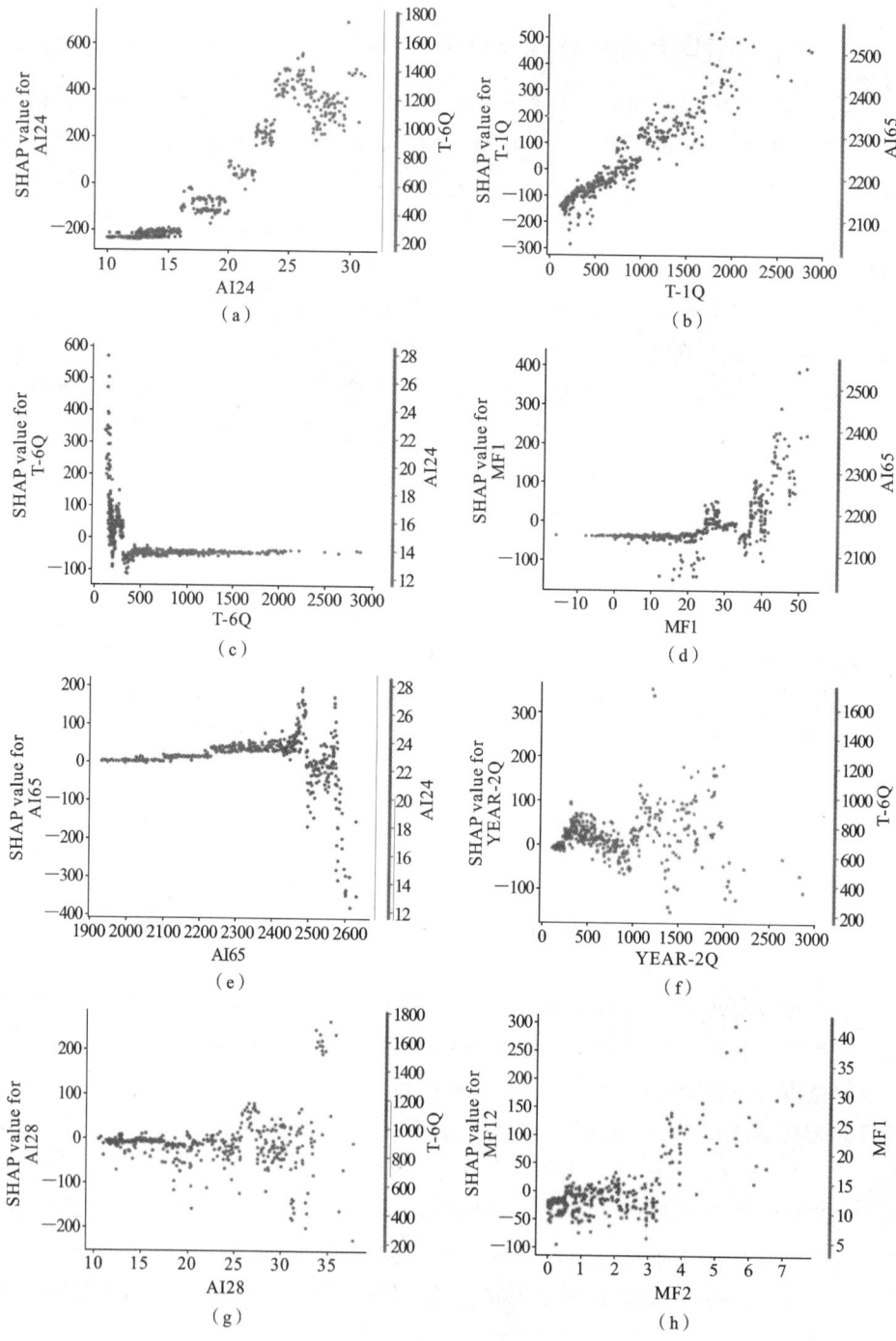

图 4-77　双变量依赖图

4.6.4.3　径流预报结果分析

结合预报因子优选结果,研究工作以两河口水文站 1961—2003 年的数据作为模型校准期,2004—2018 年数据作为验证期,来验证所建立模型的预报效果,同时得到两河口水文站在不同时期、不同模型下的纳什系数(NSE)、均方根误差(RMSE)、平均绝对误差百分比(MAPE)和洪量相对误差(VRE)四种评价指标,如表 4-18 所示。

表 4-18　两河口水文站模型预测指标

模型	时期	NSE	RMSE/(m^3/s)	MAPE	VRE
GPR	校准期	0.8401	221.8275	0.1827	0.0020
	验证期	0.8639	219.0395	0.1925	0.0194
LSTM	校准期	0.8821	190.4653	0.1684	0.0008
	验证期	0.8788	206.6302	0.1800	0.0516
SVM	校准期	0.8360	224.6407	0.1703	0.0238
	验证期	0.9019	185.9592	0.1469	0.0150

由表 4-18 可知,各模型校准期和验证期的 NSE 均在 0.83 以上,验证期预报精度均较高,模型 SVM 中验证期的 NSE 甚至可达 0.9,预报结果进一步验证了基于 XGBoost 因子降维算法在雅砻江流域中长期水文模型构建方面的优越性。由预报效果可知,LSTM 在该流域的适用性更强,其次为 GPR 和 SVM。图 4-78 为两河

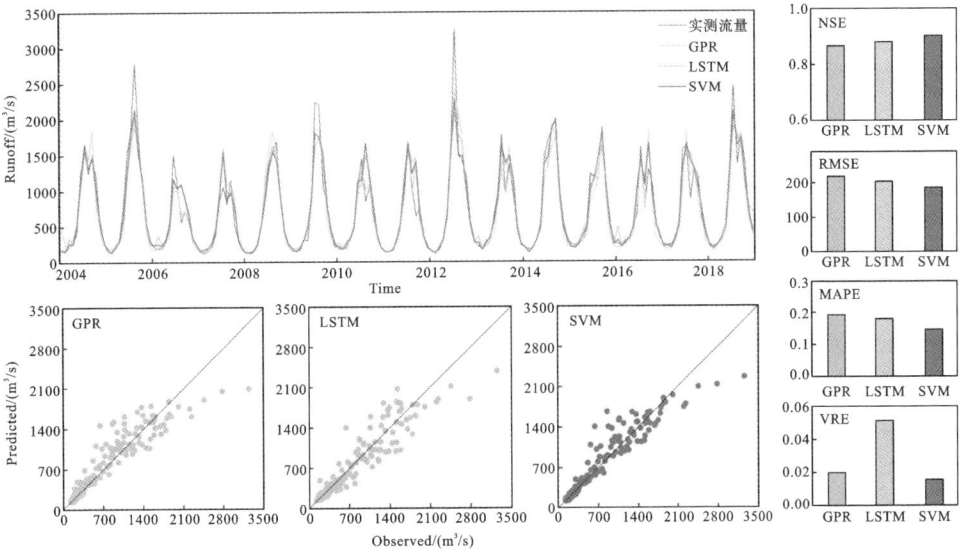

图 4-78　两河口水文站测试期预报模拟图

口水文站测试期间预报模拟图。

4.6.4.4 误差耦合校正分析

为了避免 EMD 和 EEMD 的分解策略导致的信息泄露风险,研究工作采用滑动窗口,多步预测的方式对模态分解量进行预测。在实际误差校正过程中,模型训练期和检验期不做区分,但是为了与原始模型下预报精度进行对比分析,本节将预报模型训练划分训练期和检验期,采用 AR 模型分别针对训练期和检验期预报残差进行五步滚动预测,最终得到误差校正后的径流预报值,如图 4-79 所示。

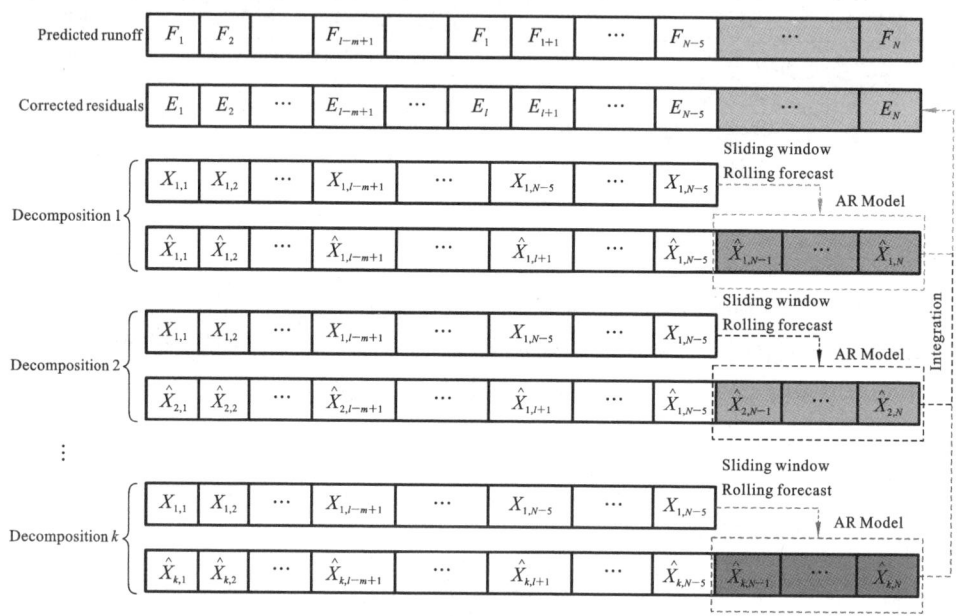

图 4-79 误差校正五步滚动预测图

根据两河口水文站 1958—2018 年径流实测值和预报值可得到其残差序列,并通过集合经验模态分解方法对预报残差序列进行模态分解。以 SVM 为例,训练期和检验期预报残差经 EEMD 模态分解后的结果如图 4-80 所示。模态分解残差项振幅最大,走势平缓,易于寻找其规律性。低频分量 IMF1～IMF4 的规律性好,周期性明显,高频分量存在明显的波动性,这部分分量是残差序列快速变化的部分。

我们通过 EEMD 对径流预报残差进行分解-预报-集成,并与传统的串并联耦合校正方法(AR-Parallel)和 EMD-AR 分解方法进行对比分析,以验证该误差校正方法的优越性。由表 4-19 可知,AR-Parallel 校正方法将径流预报 NSE 提高至

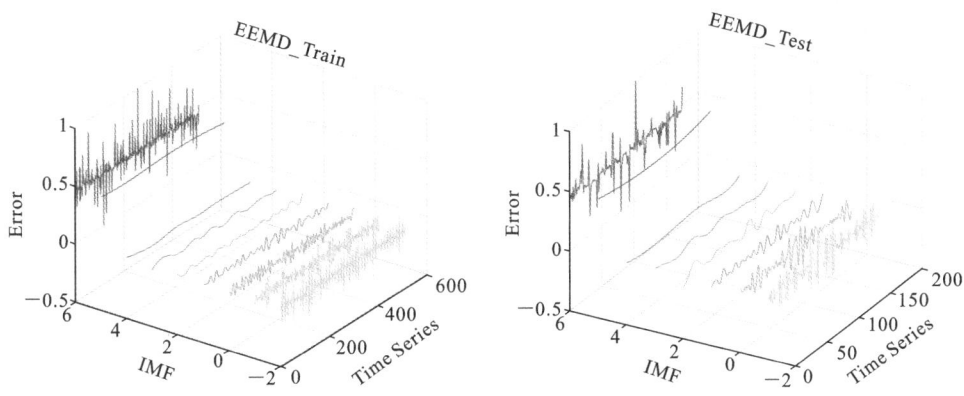

图 4-80 SVM 预测残差 EEMD 分解图

$0.88\sim0.9$, RMSE 降低至 $180\ \mathrm{m^3/s}$ 左右, 误差校正后区间整体径流预报精度有一定提高。EMD-AR 误差校正方式将各模型径流预报 NSE 提高至 0.91 左右, RMSE 降低至 $161\sim179\ \mathrm{m^3/s}$ 的区间内。EEMD-AR 误差校正方式将各模型径流预报 NSE 提高至 0.93 左右, RMSE 降低至 $141\sim179\ \mathrm{m^3/s}$ 区间内, 相较于 EMD-AR 和 AR-Parallel, 该误差校正方法的提升效果最为显著。

表 4-19 两河口误差耦合校正后评价指标计算结果

模型		时期	NSE	RMSE/$(\mathrm{m^3/s})$	MAPE	VRE
XGB-AR-Parallel		校准期	0.8897	184.2522	0.1893	0.0010
		验证期	0.9097	179.7694	0.1980	0.0095
XGB-EMD-AR	GPR	校准期	0.9129	163.6946	0.2159	0.0015
		验证期	0.9102	179.3287	0.2045	0.0227
	LSTM	校准期	0.9146	162.1017	0.2292	0.0055
		验证期	0.9119	177.5609	0.2076	0.0106
	SVM	校准期	0.9154	161.3682	0.2206	0.0123
		验证期	0.9270	161.7048	0.1938	0.0084
XGB-EEMD-AR	GPR	校准期	0.9324	144.2592	0.1936	0.0053
		验证期	0.9260	162.7381	0.2068	0.0088
	LSTM	校准期	0.9346	141.8625	0.1994	0.0042
		验证期	0.9355	151.9424	0.1718	0.0132
	SVM	校准期	0.9335	143.0586	0.1915	0.0050
		验证期	0.9380	148.9807	0.1938	0.0004

图 4-81 为两河口水文站检验期预报模拟图。

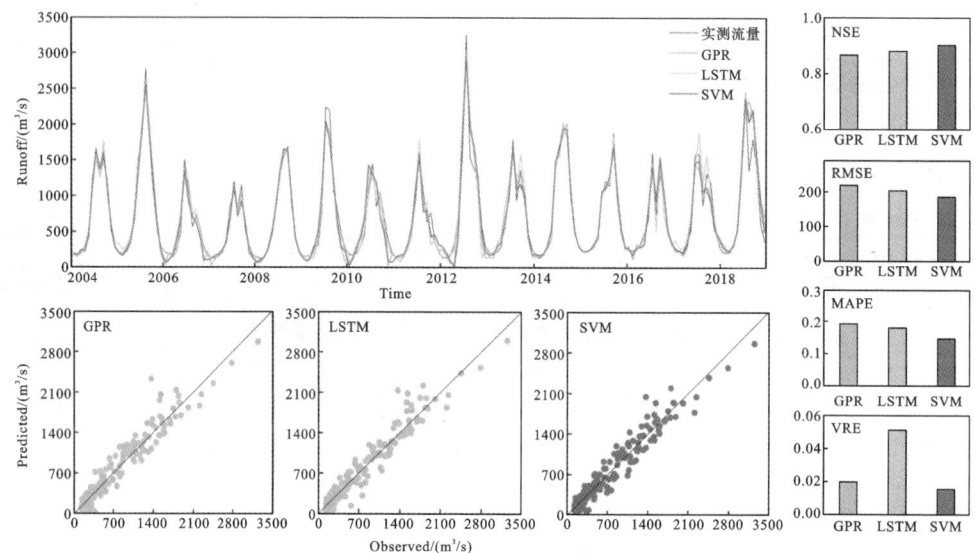

图 4-81   基于 EEMD-AR 误差校正的两河口水文站检验期预报模拟图

结合图 4-81 可知,经 EEMD-AR 误差修正后,各模型预报精度显著提高,不同模型对于洪峰的拟合程度相较于误差校正前更高,能够精准反映汛期洪峰趋势。结合预报评价指标可以看出,误差校正后 SVM 模型预报效果最佳,其次是 LSTM 和 GPR。图 4-82 为误差校正前后的 NSE 和 RMSE 指标。

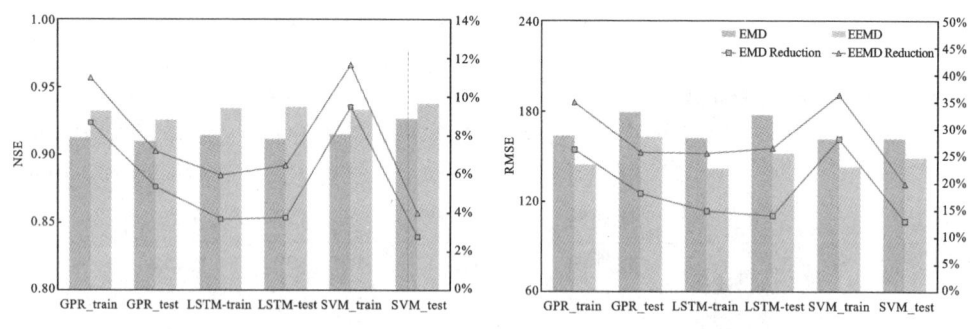

图 4-82   误差校正前后的 NSE 和 RMSE 指标

经误差校正后,模型检验期和训练期精度均有一定程度提高,且相比于 EMD-AR 误差校正方法,EEMD-AR 对于预报精度的提升更为显著。从各模型来看,训练期提升效果最为明显的是 SVM 模型,NSE 相较于误差校正前提升了 11.66%,

RMSE 降低了 36.32%,这主要是由于 SVM 训练期预报模型精度较低导致的。LSTM 模型检验期 NSE 相较于误差校正前提升了 5.95%,RMSE 降低了 25.52%,主要是 LSTM 模型预报精度较高,因此提升效果有限。

为了探究滚动修正步长对误差校正效果的影响,本研究将滚动修正步长范围设定在 5 至 15 之间。同时,对三种预测模型(P-XGB-GPR、P-XGB-LSTM、P-XGB-SVM)在不同步长下的性能进行了深入分析。表 4-20 展示了不同滚动修正步长下三种预测模型(P-XGB-GPR、P-XGB-LSTM、P-XGB-SVM)的 NSE 和 RMSE 均值。图 4-83 展示了不同滚动修正步长下模型校准期和验证期的 NSE 和 RMSE 变化趋势。结果表明,随着滚动修正步长的增加,模型预报精度整体呈下降趋势。然而,不同模型之间的稳定性存在差异,部分模型在步长增加时,其预测准确度呈现出上升态势。这一现象揭示了滚动修正步长对模型性能影响的复杂特性。

表 4-20　不同滚动修正步长下三种预测模型的 NSE 和 RMSE 均值

步长	校准期		验证期	
	NSE 平均值	RMSE 平均值	NSE 平均值	RMSE 平均值
5	0.9323	144.3149	0.9347	152.6974
6	0.9307	146.0116	0.9403	146.1141
7	0.9305	146.1835	0.9402	146.2999
8	0.9291	147.666	0.9396	146.9577
9	0.9264	150.5175	0.9375	149.5221
10	0.9276	149.197	0.9358	151.4929
11	0.9248	152.0643	0.935	152.5159
12	0.9248	151.9818	0.9323	155.5986
13	0.9242	152.6211	0.9183	170.9201
14	0.9246	152.1918	0.9207	168.4416
15	0.9242	152.6769	0.9174	171.8768

本研究所构建的预报因子降维方法、径流预报模型和误差校正框架能较好地适应雅砻江流域的特点,提升预报精度的同时也增强了模型的泛化能力。但是径流预报结果经 EEMD-AR 误差校正后,汛期洪峰的拟合度虽然有明显提升,但是枯水期精度却降低。这主要是由于 EEMD 分解残差序列得到的高频模态分量的波形变化较为剧烈,振幅较小,高频分量包含了残差序列中快速变化的部分,这些变化可能受到噪声或随机性的影响,规律性不太明显。同时滑动窗口,五步滚动预

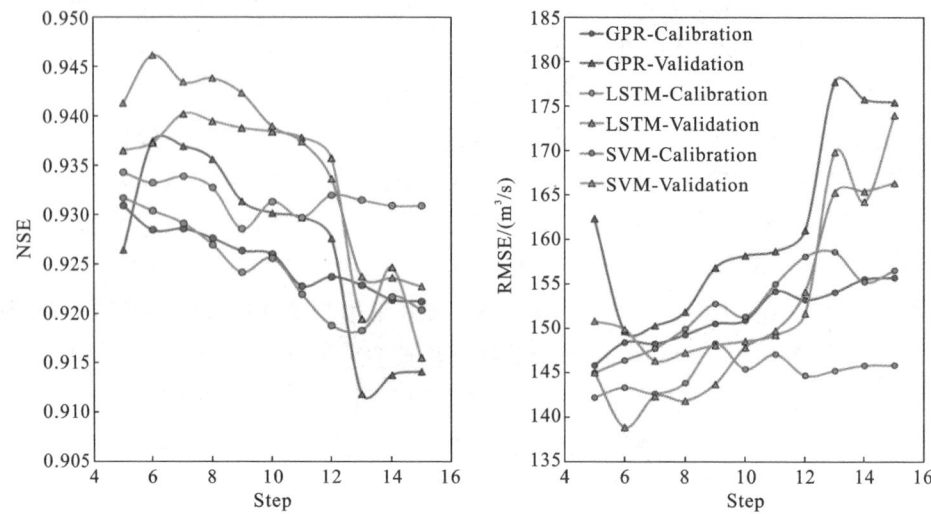

图 4-83　不同滚动修正步长下模型校准期和验证期的 NSE 和 RMSE

测虽然能够避免信息泄露,但是随着预测步长的增加,预测精度逐渐下降,也影响最终的预报校正效果。

4.6.5　结论

本节以雅砻江流域两河口水文站为研究对象,以其 1958—2018 年历史径流数据、气象因子和环流指数数据为支撑,提出了 Pearson 相关系数初筛和极限梯度学习树相结合的因子优选体系,利用高斯回归、LSTM 神经网络和支持向量机智能学习算法构建预报模型,同时针对预报残差提出了基于 EEMD-AR 的误差耦合校正方法,结果表明:

(1) 研究工作提出的 Pearson 相关系数和 XGBoost 的预报因子降维体系能够较好地降低模型输入维度,减少数据冗余,并得到每个预报因子的重要度评价值,给预报模型构建提供研究支撑。

(2) 气-海-陆数据驱动的中长期径流预报模型能够较为全面地考虑多源异构数据下流域水文情势。各模型在枯水期的预报效果均优于汛期洪峰,检验期 NSE 可达到 0.86 以上。总体来看,LSTM 在雅砻江流域的适用性更强,SVM 和 GPR 次之。

(3) 针对径流预报残差,研究工作所构建的 EEMD-AR 的误差校正方法相比于 EMD-AR 和 AR-Parallel 校正方法具有更强的预报误差校正效果,可将径流预报 NSE 提高至 0.93 左右,RMSE 降低 20% 以上,显著提高了径流预报精度。

本研究仍然有继续深入探讨的方向,未来可进一步研究改进。例如,误差校正后的预报结果局部值可能没有单一模型优秀,未来本研究考虑改进模态分解方法,使其适用于自然状态下的径流分解,以降低其高频分量波动的影响。同时探讨多模型组合预报方式,进一步提升预报精度。本研究虽然仅在两河口水文站中验证了径流预报效果,但是却能够为水库入库径流及其他水文站自然径流预报中提供创新性方案,应用价值潜力巨大。

4.7　小　　结

（1）围绕乏资料地区暴雨洪水预报,提出了融合多源空间数据的模型构建方法。通过将新安江模型参数划分为 8 类,并基于地形湿度指数、土壤含水量等数据对模型参数进行物理机制分析,构建了元流域相似性分析方法。采用动态时间规整和感知哈希等技术,对流域特征进行相似性计算,有效刻画了流域的精细化产汇流特征。同时,基于元流域相似的降雨径流预报方法,利用参照流域模型参数为乏资料流域提供优选参数,并通过 SCE-UA 算法优化校准,实现了对流域径流的准确模拟。实验结果表明,该方法在多数流域中能够取得较好的预报效果,且参数优化后的模型性能优于传统方法。

（2）探讨了基于高空间分辨率降水数据的径流预报方法。以长江上游及嘉陵江流域为例,分析了卫星降水产品（IMERG、TMPA、CHIRPS）在流域径流预报中的应用。通过构建包含流域特征、降水数据等多源信息的时空深度学习降雨径流模型（SDLRR）,利用 ConvLSTM 和 LSTM 模块分别提取降水数据的空间和时间特征,有效提高了径流预报精度。实验结果表明,利用 IMERG 数据的 SDLRR 模型在径流预报中表现出色,与传统模型相比,大幅提升了预报准确性,且在极端洪水事件的预报中具有明显优势。同时,研究还分析了卫星降水产品估计的一致性和不确定性,为提高径流预报精度提供了新的思路和方法。

（3）提出了一种物理机制和深度学习双模驱动的洪水预报模型,旨在提高流域径流预报的准确性。以概念性水文模型 GR4J 为骨干,利用 LSTM 神经网络替代其核心汇流模块,并基于 XGBoost-SHAP 构建特征评估及解释框架。通过在 CAMELS 数据集上的测试,表明该混合模型在径流预报中表现出色,与传统 GR4J 模型相比,NSE 系数和 RMSE 等指标均有显著提升。同时,XGBoost-SHAP 框架为模型提供了可解释性,揭示了 GR4J 产流量模块对混合模型输出的重要贡献。本研究融合了传统水文模型的物理机制与现代机器学习技术的优势,为水文预测提供了一种可解释的降雨径流混合模型框架,为洪水预报提供了更精准的决策支持。

(4)提出了一种基于图神经网络和长短期记忆网络的径流预测方法,旨在综合流域内时空特征并提高径流预测的准确性。首先,通过确定对流域径流有影响的流域属性特征,并结合图神经网络中节点的不规则特点对赣江流域进行子流域划分,构建联合流域时空特征的径流预测建模流程。然后,详细阐述了基于图神经网络和长短期记忆网络的设计思路和整体流程,包含模型的具体结构和参数。最后,通过构建该模型所需的子流域邻接矩阵训练模型,得到径流预测结果,并与对比模型进行比较分析。结果表明,该模型在各个站点的 NSE 等指标上均优于其他模型,能够获取径流高精度和高可靠性的预测结果,为流域水资源管理和防洪减灾提供了有力的技术支持。

(5)提出了耦合多物理机制模型和深度学习的建模框架,用于优选和组合预测性能较好的模型。通过搜集流域的降水、蒸发、径流量等观测数据,构建 16 个具有物理机制的水文预报模型,并采用 SCE-UA 算法优化率定模型参数。设定性能指标阈值,剔除性能较差的模型,得到多个候选模型。然后,按照校验期指标排序,依次将模型加入组合中,以各模型的输出作为 LSTM 的输入,得到多模型组合预测结果。通过计算分组预测性能度量 P_G,优选出最佳的模型组合方案。实验结果表明,多模型组合预测性能优于单一模型,且所提模型组合方案在校准期和验证期均表现出较好的稳定性和预测精度,为提高水文预报模型的准确性和可靠性提供了有效的方法。

(6)以雅砻江流域两河口水文站为研究对象,提出了耦合气象-海洋-陆地数据的径流预报误差校正方法。首先,采用 Pearson 相关系数和 XGBoost 相结合的预报因子降维体系,筛选出与径流过程关联程度较高的因子序列,有效降低了模型输入维度。然后,利用高斯过程回归、LSTM 神经网络和支持向量机智能学习算法构建气-海-陆数据驱动的径流预报模型。最后,针对径流预报残差,提出了基于集合经验模态分解-自回归(EEMD-AR)的误差耦合校正框架。结果表明,所构建的中长期径流预报模型体系和预报误差校正框架在降低模型输入维度的同时,显著提高了径流预报精度,为水库入库径流及其他水文站自然径流预报提供了创新性方案,具有较强的应用价值。

参 考 文 献

[1] Guo J, Liu Y, Zou Q, et al. Study on optimization and combination strategy of multiple daily

runoff prediction models coupled with physical mechanism and LSTM[J]. Journal of Hydrology, 2023, 624:129969.

[2] Xu D, Li Z, Wang W. An ensemble model for monthly runoff prediction using least squares support vector machine based on variational modal decomposition with dung beetle optimization algorithm and error correction strategy[J]. Journal of Hydrology, 2024, 629:130558.

[3] Fu T, Liu J, Gao H, et al. Surface and subsurface runoff generation processes and their influencing factors on a hillslope in northern China[J]. Science of the Total Environment, 2024, 906:167372.

[4] He N, Guo W, Lan J, et al. The impact of human activities and climate change on the eco-hydrological processes in the Yangtze River basin[J]. Journal of Hydrology: Regional Studies, 2024, 53:101753.

[5] He S, Chen K, Liu Z, et al. Exploring the impacts of climate change and human activities on future runoff variations at the seasonal scale[J]. Journal of Hydrology, 2023, 619:129382.

[6] Lian Y, Sun M, Wang J, et al. Quantitative impacts of climate change and human activities on the runoff evolution process in the Yanhe River Basin[J]. Physics and Chemistry of the Earth, Parts A/B/C, 2021, 122:102998.

[7] Yu C, Hu D, Shao H, et al. Runoff simulation driven by multi-source satellite data based on hydrological mechanism algorithm and deep learning network[J]. Journal of Hydrology: Regional Studies, 2024, 52:101720.

[8] Bhasme P, Bhatia U. Improving the interpretability and predictive power of hydrological models: Applications for daily streamflow in managed and unmanaged catchments[J]. Journal of Hydrology, 2024, 628:130421.

[9] Li B, Sun T, Tian F, et al. Enhancing process-based hydrological models with embedded neural networks: A hybrid approach[J]. Journal of Hydrology, 2023, 625:130107.

[10] Nearing G S, Kratzert F, Sampson A K, et al. What Role Does Hydrological Science Play in the Age of Machine Learning? [J]. Water Resources Research, 2020, 57.

[11] Tripathy K P, Mishra A K. Deep learning in hydrology and water resources disciplines: concepts, methods, applications, and research directions[J]. Journal of Hydrology, 2024, 628:130458.

[12] Lin K, Chen H, Zhou Y, et al. Exploring a similarity search-based data-driven framework for multi-step-ahead flood forecasting [J]. Science of the Total Environment, 2023, 891: 164494.

[13] Zhang C, Sheng Z, Zhang C, et al. Multi-lead-time short-term runoff forecasting based on Ensemble Attention Temporal Convolutional Network[J]. Expert Systems with Applications, 2024, 243:122935.

[14] Zhou Y, Cui Z, Lin K, et al. Short-term flood probability density forecasting using a conceptual hydrological model with machine learning techniques[J]. Journal of Hydrology,

2022，604：127255.

[15] Kapoor A，Pathiraja S，Marshall L，et al. DeepGR4J：A deep learning hybridization approach for conceptual rainfall-runoff modelling[J]. Environmental Modelling & Software，2023，169：105831.

[16] Li B，Sun T，Tian F，et al. Enhancing process-based hydrological models with embedded neural networks：A hybrid approach[J]. Journal of Hydrology，2023，625(B).

[17] Wang Y，Wang W，Ma Z，et al. A deep learning approach based on physical constraints for predicting soil moisture in unsaturated zones[J]. Water Resources Research，2023，59(11)：e2023WR035194.

[18] Madhushani C，Dananjaya K，Ekanayake I U，et al. Modeling streamflow in non-gauged watersheds with sparse data considering physiographic，dynamic climate，and anthropogenic factors using explainable soft computing techniques[J]. Journal of Hydrology，2024，631：130846.

[19] Wang S，Peng H，Hu Q，et al. Analysis of runoff generation driving factors based on hydrological model and interpretable machine learning method[J]. Journal of Hydrology：Regional Studies，2022，42：101139.

[20] Wang S，Peng H. Multiple spatio-temporal scale runoff forecasting and driving mechanism exploration by K-means optimized XGBoost and SHAP[J]. Journal of Hydrology，2024，630：130650.

[21] Perrin C. Vers une amélioration d'un modèle global pluie-débit au travers d'une approche comparative[D]. Grenoble：INPG，2000.

[22] Perrin C，Michel C，Andréassian V. Improvement of a parsimonious model for streamflow simulation[J]. Journal of Hydrology，2003，279(1)：275-289.

[23] Niazkar M，Menapace A，Brentan B，et al. Applications of XGBoost in water resources engineering：A systematic literature review (Dec 2018—May 2023)[J]. Environmental Modelling & Software，2024，174：105971.

[24] Lundberg S M，Lee S. A Unified Approach to Interpreting Model Predictions[C]//Advances in Neural Information Processing Systems，2017.

[25] Guo X，Gui X，Xiong H，et al. Critical role of climate factors for groundwater potential mapping in arid regions：Insights from random forest，XGBoost，and LightGBM algorithms[J]. Journal of Hydrology，2023，621：129599.

[26] Sun L，Zhang X，Xiao P，et al. Fusing daily snow water equivalent from 1980 to 2020 in China using a spatiotemporal XGBoost model[J]. Journal of Hydrology，2024，632：130876.

[27] Gupta A，Gowda S，Tiwari A，et al. XGBoost-SHAP framework for asphalt pavement condition evaluation[J]. Construction and Building Materials，2024，426：136182.

[28] Bacanin N，Perisic M，Jovanovic G，et al. The explainable potential of coupling hybridized metaheuristics，XGBoost，and SHAP in revealing toluene behavior in the atmosphere[J].

Science of the Total Environment，2024，929:172195.

[29] Nash J E, Sutcliffe J V. River flow forecasting through conceptual models part I—A discussion of principles[J]. Journal of Hydrology, 1970, 10(3):282-290.

[30] Gupta H V, Kling H, Yilmaz K K, et al. Decomposition of the mean squared error and NSE performance criteria: Implications for improving hydrological modelling[J]. Journal of Hydrology, 2009, 377(1):80-91.

[31] Liu D. A rational performance criterion for hydrological model[J]. Journal of Hydrology, 2020, 590:125488.

[32] Addor N, Newman A J, Mizukami N, et al. The CAMELS data set: catchment attributes and meteorology for large-sample studies[J]. Hydrology and Earth System Sciences, 2017, 21(10):5293-5313.

[33] Newman A J, Clark M P, Sampson K, et al. Development of a large-sample watershed-scale hydrometeorological data set for the contiguous USA: data set characteristics and assessment of regional variability in hydrologic model performance[J]. Hydrology and Earth System Sciences, 2015, 19(1):209-223.

[34] Shen H, Tolson B A, Mai J. Time to update the split-sample approach in hydrological model calibration[J]. Water Resources Research, 2022, 58(3).

[35] Duan Q, Sorooshian S, Gupta V. Effective and efficient global optimization for conceptual rainfall-runoff models[J]. Water Resources Research, 1992, 28(4):1015-1031.

[36] Qi W, Zhang C, Fu G, et al. Quantifying dynamic sensitivity of optimization algorithm parameters to improve hydrological model calibration[J]. Journal of Hydrology, 2016, 533:213-223.

[37] Feng Z, Niu W, Tang Z, et al. Monthly runoff time series prediction by variational mode decomposition and support vector machine based on quantum-behaved particle swarm optimization[J]. Journal of Hydrology, 2020, 583:124627.

[38] Xu Z, Mo L, Zhou J, et al. Stepwise decomposition-integration-prediction framework for runoff forecasting considering boundary correction[J]. Science of the Total Environment, 2022, 851:158342.

[39] Guo J, Liu Y, Zou Q, et al. Study on optimization and combination strategy of multiple daily runoff prediction models coupled with physical mechanism and LSTM[J]. Journal of Hydrology, 2023, 624:129969.

[40] Karimi S, Shiri J, Kisi O, et al. Short-term and long-term streamflow prediction by using 'wavelet-gene expression' programming approach[J]. ISH Journal of Hydraulic Engineering, 2016, 22(2):148-162.

[41] Lin K, Chen H, Zhou Y, et al. Exploring a similarity search-based data-driven framework for multi-step-ahead flood forecasting [J]. Science of the Total Environment, 2023, 891:164494.

[42] Yuan X，Chen C，Lei X，et al. Monthly runoff forecasting based on LSTM-ALO model [J]. Stochastic Environmental Research and Risk Assessment，2018，32(8)：2199-2212.

[43] Moosavi V，Fard G Z，Vafakhah M. Which one is more important in daily runoff forecasting using data driven models：Input data，model type，preprocessing or data length？ [J]. Journal of Hydrology，2022，606：127429.

[44] Wang H，Qin H，Liu G，et al. A novel feature attention mechanism for improving the accuracy and robustness of runoff forecasting[J]. Journal of Hydrology，2023，618：129200.

[45] Zhang J，Yan H. A long short-term components neural network model with data augmentation for daily runoff forecasting[J]. Journal of Hydrology，2023，617：128853.

[46] Fang W，Zhou J，Jia B，et al. Study on the evolution law of performance of mid-to long-term streamflow forecasting based on data-driven models[J]. Sustainable Cities and Society，2023，88：104277.

[47] Ruiz J E，Cordery I，Sharma A. Forecasting streamflows in Australia using the tropical Indo-Pacific thermocline as predictor[J]. Journal of Hydrology，2007，341(3)：156-164.

[48] Yang H，Zhang Z，Liu X，et al. Monthly-scale hydro-climatic forecasting and climate change impact evaluation based on a novel DCNN-Transformer network[J]. Environmental Research，2023，236：116821.

[49] Yao Z，Wang Z，Wang D，et al. An ensemble CNN-LSTM and GRU adaptive weighting model based improved sparrow search algorithm for predicting runoff using historical meteorological and runoff data as input[J]. Journal of Hydrology，2023，625：129977.

[50] Lian Y，Luo J，Wang J，et al. Climate-driven Model Based on Long Short-Term Memory and Bayesian Optimization for Multi-day-ahead Daily Streamflow Forecasting[J]. Water Resources Management，2022，36(1)：21-37.

[51] Mo R，Xu B，Zhong P，et al. Long-term probabilistic streamflow forecast model with "inputs-structure-parameters" hierarchical optimization framework[J]. Journal of Hydrology，2023，622：129736.

[52] Tan Q，Lei X，Wang X，et al. An adaptive middle and long-term runoff forecast model using EEMD-ANN hybrid approach[J]. Journal of Hydrology，2018，567：767-780.

[53] Zhang J，Chen X，Khan A，et al. Daily runoff forecasting by deep recursive neural network [J]. Journal of Hydrology，2021，596：126067.

[54] Chen L，Zhang Y，Zhou J，et al. Real-time error correction method combined with combination flood forecasting technique for improving the accuracy of flood forecasting[J]. Journal of Hydrology，2015，521：157-169.

[55] Han H，Morrison R R. Improved runoff forecasting performance through error predictions using a deep-learning approach[J]. Journal of Hydrology，2022，608：127653.

[56] Song Y，Wang H. Real-time adjustment way of reservoir schedule forecasting projects based on improved variable oblivion factor least square arithmetic coupling Kalman filters

[J]. Energy Reports，2022，8：555-562.

[57] Wu S，Lien H，Chang C，et al. Real-time correction of water stage forecast during rainstorm events using combination of forecast errors[J]. Stochastic Environmental Research and Risk Assessment，2012，26(4)：519-531.

[58] Rezaie-Balf M，Kim S，Fallah H，et al. Daily river flow forecasting using ensemble empirical mode decomposition based heuristic regression models：Application on the perennial rivers in Iran and South Korea[J]. Journal of Hydrology，2019，572：470-485.

[59] Ali M，Prasad R，Xiang Y，et al. Complete ensemble empirical mode decomposition hybridized with random forest and kernel ridge regression model for monthly rainfall forecasts[J]. Journal of Hydrology，2020，584：124647.

[60] Chen S，Ren M，Sun W. Combining two-stage decomposition based machine learning methods for annual runoff forecasting[J]. Journal of Hydrology，2021，603：126945.

[61] Akbarian M，Saghafian B，Golian S. Monthly streamflow forecasting by machine learning methods using dynamic weather prediction model outputs over Iran[J]. Journal of Hydrology，2023，620：129480.

[62] Massari C，Pellet V，Tramblay Y，et al. On the relation between antecedent basin conditions and runoff coefficient for European floods [J]. Journal of Hydrology，2023，625：130012.

[63] Chen T，Guestrin C. XGBoost：A Scalable Tree Boosting System[C]//KDD '16，New York，NY，USA，2016.

[64] Dong J，Zeng W，Wu L，et al. Enhancing short-term forecasting of daily precipitation using numerical weather prediction bias correcting with XGBoost in different regions of China[J]. Engineering Applications of Artificial Intelligence，2023，117：105579.

[65] Bentéjac C，Csörgő A，Martínez-Muñoz G. A comparative analysis of gradient boosting algorithms[J]. Artificial Intelligence Review，2021，54(3)：1937-1967.

[66] Osman I A，Ahmed A N，Chow M F，et al. Extreme gradient boosting (Xgboost) model to predict the groundwater levels in Selangor Malaysia[J]. Ain Shams Engineering Journal，2021，12(2)：1545-1556.

[67] Qiu Y，Zhou J，Khandelwal M，et al. Performance evaluation of hybrid WOA-XGBoost，GWO-XGBoost and BO-XGBoost models to predict blast-induced ground vibration[J]. Engineering with Computers，2022，38(5)：4145-4162.

[68] Rasmussen C E. Gaussian processes in machine learning[M]. Berlin：Springer，2003.

[69] Williams C，Rasmussen C. Gaussian processes for regression[C]//Proceedings of the 9th International Conference on Neural Information Processing Systems，1995：514-520 .

[70] Sun A Y，Wang D，Xu X. Monthly streamflow forecasting using Gaussian Process Regression[J]. Journal of Hydrology，2014，511：72-81.

[71] Hochreiter S，Schmidhuber J. Long short-term memory[J]. Neural Computation，1997，9

(8)：1735-1780.

[72] Greff K，Srivastava R K，Koutník J，et al. LSTM：A search space odyssey[J]. IEEE Transactions On Neural Networks and Learning Systems，2016，28(10)：2222-2232.

[73] Vapnik V. The nature of statistical learning theory[M]. Heidelberg：Springer science & business media，1999.

[74] Tang X，Hong H，Shu Y，et al. Urban waterlogging susceptibility assessment based on a PSO-SVM method using a novel repeatedly random sampling idea to select negative samples [J]. Journal of Hydrology，2019，576：583-595.

[75] Huang N，Shen Z，Long S,et al. The empirical mode decomposition and the Hilbert spectrum for nonlinear and non-stationary time series analysis[C]//Proceedings of the Royal Society of London. Series A：Mathematical，Physical and Engineering Sciences，1998，454：903-995.

[76] Jin H，Zhong R，Liu M,et al. Using EEMD mode decomposition in combination with machine learning models to improve the accuracy of monthly sea level predictions in the coastal area of China[J]. Dynamics of Atmospheres and Oceans，2023，102：101370.

[77] Yan Y，Wang X，Ren F,et al. Wind speed prediction using a hybrid model of EEMD and LSTM considering seasonal features[J]. Energy Reports，2022，8：8965-8980.

[78] Wu Z，Huang N. Ensemble Empirical Mode Decomposition：a Noise-Assisted Data Analysis Method[J]. Advances in Data Science and Adaptive Analysis，2009，1：1-41.

[79] Hasebe M，Hino M，Hoshi K. Flood forecasting by the filter separation AR method and comparison with modeling efficiencies by some rainfall-runoff models[J]. Journal of Hydrology，1989，110(1)：107-136.

[80] Malakoutian M M A，Samaei S Y，Khaksar M,et al. A prediction of future flows of ephemeral rivers by using stochastic modeling (AR autoregressive modeling)[J]. Sustainable Operations and Computers，2022，3：330-335.

[81] Wu J，Zhou J，Chen L,et al. Coupling Forecast Methods of Multiple Rainfall-Runoff Models for Improving the Precision of Hydrological Forecasting[J]. Water Resources Management，2015，29(14)：5091-5108.

第5章

乏资料地区径流区间预报
模型和不确定性分析方法

5.1　单目标与多目标的区间预测方法

人类活动和气候变化加剧了极端天气事件如暴雨和洪水的频次,这使得径流预测中的不确定性特征难以精确量化。为此,流域上下边界估计法(LUBE)已成为量化不确定性的重要手段,并在诸多场景得到了广泛应用。然而,传统的区间预报评价体系仅依赖覆盖率和宽度指标,在单目标优化方法中表现一般,限制了 LUBE 方法的大规模应用。基于此,本研究创新性提出了区间拟合系数(PIFC),并结合区间覆盖率(PICP)和归一化平均宽度指标(PINAW),首次构建了基于覆盖宽度拟合的准则 CWFC,拓宽和完善了区间预报评价维度体系。进一步,本研究构建了基于随机权重粒子群算法(RWPSO)和基于参考点的非支配遗传算法(NSGA-Ⅲ)的单目标和多目标 LUBE 区间预报模型。雅砻江流域梯级电站的验证结果表明,引入 PIFC 后,单目标区间预报模型的计算效率和预报效果均有提升。在 CWFC 目标函数下,预报区间的 PINAW 和 PIFC 指标明显更优,PICP 差距较小。在多目标条件下(PICP、PINAW 和 PIFC),Pareto 非劣解集可为决策者提供更多选择。汛期,PICP 可达 93% 以上,PINAW 控制在 10% 以下,PIFC 可达 0.95 以上。这充分证明了引入 PIFC 后区间预报性能有了显著提升,研究成果可为流域区间预报提供新的途径。

5.1.1 引言

洪水是最常见的自然灾害之一[1],准确可靠的洪水预报是保障人类生命财产安全和维护社会稳定发展的关键。在传统的确定性洪水预报研究中,由于水文要素的时变性、非平稳性等复杂特性,洪水过程的准确预测非常困难[2]。输入数据误差和模型参数结构等的不确定性影响均会导致洪水预报结果与实测值存在偏差,预报模型的准确性和可靠性偏低。另外,受到全球气候变暖和人类活动的影响,流域水文系统径流特性趋于复杂,径流过程非线性增强,洪水预报难度增加。因此,探寻合适的洪水不确定性预报方法,对流域防洪减灾、科学调度和水资源合理配置等工作意义重大。

随着流域水资源管理以及水电站安全经济运行对径流预报的精度要求不断提高,传统的点预报方法越来越难以满足实际需求。在此背景下,径流概率区间预报方法逐渐引起水文学家的重视。概率区间预报方法不仅可直观地给出径流预报结果的变化范围,还可给出预报结果落在预测区间(PI)上下界范围内的概率。洪水概率预报或区间预报是一种既能反映流域未来径流变化过程,又能表征径流不确定性的一种重要的径流预报方法。流域区间预报可给出不同置信区间下预报变量的上下边界,以此表征径流预报的不确定性。常见的区间预报方法主要包括 Delta法、贝叶斯法、Bayesian 法、Bootstrap 法、上下边界估计法(LUBE)和广义似然不确定性估计方法(GLUE)等,目前在电力工业、水文气象和自动控制等领域得到了广泛应用[3-8]。这些径流概率区间预报方法的优点是能产生一定置信水平下的概率预报区间。然而,在水文区间预报方面存在诸多限制条件,使其无法被大规模地推广和利用。Delta 法需要误差是齐次且服从正态分布,而水文预报误差往往无法满足这一假定[9];Bootstrap 法计算量大,耗费时间长,且严重依赖数据样本分布;Bayesian法和贝叶斯法需要对模型参数进行主观的先验概率分布假设;GLUE 法似然函数与临界值的选取完全依赖于主观经验。另外,传统水文区间预报方法大多在确定性预报结果的基础上给出径流的预报区间,不能快速直接地给出径流的概率预报区间。这种方式难以适应水电站安全经济运行及水资源管理的实际需求。

上下边界估计法(LUBE)是由 Khosravi 等[10]于 2011 年提出。该方法以双输出人工神经网络(ANN)为主体,区间覆盖率-宽度综合评价指标(CWC)最小化为目标,得到了两个输出结果分别作为区间的上下边界,即 PI。相比于 Delta 分析、Bootstrap 重抽样、Bayesian 法、贝叶斯法、GLUE 法等区间预测方法,LUBE 模型在区间质量构建以及区间构造效率上均具有显著的优势,吸引了众多学者对其进行研究。该方法简单高效,不需要假设数据误差的概率分布,也无需进行复杂求导和矩阵运算。LUBE 法在不同领域和多种应用场景中都表现出了优越的性能和适用性,显然具有巨大的研究和开发潜力,目前广泛应用于水文气象[11-12]、风速功率[13-14]、工业生产[15]等区间预测中,均取得了较好的区间预测效果。

LUBE 法在使用 ANN 作为主体结构进行区间预报时,众多科研人员通过创新优化算法和技术手段,以增强区间预测模型的准确性和稳定性。Sarveswararao 等[16]采用非支配排序遗传算法(NSGA-II),非支配排序粒子群优化算法(NSPSO)和基于分解的多目标进化算法(MOEA-D)构建二阶段和三阶段区间预报模型。他所提出的模型在试验集上的综合性能要优于 LUBE+GD 和 LUBE+LSTM,具有一定启发性。Tian 等[17]利用鲸鱼优化算法(WOA)优化 ANN 模型参数。与其他优化算法相比,WOA-ANN 模型表现出更高的稳定性,覆盖率可达 98%。Li 等[18]基于 NSGA-II 算法提出了一种基于拐点的 LUBE 方法(K-LUBE),用于预测风速。K-LUBE 很好地平衡了区间覆盖率和宽度,能够为用户提供更好的 PI。在优化 LUBE 区间预报模型时,需要根据数据特性和研究需求合理选择适合的优化算法,确保模型的可靠性和精确性。

流域区间预报中,区间覆盖率和区间宽度作为核心评价指标,已在该领域得到广泛应用。众多科研工作者针对区间预报指标体系进行了深入探究与改进工作,致力于提升区间预报的精准度及可靠性。在以往的研究中,Khosravi 等[10]于 2011 年提出了一种预报区间归一化平均宽度指标(PINAW)用于评估区间预报宽度。Quan 等[19-20]和 Ye 等[21]分别于 2014 年和 2016 年针对原始的区间预报宽度指标,提出了两种不同的宽度指标,分别是预报区间归一化均方根宽度指标(PINRW)和预报区间平均相对宽度指标(PIARW),并给出了相应的两种不同的覆盖率和宽度综合指标,进一步丰富了区间预报指标体系。Zhang 等[22]于 2015 年引入实测值相对于预报区间对称性指标,同时提出了区间覆盖率-宽度-对称性的综合评价指标 CWSC(Coverage Width Symmetry-based Criterion),最后将单目标 LUBE 区间预报扩展到多目标框架。尽管当前区间预报的指标体系已趋于成熟,但仍存在一些水文学领域的适用性问题。例如,现有体系无法衡量流量区间预报中值和观测值的偏离程度往往会导致区间中值偏离观测值,进而加剧整体预报误差的累积效应。

5.1.2　理论与方法

本章的研究框架如图 5-1 所示。首先,我们介绍了区间评价指标体系,并创新性地提出了区间拟合系数(PIFC)和综合评价指标 CWFC,丰富并拓展了区间预报指标参数体系。同时,我们了构建单目标和多目标区间预报模型,比较分析本模型的最终预测效果。

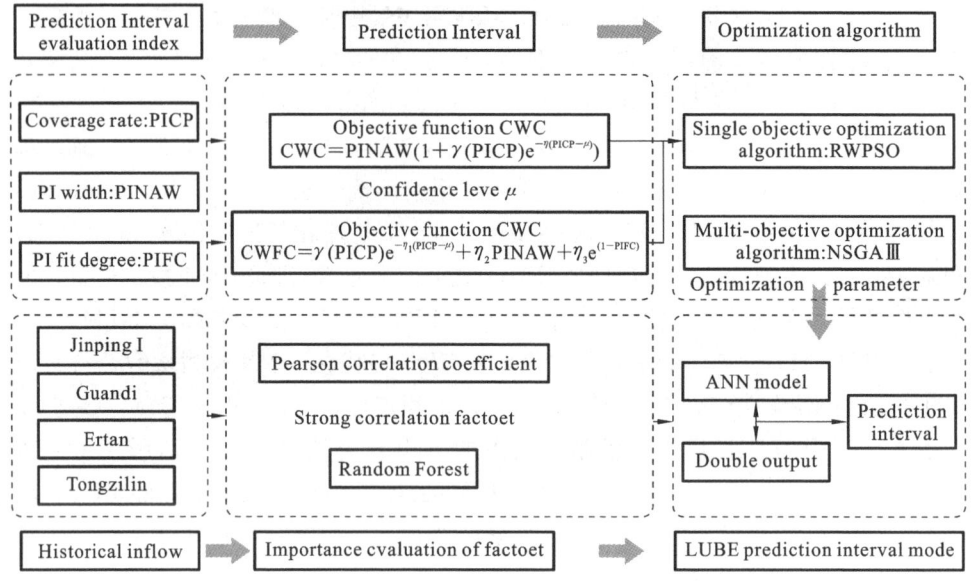

图 5-1　LUBE 单目标和多目标区间预测流程图

5.1.2.1　区间预报评价指标

1. 区间覆盖率指标

预报区间覆盖率（PICP）是评估区间预报值覆盖程度和可靠程度的关键指标。PICP 值实际反映实测数据在预报区间中的概率，其范围为 $0\sim100\%$。PICP 值越大，表示预报区间对实测值的覆盖程度越高，区间预报越可靠，其计算表达式为

$$\text{PICP} = \frac{1}{n}\Big(\sum_{i=1}^{n}c_i\Big)\times100\% \tag{5-1}$$

$$c_i=\begin{cases}1, & y_i\in[L_i,U_i]\\ 0, & y_i\notin[L_i,U_i]\end{cases} \tag{5-2}$$

式中：n 表示实测数据的序列长度；y_i 表示第 i 个实测数据；U_i 和 L_i 分别表示第 i 个预报区间的上边界和下边界；当实测值 y_i 落在预报区间内时 c_i 等于 1，当实测值 y_i 落在预报区间外时 c_i 等于 0；在进行区间预报时，一般 PICP 值应大于等于给定的置信水平，才能保证较高的区间预报覆盖率。

2. 区间宽度指标

从理论上讲，当预报区间较宽时，区间覆盖率 PICP 接近甚至可达到 100%，但是过宽的预报区间并不能有效表示预报区间的波动范围，无法反映预报变量趋势变化信息，这样以牺牲区间宽度进而提高覆盖率的方式没有任何意义。因此需要区间宽度指标用以限制预报区间的宽度，在保证覆盖率的情况下，尽可能地减小预

报区间的宽度,以期达到准确且可靠的预报精度。为此,Khosravi 等人于 2011 年提出了一种预报区间归一化平均宽度指标(PINAW),表达式如下:

$$\text{PINAW} = \frac{1}{nR} \sum_{i=1}^{n} (U_i - L_i) \times 100\% \tag{5-3}$$

式中:R 为目标变量的变化范围。

3. 区间拟合系数

PICP 和 PINAW 虽然能够较好地评价预报区间的覆盖程度和宽度大小,但是由于区间预报双输出的特殊性质,实际中无法衡量预测值与实测值的拟合程度。为此参考确定性预报中的纳什效率系数定义方法,提出了一种区间预报拟合系数(PIFC),以此来衡量预报区间中值和实测值的拟合精度,其定义如下:

$$\text{PIFC} = 1 - \frac{\sum_{i=1}^{n} \left(y_i - \frac{1}{2}(U_i + L_i)\right)^2}{\sum_{i=1}^{n} (y_i - \bar{y})^2} \tag{5-4}$$

式中:$\bar{y_i}$ 为水文要素实测平均值,其表达式为 $\bar{y} = \frac{1}{n} \sum_{i=1}^{n} y_i$;PIFC 的范围为 $[0, 1]$,其值越大,表面区间预报中值与实测值拟合程度越高,区间上下边界对称性越好。

4. 综合评价指标

在实际应用中,PICP 和 PINAW 存在矛盾冲突的情况,为了提高 PICP,就必须提高 PINAW,但是 PINAW 过高,就会降低预报的可靠性和准确度,因此需要采用一种综合评价指标对 PICP 和 PINAW 同时进行衡量。目前常用的综合评价指标为 Khosravi 等提出的覆盖率-宽度综合评价函数(CWC),其表达式如下:

$$\text{CWC} = \text{PINAW}(1 + \gamma(\text{PICP})\text{e}^{-\eta(\text{PICP}-\mu)}) \tag{5-5}$$

式中:η 和 μ 均为常数,其中 μ 通常可以表示为置信水平,即等于 $1-\alpha$;η 值表示预报区间宽度和覆盖率未达标时的惩罚项,η 值往往较大,通常范围在 $50 \sim 100$ 之间,当 PICP 达到置信水平时,较大的 η 值可以放大区间宽度的灵敏度。

预报区间覆盖率-宽度综合评价指标 CWC 越小,表示区间预报效果越好。式(5-5)中引入了函数 $\gamma(\text{PICP})$,在进行模型参数率定时,$\gamma(\text{PICP})$ 为常数且恒为 1,在进行模型检验时,$\gamma(\text{PICP})$ 为阶跃函数,其表达式如下:

$$\gamma(\text{PICP}) = \begin{cases} 0, & \text{PICP} \geqslant \mu \\ 1, & \text{PICP} < \mu \end{cases} \tag{5-6}$$

综合评价指标 CWC 仅仅考虑了区间预报的覆盖率和宽度指标,并未涉及实测值和预报区间的拟合程度的指标,因此本章提出了一种考虑预报区间覆盖率-宽度-拟合系数的综合指标 CWFC,其表达式如下:

$$CWFC = \gamma(PICP)e^{-\eta_1(PICP-\mu)} + \eta_2 PINAW + \eta_3 e^{(1-PIFC)} \qquad (5-7)$$

式中：PICP、PINAW 和 PIFC 分别表示预报区间的覆盖率、宽度指标和拟合系数；η_1、η_2、η_3 和 μ 均为常数，其表示的意义同式(5-5)。

5.1.2.2 LUBE 区间预报方法

基于 ANN 人工神经网络的 LUBE 区间预报方法自 2011 年由 Khosravi 等提出以来，以其强大的非线性映射能力，目前广泛应用于负荷和径流的区间预报中。LUBE 区间预报法以双输出的 ANN 神经网络作为模型主体[23]，神经网络各层节点与节点之间是复杂的非线性关系，两个输出节点数据作为预报区间的上限和下限。LUBE 法可根据输入数据维数和特点调整网络层数和激活函数，进而提升预报精度和适用性，同时可以得到一定置信水平下的预报区间值。三层人工神经网络输入输出的数学表达式定义如下：

$$[L_i, U_i] = f_1\left(\sum_{j=1}^{N_h}\left(w_{ij}f_2\left(\sum_{k=1}^{N_i}v_{jk}x_k + b_{ij}\right) + b_{wi}\right)\right) \qquad (5-8)$$

式中：L_i 为输出区间的下边界；U_i 为输出区间的上边界；x_k 为输入层第 k 个节点；w_{ij} 为隐含层节点与输出层节点之间的权重值；v_{jk} 是输入层节点和隐含层节点之间的权重值；b_{wi} 为隐含层节点与输出层节点之间的阈值；b_{ij} 为输入层节点与隐含层节点之间的阈值；f_1 和 f_2 为激活函数；N_i 和 N_h 分别表示输入层节点数和隐含层节点数。三层双输出人工神经网络结构如图 5-2 所示。

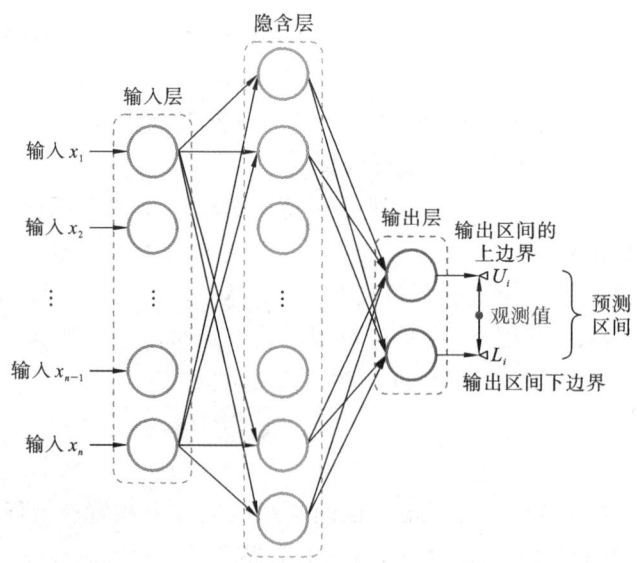

图 5-2　三层双输出人工神经网络结构

5.1.2.3　区间预报优化算法

1. RWPSO 单目标算法

粒子群优化（PSO）算法最早是由美国社会心理学家 Kenedy 和电气工程师 Eberhart 在 1995 年所提出的利用群体思想解决复杂优化问题的全局智能寻优算法。该算法源于对鸟类觅食行为和迁徙过程的模拟。虽然 PSO 算法在参数寻优中具有较好的表现，但是 Kenedy 和 Eberhart 所提出的速度迭代公式易使 PSO 算法中的解陷入局部最优，同时存在收敛速度较慢、鲁棒性较差等缺点。为此，我们利用随机权重优化粒子群算法，同时引入遗传算法中的变异思想，提出了一种改进的随机权重粒子群优化算法（RWPSO），以改善参数寻优过程的局部现象，针对粒子群算法的惯性权重的改进策略如下：

$$v_{id}^{t+1} = \omega v_{id}^t + c_1 r_1 (p_{id} - x_{id}^t) + c_2 r_2 (p_{gd} - x_{id}^t) \tag{5-9}$$

式中：ω 为惯性权重，$i=1,2,\cdots,m$ 表示种群粒子的序号；$d=1,2,\cdots,D$ 表示目标搜索空间中解的序号；v_{id}^t 表示粒子的速度；x_{id}^t 表示粒子的位置；t 为当前迭代次数；c_1 和 c_2 为学习因子；r_1 和 r_2 为分布在 $[0,1]$ 上的随机数；c_1 和 r_1 共同制约粒子受到自身影响的程度；c_2 和 r_2 共同制约粒子受到种群影响的程度。

如果在 PSO 算法初期找不到最优解，甚至陷入局部最优时，随机权重 ω 会不断尝试跳出局部最优，使种群粒子尽快收敛到最优解附近，随机权重 ω 计算公式如下：

$$\begin{cases} \omega = \mu + \sigma N(0,1) \\ \mu = \mu_{\min} + (\mu_{\max} - \mu_{\min}) \text{rand}(0,1) \end{cases} \tag{5-10}$$

式中：μ 代表随机权重的平均值；σ 代表随机权重的方差；$N(0,1)$ 表示服从标准正态分布的随机数；$\text{rand}(0,1)$ 表示分布在 $0 \sim 1$ 之间的随机数；$\mu_{\max}$ 和 $\mu_{\min}$ 分别代表随机权重平均值的最大值和最小值。

为证明本章所提目标函数的优越性，特将改进前与改进后的综合评价指标进行对比分析，以综合评价指标作为目标函数，采用随机权重粒子群算法对 LUBE 的参数进行迭代寻优，该目标函数和约束条件如下：

$$\begin{cases} \min f(w,b) = \gamma(\text{PICP}) e^{-\eta_1 (\text{PICP} - \mu)} + \eta_2 \text{PINAW} + \eta_3 e^{(1-\text{PIFC})} \\ \text{或者 } \min f(w,b) = \text{PINAW}(1 + \gamma(\text{PICP}) e^{-\eta(\text{PICP} - \mu)}) \\ \text{s.t. } w \in [w_{\max}, w_{\min}], \quad b \in [b_{\max}, b_{\min}] \end{cases} \tag{5-11}$$

2. NSGA-Ⅲ多目标算法

Genetic Algorithm（GA）是 1992 年由美国密歇根大学的 Holland 教授提出的一种模拟生物界自然选择和遗传机制的随机搜索算法[24]。该算法由达尔文生物进化论演变而来，通过模拟基因染色体的选择、交叉、变异过程，实现种群更新和个体寻优,具有较好的全局搜索能力、支持并行运算、鲁棒性较强等优点,但是仍存在收敛性不足、局部搜索能力较差、无法解决多目标寻优等问题。为此,研究工作采用 2014 年 Deb 和 Jain 提出的基于参考点的非支配排序遗传算法(Non-dominated Sorting Genetic Algorithms Ⅲ,NSGA-Ⅲ)对区间预报参数进行优化[25]。NSGA-Ⅲ算法采用了于参考点的个体选择策略,该方法能够较大程度地保持种群多样性,较好地解决了算法收敛性降低的问题,适用于高维目标的复杂优化问题。

5.1.3 实例分析

5.1.3.1 研究流域概况

雅砻江是金沙江的最大支流,也是中国水能资源开发条件最好的河流之一。本研究选择雅砻江下游四个电站作为研究对象,即锦屏一级、官地、二滩和桐子林水电站。为了研究的方便,后面将四个电站分别用 Jinping Ⅰ、Guandi、Ertan 和 Tongzilin 表示,如图 5-3 所示。我们采用本研究构建的区间方法对其入库径流进行研究,以深入剖析径流的不确定性特征。

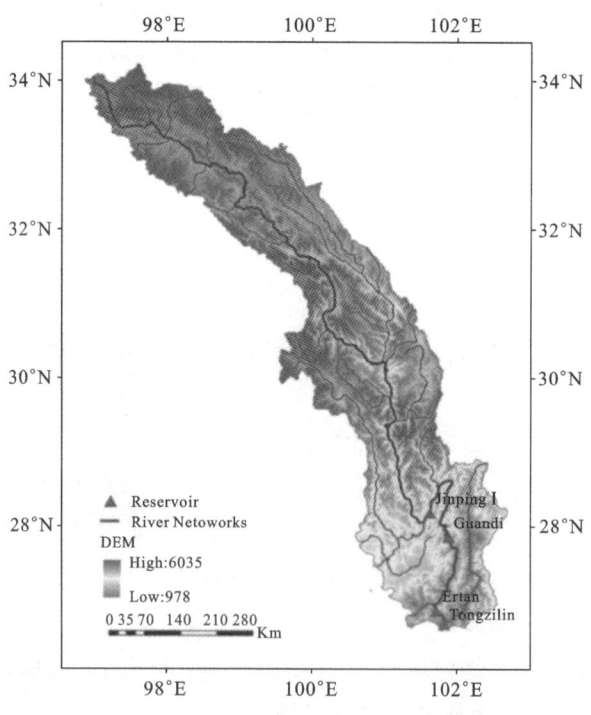

图 5-3 雅砻江流域及研究水库示意图

5.1.3.2　特征选择

输入特征的选择对 LUBE 区间预报模型的精度有显著影响。本研究通过 Pearson 相关系数对四座水库不同时间步长的日入库流量数据的相关性进行分析，识别得到强相关因子集。表 5-1 展示了皮尔逊相关系数与相关程度的关系。当 Pearson 相关系数的绝对值 $|r| \geqslant 0.6$ 时，表明两个因子存在显著的强相关性。

表 5-1　皮尔逊相关系数与相关程度

皮尔逊相关系数	相关程度
$\|r\| > 0.8$	高度相关
$0.6 < \|r\| \leqslant 0.8$	强相关
$0.4 < \|r\| \leqslant 0.6$	中等强度相关
$0.2 < \|r\| \leqslant 0.4$	弱相关
$\|r\| \leqslant 0.2$	极弱相关

模型输入维度的设定对预测模型性能至关重要，直接影响到模型是否会出现过拟合或欠拟合的问题。为了合理评估强相关因子集对预测模型的贡献程度，本研究采用随机森林(RF)方法进行分析。RF 采用 Bootstrap 重采样技术从原训练集中随机抽取多个样本集，并对每个样本集通过多棵分类回归树(CART)进行决策树建模。进一步地，RF 使用袋外数据(OOB)误差来评估模型的泛化能力和特征重要性。为了实现随机森林的建模与分析，本研究采用 Matlab 软件包中的 TreeBagger 函数。

5.1.4　结果分析

5.1.4.1　LUBE 输入因子

研究工作采用 Pearson 相关系数对雅砻江四座电站 2015—2020 年日入库流量数据进行因子相关性分析。首先，将历史同期流量(YEAR-1Q)和历史流量数据(T-1Q～T-50Q)共计 51 个预报因子作为初筛对象。结合表 5-1，本研究根据相关分析结果，得到了各电站的强相关因子集。其次，采用 RF 对强相关因子集进行预测重要性评估，以 2015—2019 年数据作为校准期，2020 年数据作为验证期，计算得到各输入特征的变量重要性度量(Variable Importance Measure,VIM)。图 5-4 展示了各电站前十个强相关因子的 VIM 评估结果。各电站的输入特征 VIM 较高的因子均包含 T-1Q 和 T-2Q,然而当输入因子变为 T-3Q 时,VIM 值明显下降,这表明 3 个及以上时间步长的流量数据对于预测模型的贡献有限。

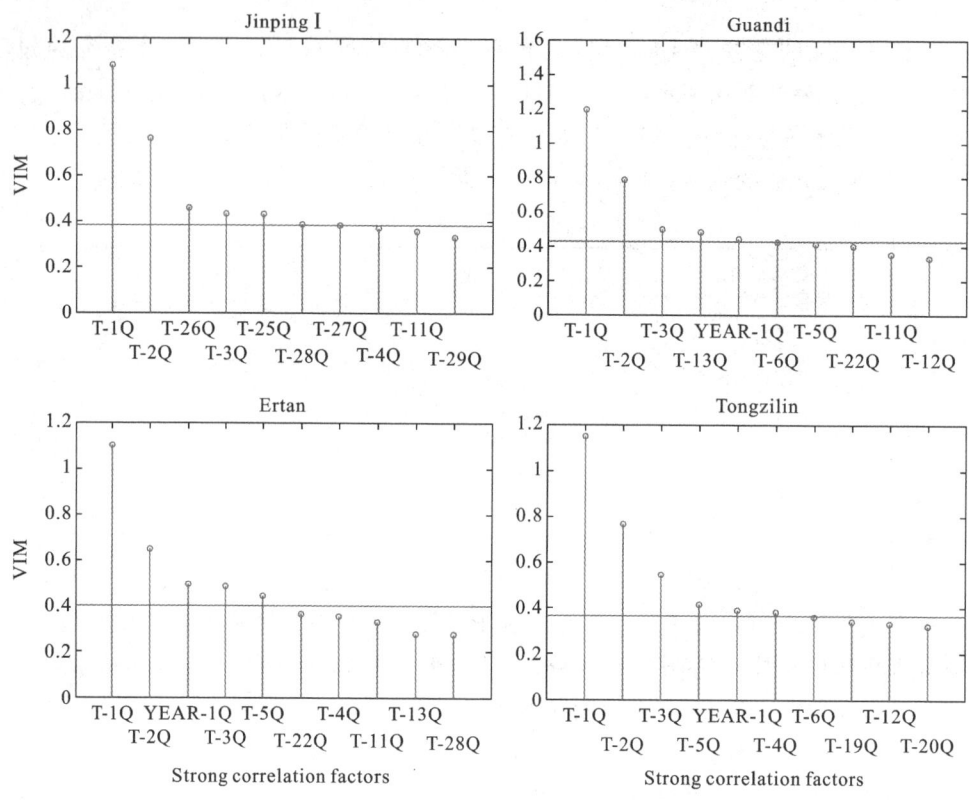

图 5-4　各电站输入特征的变量重要性度量

为避免 ANN 结构过于复杂而造成参数较多,影响优化效果,本研究采用三层人工神经网络构建 LUBE 区间预报模型。同时,考虑到模型输入维度过高和过低均可能影响模型的泛化性能,本研究结合输入特征 VIM 评估结果确定了各电站的输入层节点数。表 5-2 详细列举了各电站的预报因子和 LUBE 区间预报模型网络结构。

表 5-2　各电站的预报因子及网络结构

水电站	预报因子	LUBE 网络结构
Jinping Ⅰ	T-1Q、T-2Q、T-3Q、T-26Q、T-25Q、T-28Q	6,3,2
Guandi	T-1Q、T-2Q、T-3Q、YEAR-1Q、T-13Q	5,4,2
Ertan	T-1Q、T-2Q、T-3Q、YEAR-1Q、T-5Q	5,4,2
Tongzilin	T-1Q、T-2Q、YEAR-1Q、T-3Q、T-4Q、T-5Q	6,3,2

5.1.4.2　单目标预报结果分析

RWPSO 算法参数设置中参考 Marini 和 Walczak 于 2015 年的研究成果[26]。研究工作中设置的预报区间置信水平 μ 分别为 90%、85% 和 80%。当目标函数为 CWC 时，η 值设置为 80；当目标函数为 CWFC 时，对应的参数 η_1、η_2 和 η_3 分别设置为 50，50 和 50。目标函数 CWC 和 CWFC 随着 RWPSO 算法的迭代寻优过程如图 5-5 所示。随着算法的不断迭代，校准前期目标函数值迅速下降，到校准中期后下降速度明显放缓，校准后期基本维持不变，此时认为算法寻找到了最优个体。同时，目标函数为 CWFC 时的下降速度明显优于目标函数为 CWC 时的下降速度，验证了目标函数为 CWFC 时在参数校准方面的优越性能。

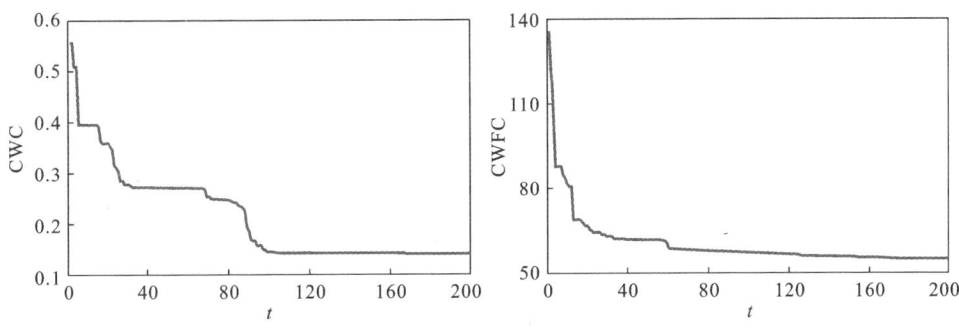

图 5-5　CWC 和 CWFC 目标函数下的迭代过程

本研究将 2016—2019 年日尺度入库流量数据作为校准期，2020 年数据作为验证期，对各电站区间预报模型进行参数校准。表 5-3 和图 5-6 展示了不同目标函数下各电站 90%、85% 和 80% 置信水平对应的区间预报指标值。在 85% 和 80% 的置信水平下，目标函数 CWFC 对应的 PINAW 和 PIFC 明显优于目标函数 CWC 对应的指标，但 PICP 两者相差不大。同时，随着置信水平的增加，PICP 和 PINAW 呈现增加趋势，表明这两种指标相互冲突，难以达到理想的区间宽度和覆盖率。

表 5-3　各电站验证周期间隔预测指标

水电站	目标函数	置信水平	PICP/(%)	PINAW/(%)	PIFC
Jinping I	CWC	90%	89.07	11.53	0.92
		85%	87.16	18.91	0.87
		80%	82.51	9.85	0.92
	CWFC	90%	88.52	12.49	0.93
		85%	86.61	7.57	0.95
		80%	82.79	7.64	0.93

续表

水电站	目标函数	置信水平	PICP/(%)	PINAW/(%)	PIFC
Guandi	CWC	90%	90.44	9.74	0.80
		85%	90.44	15.49	0.76
		80%	87.43	13.45	0.78
	CWFC	90%	93.72	11.60	0.77
		85%	85.52	12.12	0.78
		80%	80.87	5.96	0.80
Ertan	CWC	90%	92.08	21.02	0.83
		85%	89.34	18.72	0.84
		80%	82.79	11.10	0.90
	CWFC	90%	93.72	18.12	0.92
		85%	83.33	11.79	0.94
		80%	84.15	10.98	0.92
Tongzilin	CWC	90%	90.16	13.92	0.85
		85%	86.34	12.04	0.73
		80%	75.96	9.37	0.79
	CWFC	90%	93.44	14.30	0.81
		85%	84.43	8.60	0.85
		80%	83.88	7.91	0.90

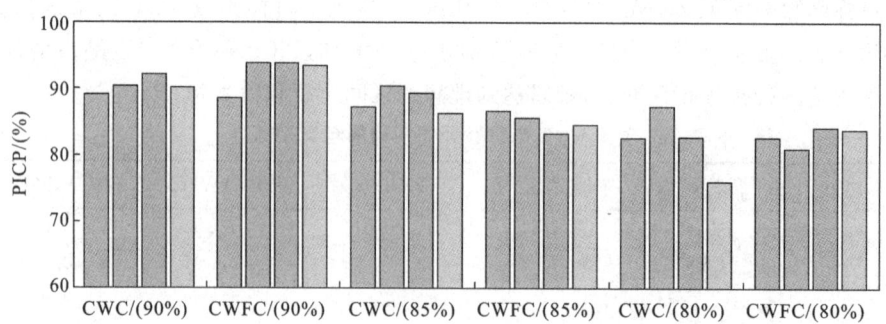

图 5-6　各电站验证期 PI 指数柱状图

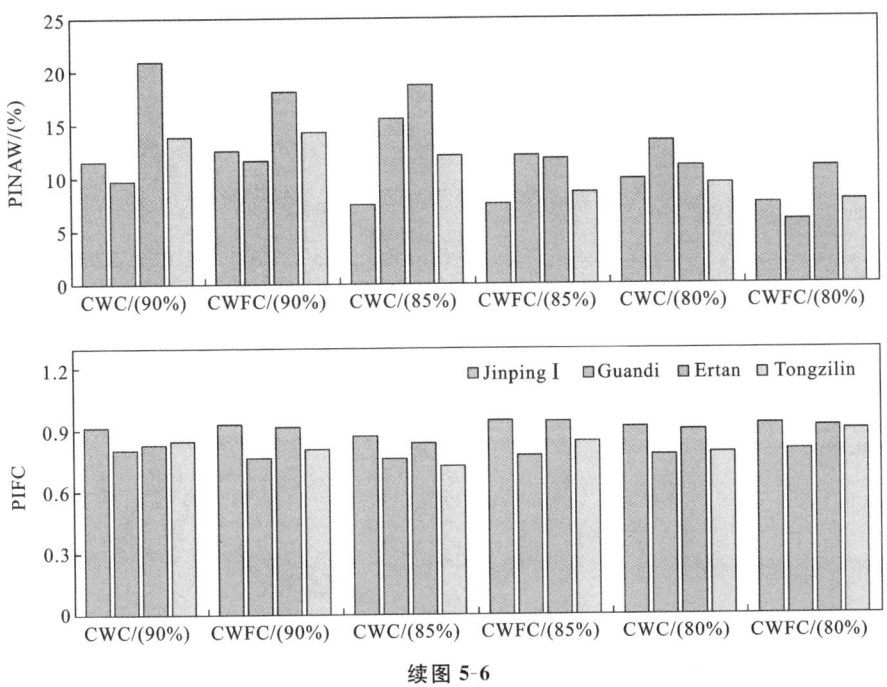

续图 5-6

　　为了直观展示汛期入库流量过程,对比不同目标函数的区间预报效果,图 5-7 展示了 80% 置信水平下各水库 2020 年 5 月至 10 月的汛期入库洪水过程。当 CWFC 作为目标函数时,整体的区间预报效果优于 CWC,尤其在锦屏一级、二滩和桐子林水库的表现较为显著。同时,CWFC 对应的区间预报宽度更小,对洪峰的拟合程度较好,区间预报中值与观测值吻合度更高,较准确地反映了预报区间的流量变化趋势。相反,CWC 在桐子林水库未能很好地缩小区间中值与观测值之间的差距,同时对于洪峰的覆盖程度也不高。

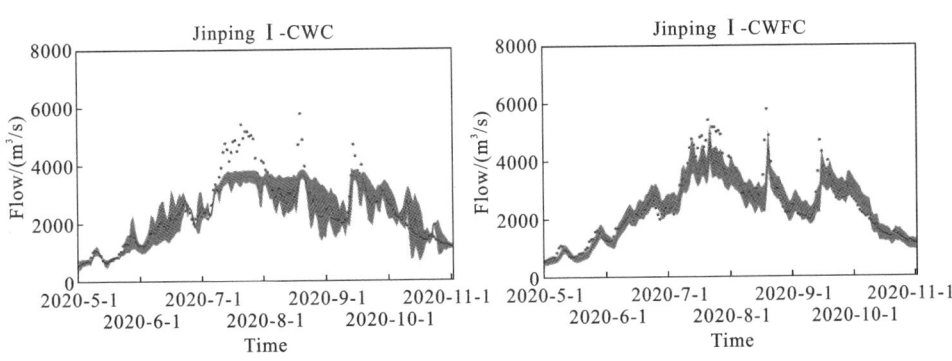

图 5-7　80% 置信水平 PI 洪水过程

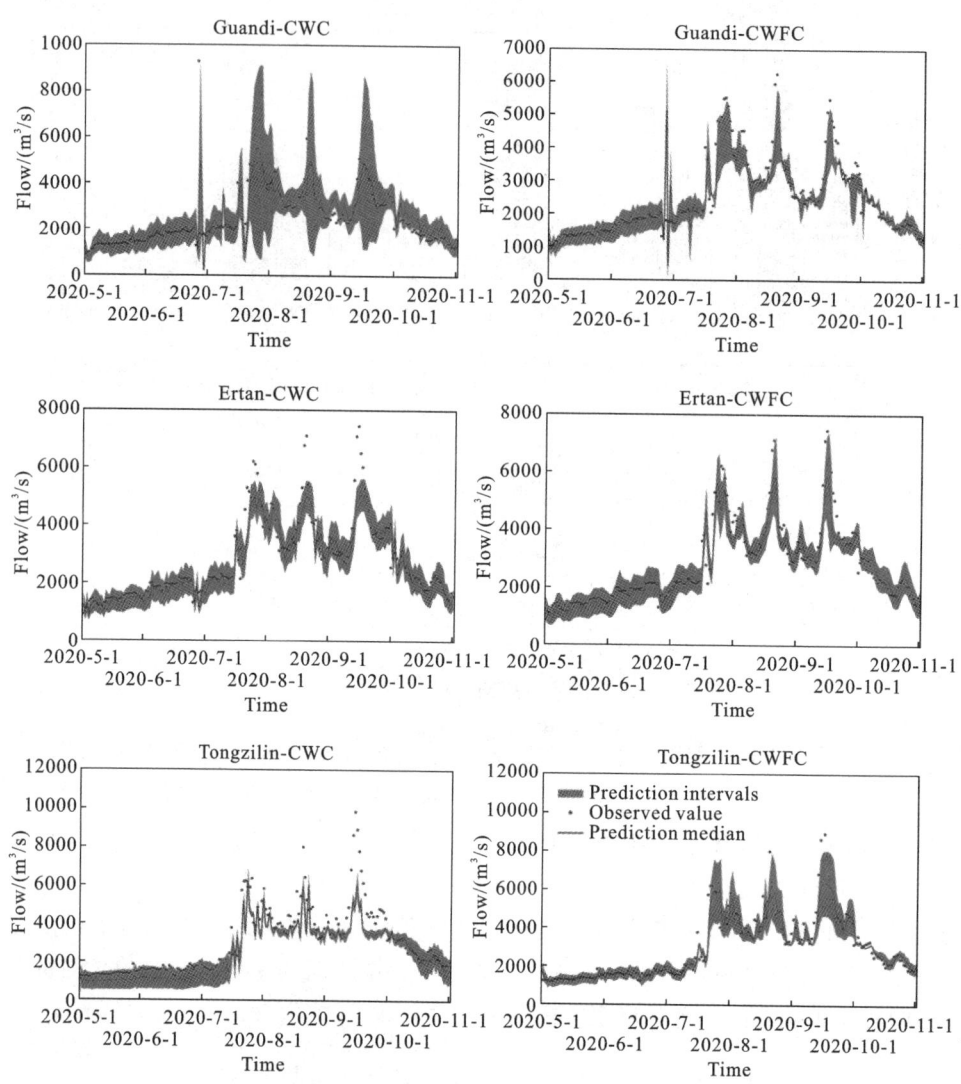

续图 5-7

5.1.4.3 多目标预报结果分析

为探究水库入库流量区间预报模型在多目标优化领域的适应性和可靠度,本研究以 PICP、PINAW 和 PIFC 三个指标作为多目标优化算法 NSGA-Ⅲ 的目标函数。图 5-8 给出各水库校准期 378 个 Pareto 最优解分布,以及三种指标之间的相互关系。由图 5-8 可见,由 NSGA-Ⅲ 算法得到的 Pareto 最优解分布均匀,规律明显。大多数非劣解集对应的 PICP 超过 80%,PINAW 低于 18%,PIFC 高于 0.95。

另外,结合两两指标关系图分析可知,PICP 和 PINAW 存在明显的竞争制约关系,而 PIFC 与 PICP、PINAW 均不存在竞争关系,这表明区间预报中提升 PIFC 值不会影响原始区间预报的 PICP 和 PINAW,将 PIFC 作为区间预报评价指标之一十分合理。

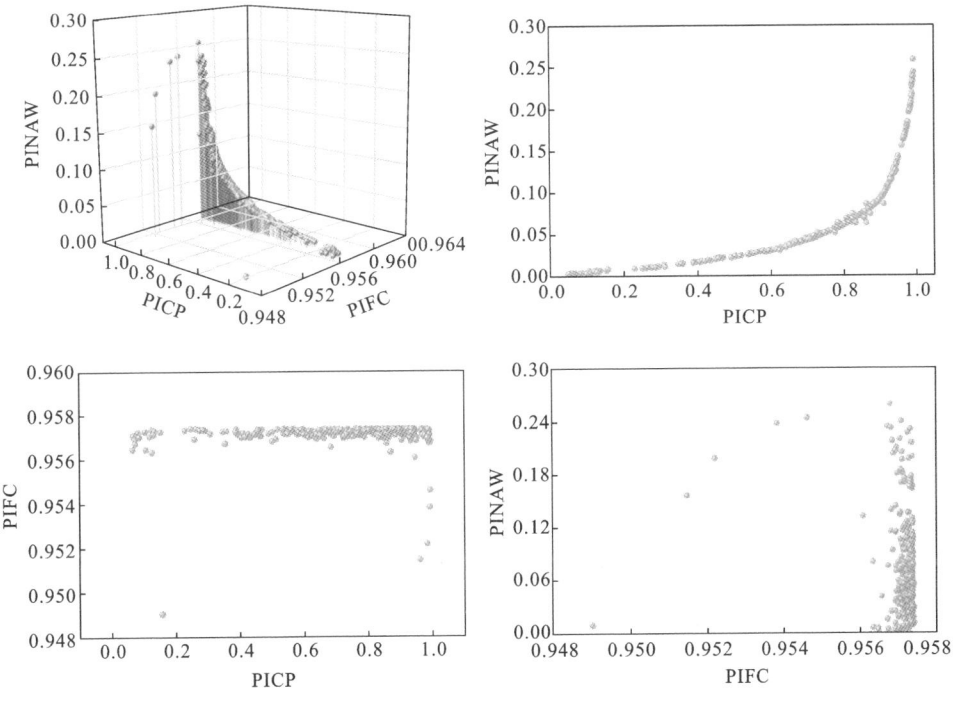

图 5-8　校准期 Pareto 最优解分布

378 个 Pareto 非劣解集中,决策者可以基于个人偏好和决策倾向选取一个非劣解建立区间预报模型。本研究随机选取其中一个 Pareto 最优解构建区间预报模型,其对应的校准期和验证期区间评价指标如表 5-4 所示。与单目标区间预报模型相比,多目标优化模型下区间预报整体效果表现较优,其中 PICP 基本超过 90%,PINAW 维持在 10% 以内,PIFC 也可达到 0.95 以上。

为了能够直观展示汛期区间预报效果,图 5-9 给出了各水库 2020 年 5 月至 10 月的汛期入库洪水过程。由图 5-9 可知,NSGA-Ⅲ多目标优化算法得到的区间预报整体表现优异,预报区间基本能够完全覆盖观测值,区间宽度较窄,且区间中值和观测值十分接近。与单目标区间预报效果相比,整个预报区间对于流量峰值过程刻画程度较好,基本能完全覆盖,证明了多目标优化算法在区间预报模型的出色表现。

表 5-4　各水电站校准期和验证期区间评价指标

水电站	时期	PICP/(%)	PINAW/(%)	PIFC
Jinping Ⅰ	校准期	95.96	7.54	0.98
	验证期	93.17	8.27	0.98
Guandi	校准期	92.40	12.60	0.94
	验证期	93.17	9.08	0.81
Ertan	校准期	94.05	12.08	0.96
	验证期	90.71	9.86	0.95
Tongzilin	校准期	93.88	9.34	0.93
	验证期	91.26	8.82	0.92

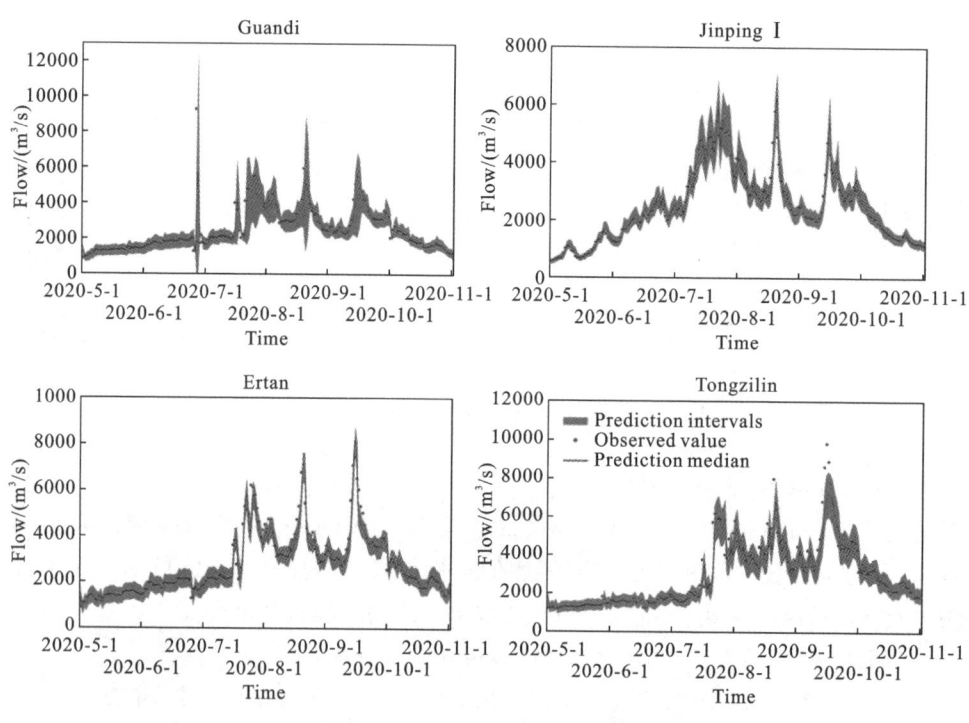

图 5-9　2020 年各电站汛期区间预报过程

　　图 5-10 以散点图的形式展示了 2020 年各水库的预报区间上下限、区间中值和观测值，其中直线代表区间中值和观测值的拟合曲线，分别是 80%、85% 和 90% 的预测区间。由图可知，低流量值普遍落在预测区间内，然而随着流量的增加，输

入数据和模型参数的不确定性逐渐增大,区间上下限逐渐发散,导致预报区间上下限逐步扩大。

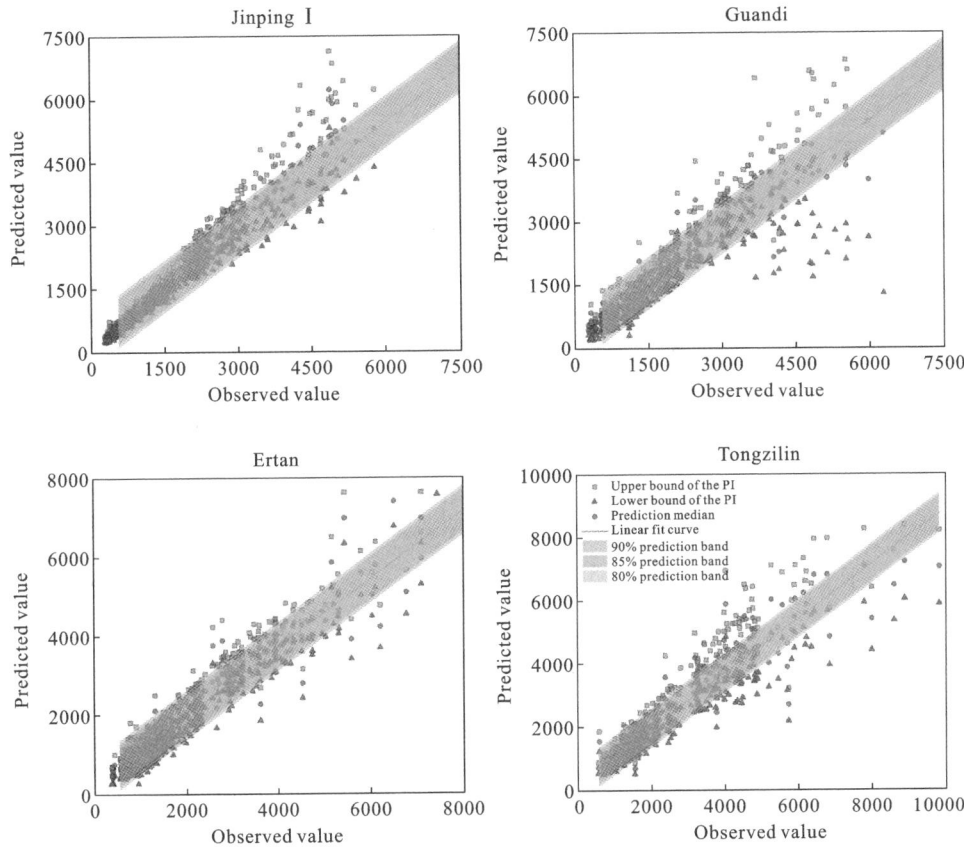

图 5-10　2020 年多个目标下各电站的拟合散点图

5.1.5　讨论

本研究深入探讨了单目标和多目标框架下的流域 LUBE 区间预报效果,为流域不确定性特征量化提供了新的思路和途径。单目标和多目标区间预报方法在雅砻江流域均取得了良好的表现,尤其是多目标区间预报表现更佳。然而,本研究构建的模型虽然考虑了区间中值和观测值的拟合程度,但是在某些方面仍暴露出了一些问题,这也是未来需要继续深入优化的重点。

相比于多目标区间预报效果,单目标区间预报存在大流量时区间宽度过大的问题,这给实际应用造成一定阻碍。未来可考虑优化 LUBE 区间预报模型的主体结构,将 ANN 神经网络替换为映射能力强的神经网络。同时,分阶段对目标函数 CWFC 或 CWC 进行优化设计,提高模型对大流量情形下的适用性。针对多目标优化算法得到的 Pareto 非劣解集,可考虑使用优劣解距离法(TOPSIS)评价各非劣解之间的差距,以便决策人员进行选择。

5.1.6　结论

本项研究中,我们首次提出了 PIFC 用于评价区间预报中值的拟合程度,丰富了区间预报评价指标体系。同时,本研究提出了考虑区间覆盖率-宽度-拟合系数的综合评价指标,并构建了基于 RWPSO 的单目标区间预报模型和基于 NSGA-Ⅲ 的多目标区间预报模型。引入 PIFC 后,单目标区间预报的 PICP 有一定提升,PINAW 有所减小,实测值更靠近区间中值附近,PIFC 可以达到 0.9 以上。这证明 PIFC 的加入对区间预报效果改善是正向且积极的。多目标预报框架下,Pareto 非劣解集可为决策者提供更多偏好选择。同时,PICP、PINAW 和 PIFC 三种指标改善明显,验证期 PICP 均在 93% 以上,PINAW 维持在 10% 左右,PIFC 均可达到 0.95 以上。以上结论表明多目标区间预报模型的效果更好,能够准确评估流量的不确定性特征。

5.2　基于 LSTM 和高斯过程回归的径流不确定性预测方法

随着人工智能技术和计算机算力的迅猛发展,许多先进的机器学习模型被运用在水文领域,解决了一系列水文学问题,特别是 LSTM 因其可以有效处理长序列依赖问题,在水文预测领域得到广泛应用。但径流的形成过程错综复杂,受降雨、人类活动等诸多因素的影响,这些因素难以进行建模和量化,大量的不确定性因素掺杂其中。LSTM 不能直接提供不确定性预测结果,导致决策者缺乏决策依据,为了对不确定性进行量化,本研究利用 GPR 的均值和方差预测属性,为 LSTM 模型提供概率预报结果,同时利用误差校正技术进一步提升模型预报性能。本章首先介绍径流预测的建模流程,阐述各模型的理论基础,然后以金沙江和澜沧江流域 15 个水电站的入库流量为基础进行实验,使用多个评价指标对 LSTM 模型的预测精度和性能进行分析,最后结合误差校正模块和 GPR 构建不确定性径流预测模型。

5.2.1　基于 LSTM 和 GPR 的不确定性径流预测模型

在小样本径流数据的预测中,浅层的 LSTM 的可以有效地抓取径流序列中的时间依赖,而更复杂的深度学习模型通常包含大量的参数,需要大量数据来进行训练,应用在小数据集时面临过拟合的问题。但径流具有波动性和复杂性,预测不确定性不可避免,而 LSTM 不能直接量化预报的不确定性。GPR 模型在进行预测时可以同时得到均值和方差的预测结果,可以用于构建预测的置信区间,对预报的不确定性进行量化。相较于传统的基于贝叶斯的方法(如贝叶斯线性回归、贝叶斯网络等),GPR 具有不对数据分布进行先验假设和灵活选择核函数的优点,并且在中小数据集的计算中,GPR 具有更高的计算效率。因此,本章利用 LSTM 的时序数据处理能力和 GPR 的不确定性量化能力构建了 LSTM-GPR 不确定性径流预测模型,并利用误差校正技术进一步提高模型的预测性能。具体流程如下:

(1)数据预处理。对各站点入库流量及气象数据进行处理和筛选,整理成适合模型输入的格式,并划分训练集和测试集。

(2)将各站点入库流量及相关气象数据输入 LSTM 进行训练,并得到训练集的预测结果。

(3)基于第一次预测结果和实际观测值得到预测的误差序列,将误差序列与第一次的预测值同时输入 GPR 模型,得到误差的均值和方差预测值。

(4)使用 GPR 的误差预测值对第二步中的 LSTM 预测结果进行校正,并根据误差的方差预测值构建不确定性预测结果。

LSTM-GPR 建模流程如图 5-11 所示。

5.2.2　模型理论基础

5.2.2.1　长短时记忆网络

循环神经网络(RNN)是一种专门用于处理序列数据的神经网络。与传统的前馈神经网络不同,RNN 在网络层之间具有循环连接,使得网络能够保持一个内部状态,从而能够处理输入数据中的时间序列信息。RNN 的架构包括输入层(Input Layer)、输出层(Output Layer)和隐藏层(Hidden Layer)。输入层接收要处理的信息,输出层提供结果,而数据处理、分析和预测在隐藏层中进行,RNN 网络结构如图 5-12 所示。隐藏层的作用是捕获序列中到当前时间步的历史信息隐藏层的输出,也被称为隐藏状态,是通过当前时间步的输入和前一时间步的隐藏状态计算得出的。这种计算方式使得隐藏状态能够存储和传递序列的历史信息,从而使得 RNN 能够处理序列数据并捕获其中的依赖关系。

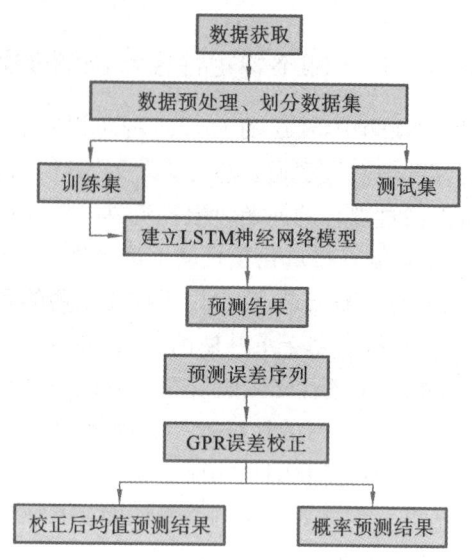

图 5-11 LSTM-GPR 建模流程图

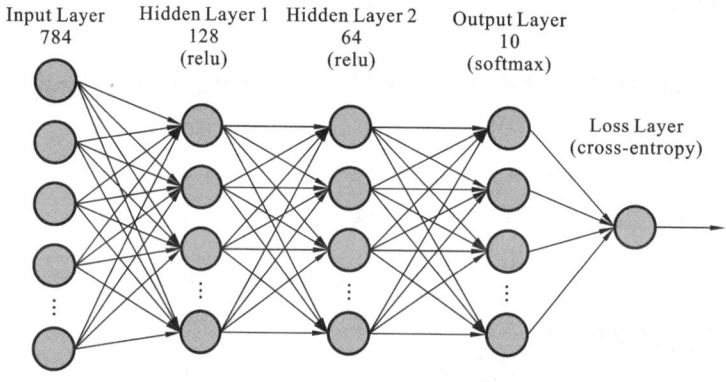

图 5-12 RNN 网络结构

　　隐藏状态的梯度会随着时间步的增加而变得非常大或非常小,这就会导致RNN在处理长时间序列时可能会遇到梯度消失和梯度爆炸的问题。为了解决这个现象,Schmidhuber 等人提出了 RNN 的改进版本——长短时记忆网络(LSTM)。LSTM 是 RNN 的一种改进,它引入了门机制,包括记忆单元、输入门、遗忘门和输出门,具体结构如图 5-13 所示。这些门通过控制信息在网络中的流动和存储,使得 LSTM 能够更好地捕获长期依赖。

　　在第 t 个时间点,LSTM 细胞单元接收 3 个输入并产生 2 个输出。3 个输入分别为前一个时间点存储细胞的状态 C_{t-1}、上一时间点的细胞输出 h_{t-1} 和现在的输

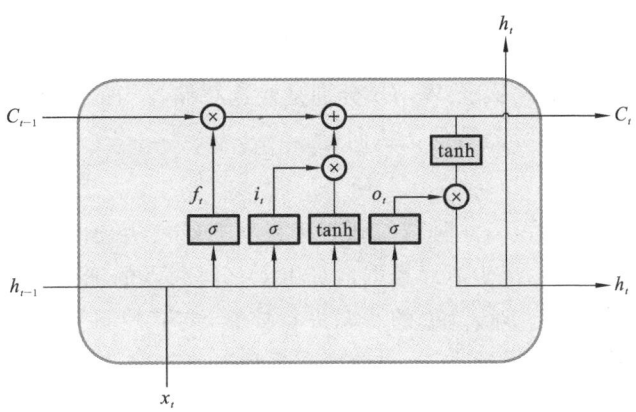

图 5-13　LSTM 细胞结构

入 x_t；2 个输出分别为现在时间点的输出 h_t 和当前时间点存储单元的状态 C_t。在图 5-13 中，f_t、i_t、o_t 分别代表遗忘门、输入门和输出门，σ 为激活函数。

LSTM 的核心部分是记忆单元，它在整个 LSTM 的链式系统中持续存在且只有轻微的线性交互，使得信息能够不受阻碍地流动。通过控制遗忘门、输入门和输出门，可以实现 LSTM 单元灵活地控制信息的流动，包括信息的保存、更新和输出。LSTM 的计算过程主要可以分为以下几个步骤。

1. 遗忘门更新

遗忘门的作用是决定哪些信息需要从细胞状态中被遗忘。它通过查看当前输入 x_t 和前一个时间步的隐藏状态 h_{t-1}，输出一个在 0 到 1 之间的数值给每个在细胞状态 C_{t-1} 中的数进行激活，其激活函数是 sigmoid。遗忘门的数据信息计算公式可表示为

$$f_t = \sigma(\boldsymbol{W}_f x_t + \boldsymbol{U}_f h_{t-1} + \boldsymbol{b}_f) \tag{5-12}$$

式中：$\boldsymbol{W}_f$，$\boldsymbol{U}_f$ 分别是遗忘门当前时间点和上一个时间点的权重矩阵，$\boldsymbol{b}_f$ 是遗忘门的偏执向量。

2. 输入门更新

输入门决定哪些新的信息被更新到细胞状态中。输入门更新涉及两个步骤：首先使用一个 sigmoid 激活函数来生成一个介于 0 到 1 之间的值，这个值表示每个细胞状态值应该被更新的程度，然后使用 tanh 激活函数用于生成一个新的候选值向量，这个向量包含了可能会被加到细胞状态的信息。输入门的数据信息计算公式可表示为

$$i_t = \sigma(\boldsymbol{W}_i x_t + \boldsymbol{U}_i h_{t-1} + \boldsymbol{b}_i) \tag{5-13}$$

$$\tilde{C}_t = \tanh(\boldsymbol{W}_c x_t + \boldsymbol{U}_c h_{t-1} + \boldsymbol{b}_c) \tag{5-14}$$

式中：$\boldsymbol{W}_i$，$\boldsymbol{U}_i$ 分别是输入门当前时间点和上一个时间点的权重矩阵，$\boldsymbol{b}_i$ 是输入门的偏执向量，$\tilde{C}_t$ 是当前单元状态，$\boldsymbol{W}_c$，$\boldsymbol{U}_c$ 分别是候选存储器当前时间点和上一个时间的权重矩阵，$\boldsymbol{b}_c$ 是候选存储器的偏执向量。

3. 细胞状态更新

在更新输入门之后，当前时刻的细胞单元状态 C_t 由历史时序数据信息和当前数据信息两部分构成。历史时序数据信息由上一时间点的细胞状态 C_{t-1} 和遗忘门输出信息 f_t 相乘获得。对 f_t 和 i_t 的状态进行控制，能够控制当前细胞状态中历史信息和当前时刻输入信息的占比，对前序数据和当前数据进行筛选，舍弃无用的部分，最终实现长时间序列依赖性信息的有效保留。细胞状态的数据信息计算公式可表示为

$$C_t = \tilde{C}_t i_t + f_t C_{t-1} \tag{5-15}$$

4. 输出门更新

输出门的作用是基于当前的细胞状态 C_t，决定最终的输出 h_t。输出门先通过 sigmoid 函数决定哪些部分的细胞状态将输出，然后将细胞状态通过 tanh 函数处理（得到一个在 -1 到 1 之间的值）并乘以 sigmoid 层的输出，从而决定最终的输出。输出门的数据信息计算公式可表示为

$$o_t = \sigma(\boldsymbol{W}_o x_t + \boldsymbol{U}_o h_{t-1} + \boldsymbol{b}_o) \tag{5-16}$$

$$h_t = o_t \tanh(c_t) \tag{5-17}$$

式中：$\boldsymbol{W}_o$，$\boldsymbol{U}_o$ 分别是输出门当前时间点和上一个时间点的权重矩阵，$\boldsymbol{b}_o$ 是输出门的偏执向量。

5.2.2.2 高斯过程回归

高斯过程回归（Gaussian Process Regression，GPR）是一种强大的非参数贝叶斯回归技术，它通过假设数据可以由一个高斯过程生成来进行预测，这使得它在处理具有复杂关系的数据时特别有效。对于随机变量 $x = (x_1, x_2, \cdots, x_n)$，$f(x) = (f(x_1), f(x_2), \cdots, f(x_n))$，GPR 的计算过程主要包含以下几个步骤。

1. 定义高斯过程

一个高斯过程由随机变量的均值函数 $m(x)$ 和协方差函数 $k(x, x')$ 决定，高斯过程可以表示为

$$f(x) \sim GP(m(x), k(x, x')) \tag{5-18}$$

$$m(x) = E[f(x)] \tag{5-19}$$

$$k(x, x') = E[(f(x) - m(x))(f(x') - m(x'))] \tag{5-20}$$

式中：协方差函数 $k(x,x')$ 也被称作核函数。

2. 选择核函数和均值函数

协方差函数是高斯过程的关键，描述了输入特征之间的相关性。选择合适的协方差函数对于 GPR 的性能至关重要。常用的协方差函数为径向基函数（RBF）：

$$k(x,x') = \sigma_f^2 \exp\left[-\frac{1}{2l^2}(x-x')^2\right] \tag{5-21}$$

均值函数是高斯过程的另一个重要组成部分，它描述了目标值的期望值。在 GPR 中，均值函数通常设置为零，意味着关注的是目标值的分布而不是具体值。

3. 根据后验概率确定预测点的表达式

$D = \{(x_i, y_i)\}_{i=1}^N$ 是数据的训练集，训练集的长度为 N，那么该训练集和测试集的联合高斯分布可以表示为

$$\begin{bmatrix} y \\ f(x) \end{bmatrix} \sim N\left(0, \begin{bmatrix} K, K_*^T \\ K_*, K_{**} \end{bmatrix}\right) \tag{5-22}$$

式中：K, K_*, K_{**} 由协方差函数计算得到，即 $K = k(x,x)$，$K_* = k(x,y)$，$K_{**} = K_* = k(y,y)$，由此可以得到 $f(x)$ 的后验分布：

$$f(x)|y \sim N(K_*K^{-1}y, K_{**} - K_*K^{-1}K_*^T) \tag{5-23}$$

然后，得到预测值的均值和方差的后验分布：

$$\overline{f(x)} = K_*K^{-1}y \tag{5-24}$$

$$\mathrm{var}(y_*) = K_{**} - K_*K^{-1}K_*^T \tag{5-25}$$

最后，利用预测均值和预测方差构建预测区间量化不确定性，如图 5-14 所示。

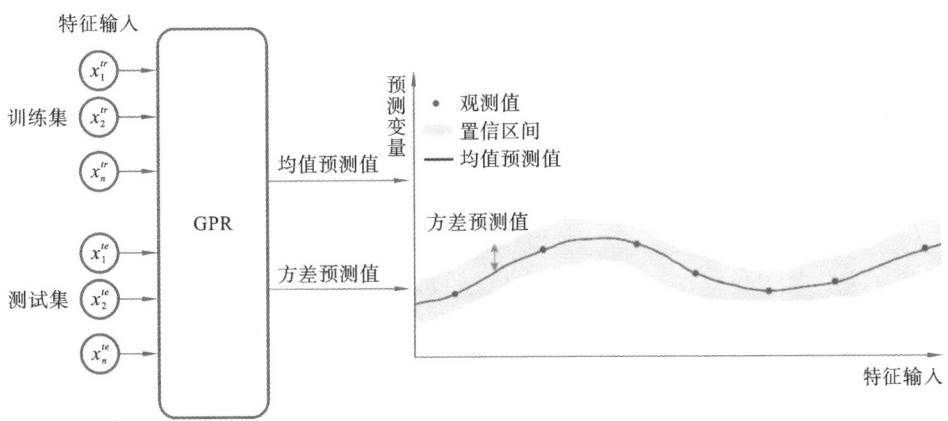

图 5-14　GPR 不确定性预报原理图

5.2.2.3 误差校正

使用模型对入库流量进行预测,预测值与原始入库流量的差值称为误差值。误差是不可避免的,但是误差中也隐藏了有用的信息,通过识别和调整模型产生的系统误差可以提高模型的预测精度和可靠性。得到训练集的预测值之后,将预测值与实际入库流量作差得到误差序列:

$$e_t = Y_t - \hat{Y}_t \tag{5-26}$$

式中:Y_t 为入库流量实际观测值,$\hat{Y}_t$ 为预测值。利用误差校正模型将误差项作为新样本进行预测得到误差的预测值 $\hat{e}_t$。最后,将误差的预测结果与之前的预测值相加,得到最终的预测结果 G_t,即

$$G_t = \hat{Y}_t + \hat{e}_t \tag{5-27}$$

5.2.3 实验设置

5.2.3.1 对比模型

本章共使用 6 种模型进行对比实验,其中点预测模型有 3 种,分别为 ARIMA、LSTM、GRU;不确定性预测模型有 3 种,分别为 SGPR、LSTM-BMA 和 LSTM-GPR。下面选择性地对它们进行介绍。

1. 自回归差分移动平均模型

自回归差分移动平均(Auto Regressive Integrated Moving Average, ARIMA)模型由自回归(Auto Regressive, AR)模型和移动平均(Moving Average, MA)模型和差分模块(I)三部分组成,是由线性回归模型衍生和发展而来的。其中,AR 模型可以发掘当前入库流量和历史数据的相关性,MA 模型可以更好地处理径流数据中的随机波动,差分模块可以消除时间序列中的趋势性和季节性影响。ARIMA 的计算公式为

$$Y_t = c + \varphi_1 Y_{t-1} + \varphi_2 Y_{t-2} + \cdots + \varphi_p Y_{t-p} + \theta_1 \varepsilon_{t-1} + \theta_2 \varepsilon_{t-2} + \cdots + \theta_q \varepsilon_{t-q} + \varepsilon_t \tag{5-28}$$

式中:Y_t 是入库流量数据;$\varphi_i(i = 1, 2, \cdots, p)$ 是 AR 模型的参数,p 是 AR 模型的阶数,通过自相关系数确定;$\theta_i(i = 1, 2, \cdots, q)$ 是 MA 模型的参数,q 是 MA 模型的阶数,通过偏自相关系数确定;ε_t 是 t 时刻的误差项。

ARIMA 是一个典型的单输入模型,仅使用历史数据本身来构建线性关系并进行预测,因此本研究只将历史入库流量数据输入 ARIMA。ARIMA 模型要求输入数据是平稳的,因此在将数据输入模型之前,要对入库流量的平稳性进行检验。本研究选用单位根检验对入库流量进行平稳性检验,检验结果表明,历史入库流量

在差分为 1 阶时,ADF(Augmented Dickey-Fuller)同时小于 1%、5%、10% 的临界值,显著性 P 值为 0.029,水平上呈显著性,证明数据为平稳时间序列,满足模型的输入要求。为了在长期预测中减少因每次预测重新训练模型而产生的时间成本,本研究采纳了滚动预测法。具体而言,一旦 ARIMA 模型训练完成并且参数被确定,接下来的预测过程便通过不断更新残差并以迭代的方式逐步进行,直至对全部数据集完成预测。这种策略通过单次训练实现连续多步预测,有效提升了预测的效率。

2. 门控循环单元

门控循环单元(Gated Recurrent Unit,GRU)是 LSTM 的一种变体,与 LSTM 相比,GRU 通过将细胞状态和隐藏状态合并为一个单一实体,简化了架构,提高了模型训练效率。GRU 包含更新门和重置门两个门单元,其中更新门控制前一时刻的信息可以被接收,重置门决定是否清除前一时刻的输出信息并且更新当前节点的状态,GRU 结构如图 5-15 所示。

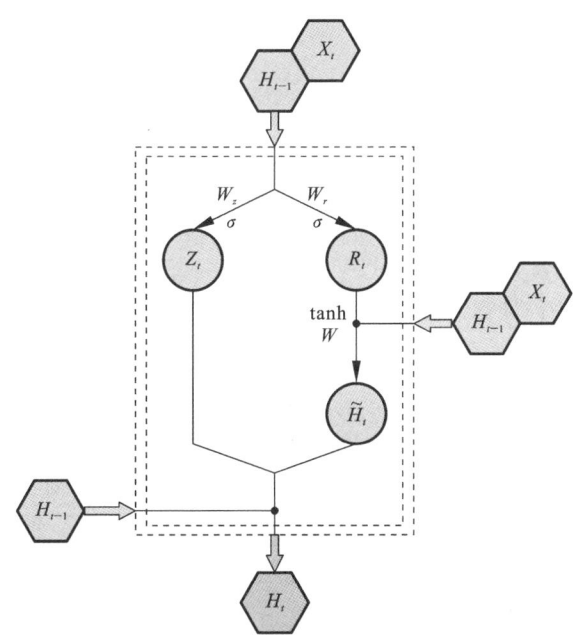

图 5-15　GRU 细胞单元结构

在两个门单元的控制下,当前细胞单元可以清除不相关的信息,有效利用长时间序列历史信息。GRU 的计算过程如下:

$$\begin{cases} Z_t = \sigma(W_z \cdot [h_{t-1}, x_t]) \\ R_t = \sigma(W_r \cdot [h_{t-1}, x_t]) \\ \widetilde{H} = \varphi(W \cdot [R_t H_{t-1}, x_t]) \\ H_t = Z_t \widetilde{H}_t + (1 - Z_t) H_{t-1} \end{cases} \quad (5\text{-}29)$$

式中：R_t 是重置门，Z_t 是更新门；x_t 是当前时刻的输入；H_{t-1} 是上一时刻细胞单元的输出；W_z、W_r 分别是更新门和重置门的权重；$\widetilde{H}_t$ 是新的隐藏层状态。

3. 稀疏高斯过程回归

高斯过程回归不仅可以给出预测值，还能提供预测的不确定性估计。由于其计算复杂度较高，很难直接应用于大量数据的学习任务，为了解决这个问题，研究者们引入了稀疏算法。稀疏高斯过程回归（SGPR）的核心思想是在模型中引入一组伪输入点和对应的伪输出，这些伪输入点被选为代表整个数据集的特征。通过优化这些伪输入点的位置和数量，SGPR 能够以较低的计算成本得到近似原始的高斯过程模型的效果。因此，本节选取 SGPR 作为对比模型来验证模型性能。

2. LSTM-BMA

贝叶斯模型平均（Bayesian Model Averaging，BMA）是一种统计算法，用于考虑多个模型进行预测或估计时的不确定性。它基于贝叶斯定理，通过对不同模型的预测进行加权平均来提高整体预测的准确性和可靠性。BMA 特别适用于模型选择存在不确定性的情况，能够提供一种系统性的方法来考虑多个模型的预测。本节通过构建不同参数结构的 LSTM 与 BMA 相结合，使用 BMA 对不同结构的LSTM 预测结果进行计算对预测不确定性进行量化。

5.2.3.2　模型参数设置

基于上述介绍模型对研究区内各水电站入库流量建立模型，并使用相应评价指标对模型预测效果进行评价。对于 LSTM 和 GRU 模型，对简单序列数据和小规模数据集建模时，浅层网络结构（如单层或双层）就足够了。如果层数过高，则会导致在训练时出现过拟合。通过比较一层和两层的实验结果，最终选择使用两层LSTM 建立模型。模型运行的硬件环境是 Intel(R) Core(TM)i7-12700H 2.30 GHz,16 GB 内存和 NVIDIA GeForce 3050 Ti 笔记本电脑显卡。软件环境基于PyCharm 构建，主要软件包括 Python 3.9.7、TensorFlow 2.6.0 和 CUDA11.6。

各模型主要参数如表 5-5 所示。除 ARIMA 外，其他三个模型都为多因子模型，将气象数据和同一干流上其他站点的入库流量作为相关因子输入模型来提高入库流量预测的精度。

表 5-5　各模型主要参数

模型	输入变量	输出结果	主要参数
LSTM	2018 年 1 月 1 日—2020 年 10 月 21 日各站点入库流量及气象数据	点预测值	层数＝2,批大小＝64,学习率＝0.01,优化算法＝Adam
GRU	2018 年 1 月 1 日—2020 年 10 月 21 日各站点入库流量及气象数据	点预测值	层数＝2,批大小＝128,学习率＝0.01,优化算法＝Adam
ARIMA	2018 年 1 月 1 日—2020 年 10 月 21 日单站点入库流量	点预测值	$p=2,q=1,d=1$
SGPR	2018 年 1 月 1 日—2020 年 10 月 21 日各站点入库流量及气象数据	点预测值、概率预测结果	核函数＝高斯核函数,批大小＝100,迭代次数＝60
LSTM-BMA	2018 年 1 月 1 日—2020 年 10 月 21 日各站点入库流量及气象数据	点预测值、概率预测结果	层数＝2,批大小＝64,模型个数＝10
LSTM-GPR	2018 年 1 月 1 日—2020 年 10 月 21 日各站点入库流量及气象数据	点预测值、概率预测结果	层数＝2,批大小＝64,学习率＝0.01,优化算法＝Adam,核函数＝高斯核函数

5.2.3.3　评价指标

本节针对点预测和不确定性预测选取两套评价,具体介绍如下。

1. 点预测(确定性预测)

本节选择使用平均绝对误差(Mean Absolute Error,MAE)、均方根误差(Root Mean Square Error,RMSE)和确定性系数 R^2 来衡量确定点预测的拟合效果和预测精度。其中,MAE、RMSE 的值越小,说明模型预测精度越高;R^2 越接近 1,则说明拟合效果越好。

1)平均绝对误差(MAE)

MAE 是观测值与预测值差异绝对值的平均数,可以衡量预测结果的偏差程度。计算公式如下:

$$MAE = \frac{1}{n}\sum_{t=1}^{n} |\hat{y}_t - y_t| \tag{5-30}$$

式中:$\hat{y}_t$ 是预测时,y_t 是实测入库流量。

2)均方根误差(RMSE)

均方根误差是观测值与预测值差异的平方和的平均值的平方根。它反映预测误差的标准差,是衡量预测准确性的常用指标。RMSE 的计算公式为

$$RMSE = \sqrt{\frac{1}{n}\sum_{t=1}^{n} (\hat{y}_t - y_t)^2} \tag{5-31}$$

3)确定性系数(R^2)

确定性系数是衡量模型解释变量变异性的能力的指标。它表示模型预测值与

实际值之间的相关程度,即实际值的方差中有多少能够被模型解释。R^2 的计算公式为

$$R^2 = 1 - \frac{\sum_{i=1}^{n} (\hat{y_t} - y_t)^2}{\sum_{i=1}^{n} (\overline{y_t} - y_t)^2} \qquad (5\text{-}32)$$

2. 概率预测(不确定预测)

与确定性预测不同,概率预测的准确性难以用指标准确衡量,于是采用连续分级概率得分(CRPS)预测区间覆盖率(PICP)和预测区间平均宽度百分比(PINAW)作为概率预测指标,并使用概率积分变换(PIT)验证模型的可靠性。

1) CRPS 指标

CRPS 是一种评估预测模型性能的指标,特别是在概率预测和区间预测中,当模型预测连续变量的分布不是逐点估计时,CRPS 通过比较预测分布与真实值之间的累积分布函数(CDF)来评估模型的预测性能。CRPS 并不关注概率分布的任何特定点,相反,它考虑的是整个预测分布,并通过比较预测分布与真实值之间的累积分布函数(CDF)来评估模型的预测性能。CRPS 的计算公式如下:

$$\text{CRPS} = \int_{-\infty}^{+\infty} \left[F(x) - \text{Heav}(x - y^{\text{obs}}) \right]^2 \mathrm{d}x \qquad (5\text{-}33)$$

式中:$F(X)$ 是累积分布函数;y^{obs} 是真实值,$\text{Heav}()$ 是 Heaviside 函数,当 $x - y^{\text{obs}} < 0$ 时,$\text{Heav}()=0$,否则 $\text{Heav}()=1$。CRPS 得分越低,表示概率预测结果越好。CRPS 与平均绝对误差密切相关。如果预测分布是退化分布(如逐点估计),则 CRPS 会降低为 MAE。

2) PICP 指标

预测区间覆盖率是衡量预测区间准确性的一个重要指标,特别是在区间预测中,PICP 表示实际观测值落在预测区间内的比例,是评估预测区间是否准确包含实际值的直观方式。理想情况下,PICP 的值应该接近预测区间所声称的置信水平,PICP 计算公式如下:

$$\text{PICP} = \left(\frac{1}{n} \sum_{i=1}^{n} C_i \right) \times 100\% \qquad (5\text{-}34)$$

式中:n 是样本的长度;C_i 代表当前真实值是否落在预测区间内,若当前入库流量观测值落在预测区间内,则 $C_i=1$,否则为 0。

3) PINAW 指标

预测区间平均宽度百分比反映了预测模型在估计某一特定值时的不确定性。PINAW 的计算方法是将预测区间的宽度差累加,然后除以预测的数量,从而得到每个预测的平均宽度。计算公式如下:

$$\mathrm{PINAW} = \frac{1}{nR} \sum_{i=1}^{n} (U_i - L_i) \tag{5-35}$$

式中:R 是预测区间最大值与最小值之差;U_i、L_i 分别是第 i 个时刻预测区间上、下限的预测值。

4) PIT 图

概率积分变换可以评估概率预测准确性,特别是用于检验预测的累积分布函数(CDF)与实际观测值之间的一致性。PIT 值由预测值和实际入库流量的累积分布函数计算得出,计算公式如下:

$$\mathrm{PIT} = \int_{-\infty}^{y^{\mathrm{obs}}} p(x) \mathrm{d}x \tag{5-36}$$

式中:$p(x)$ 是入库流量的概率密度函数。在 PIT 图中,Kolmogorov 指的是 Kolmogorov-Smirnov 检验,这是一种非参数假设检验方法,用于检验两个样本是否来自同一分布。在水文预报中,Kolmogorov-Smirnov 检验可用于评估模型的拟合度,即模型的输出是否与观测值的分布相似。通过计算 PIT 值并绘制其直方图,可以评估预测 CDF 与实际观测值之间的一致性。理想情况下,直方图应该接近均匀分布,这表明预测模型能够很好地捕捉到数据的分布特性。

5.2.4　实验结果对比与分析

5.2.4.1　确定性预测模型对比与分析

本节选取 MAE、RMSE 和 R^2 指标来评价 LSTM-GPR、LSTM、SGPR、LSTM-BMA、ARMA 和 GRU 六种模型的确定性预测性能,各站点预测结果对比见图5-15,评价指标结果见表5-6。LSTM 的预测结果更接近真实值。

表 5-6　各模型在 15 个水电站的确定性预测结果

站点	评价指标	LSTM-GPR	LSTM	SGPR	LSTM-BMA	ARIMA	GRU
景洪	MAE	2045.36	2297.51	2686.21	2214.28	3020.43	2368.36
	RMSE	2658.69	2901.55	3618.45	2847.35	4489.79	3065.21
	R^2	0.87	0.85	0.74	0.85	0.69	0.82
乌弄龙	MAE	575.1	734.46	682.55	647.26	813.53	756.32
	RMSE	958.28	1175.98	1048.7	1120.38	1286.34	1023.54
	R^2	0.97	0.94	0.95	0.95	0.69	0.94
梨园	MAE	1303.92	1652.7	1496.32	1456.41	1681.38	1574.41
	RMSE	2178.31	2434.08	2310.63	2326.59	2505.67	2356.52
	R^2	0.94	0.92	0.91	0.92	0.87	0.91

续表

站点	评价指标	LSTM-GPR	LSTM	SGPR	LSTM-BMA	ARIMA	GRU
里底	MAE	616.64	626.32	669.26	634.68	1444.25	743.42
	RMSE	833.71	1041.62	1225.79	984.56	1940.53	1096.26
	R^2	0.97	0.94	0.94	0.95	0.83	0.93
阿海	MAE	1354.3	2146.43	1460.54	1785.57	1932.20	1836.24
	RMSE	2881.31	3484.13	2466.43	3125.74	3599.35	2873.68
	R^2	0.94	0.85	0.93	0.90	0.73	0.89
金安桥	MAE	1588.65	1608.64	1771.42	1834.32	1876.62	1635.41
	RMSE	2115.11	2166.01	2525.12	2702.09	2642.74	2452.36
	R^2	0.97	0.96	0.93	0.94	0.93	0.94
黄登	MAE	1073.81	1230.89	1490.25	1135.16	1840.85	1411.58
	RMSE	1066.9	1219.54	1404.58	1206.47	2777.80	1523.85
	R^2	0.92	0.89	0.90	0.90	0.79	0.88
大华桥	MAE	928.09	953.52	1100.43	1026.54	1823.76	1231.25
	RMSE	1389.53	1428.08	1639.85	1489.59	2532.53	1496.37
	R^2	0.95	0.94	0.93	0.91	0.81	0.92
龙开口	MAE	1726.78	1835.72	1810.53	1812.42	1837.65	1798.32
	RMSE	2275.07	2377.91	2571.53	2358.65	2683.32	1986.32
	R^2	0.94	0.93	0.94	0.93	0.94	0.95
苗尾	MAE	926.47	932.39	1257.62	1026.48	1829.63	1036.85
	RMSE	1393.28	1458.15	1888.62	1489.23	2469.39	1658.29
	R^2	0.94	0.93	0.91	0.91	0.84	0.90
鲁地拉	MAE	1956.82	2150.41	2297	2085.56	3229	2381.25
	RMSE	2893.79	3339.97	3310.76	3157.15	4645.85	3123.54
	R^2	0.95	0.94	0.93	0.94	0.87	0.92
功果桥	MAE	939.8	1060.76	1144.59	1125.32	2174.51	1325.14
	RMSE	1330.49	2090.91	1625.3	1661.36	2835.81	1896.35
	R^2	0.95	0.91	0.94	0.93	0.77	0.92

续表

站点	评价指标	LSTM-GPR	LSTM	SGPR	LSTM-BMA	ARIMA	GRU
观音岩	MAE	2269.47	3560.06	2693.37	2536.49	5020.97	3541.36
	RMSE	3347.08	4469.75	3949.93	3875.62	7277.78	3963.15
	R^2	0.93	0.90	0.91	0.91	0.67	0.89
小湾	MAE	1271.38	1294.63	1489.56	1358.64	2151.39	1362.29
	RMSE	1748.29	2611.85	2242.25	2156.59	2773.36	2214.31
	R^2	0.93	0.88	0.91	0.90	0.82	0.89
溪洛渡	MAE	3504.32	3891.81	4634.82	3986.25	4354.56	4021.36
	RMSE	6920.75	6927.69	7333.58	7123.34	7255.95	7029.36
	R^2	0.88	0.82	0.83	0.81	0.79	0.84

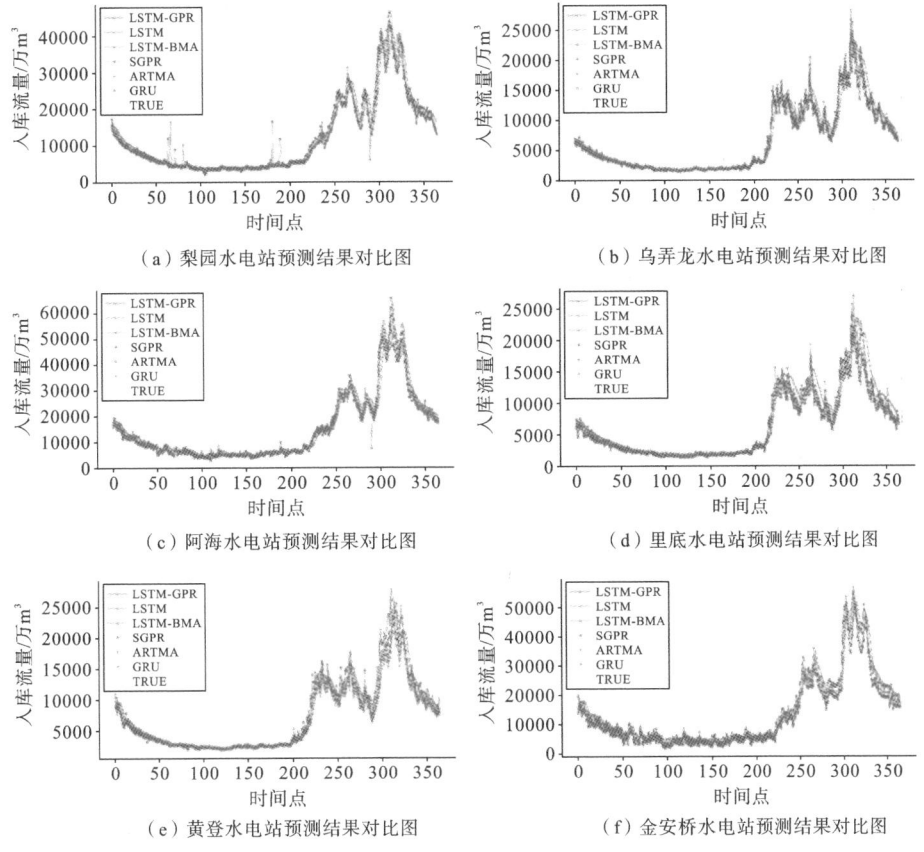

（a）梨园水电站预测结果对比图　　　　　　（b）乌弄龙水电站预测结果对比图

（c）阿海水电站预测结果对比图　　　　　　（d）里底水电站预测结果对比图

（e）黄登水电站预测结果对比图　　　　　　（f）金安桥水电站预测结果对比图

图 5-16　各站点预测结果对比图

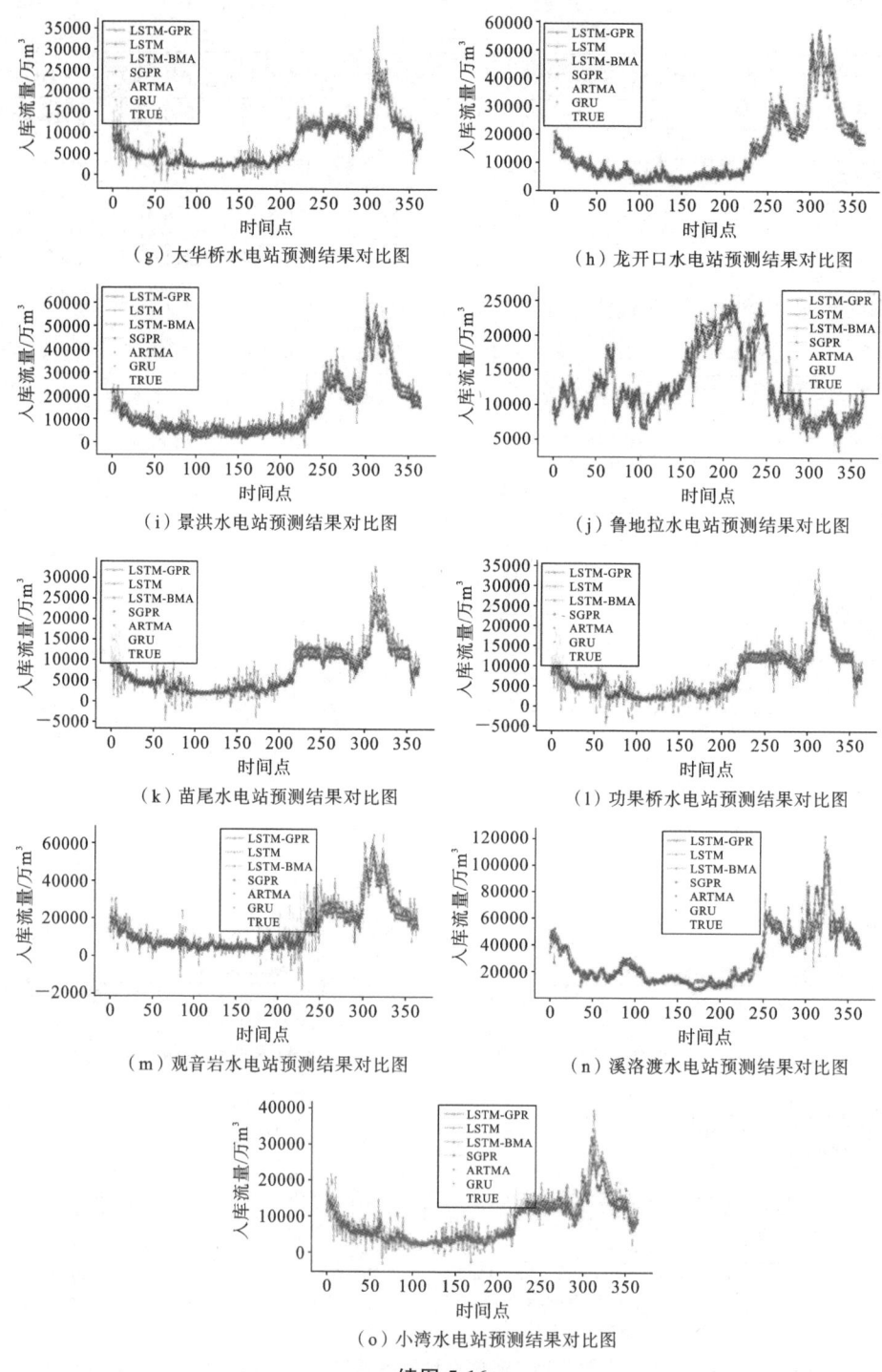

（g）大华桥水电站预测结果对比图

（h）龙开口水电站预测结果对比图

（i）景洪水电站预测结果对比图

（j）鲁地拉水电站预测结果对比图

（k）苗尾水电站预测结果对比图

（l）功果桥水电站预测结果对比图

（m）观音岩水电站预测结果对比图

（n）溪洛渡水电站预测结果对比图

（o）小湾水电站预测结果对比图

续图 5-16

由图 5-16 和表 5-6 可以看出,LSTM-GPR 在所有站点都得到了最好的拟合效果和预测精度。六种模型在 15 个站点的评价指标平均型中,LSTM-GPR 的预测效果最好,ARIMA 的各个预测效果最差。在平均绝对误差的对比上,表现最好的 LSTM-GPR 比效果最差的 ARIMA 低了 37%,GRU 和 SGPR 效果相差不多,相对比 LSTM-GPR 高 22%。在均方根误差的对比上,表现最好的 LSTM-GPR 比效果最差的 ARIMA 低了约 34%,比 GRU 和 SGPR 分别低 12% 和 13%。在确定性系数的对比上表现最好的 LSTM-GPR 比效果最差的 ARIMA 高了约 0.13,比 SGPR 和 GRU 分别高 0.03 和 0.04。

表 5-7　各模型评价指标结果

评价指标	LSTM-GPR	LSTM	SGPR	LSTM-BMA	ARIMA	GRU
MAE	1472.06	1725.08	1778.96	1624.34	2335.38	1801.57
RMSE	2266.03	2608.48	2617.43	2478.61	3451.70	2550.60
R^2	0.93	0.91	0.90	0.91	0.80	0.89

分别绘制某站点预测效果较好的四个模型的预测值散点图,如图 5-17 所示,可以看到 LSTM-GPR 模型预测结果的拟合效果最好,RMSE 最小。这表明 LSTM-GPR 的确定性预测精度高于其他模型。

误差校正前后点预测指标如图 5-18 所示,所有站点评价指标平均数据如表5-8 所示。由评价指标对比可以看出,在经过误差校正后点预测的精度进一步提升,MAE 比校正前降低了 14.6%,RMSE 比校正前降低了 13.1%,R^2 比校正前提高了 0.02。

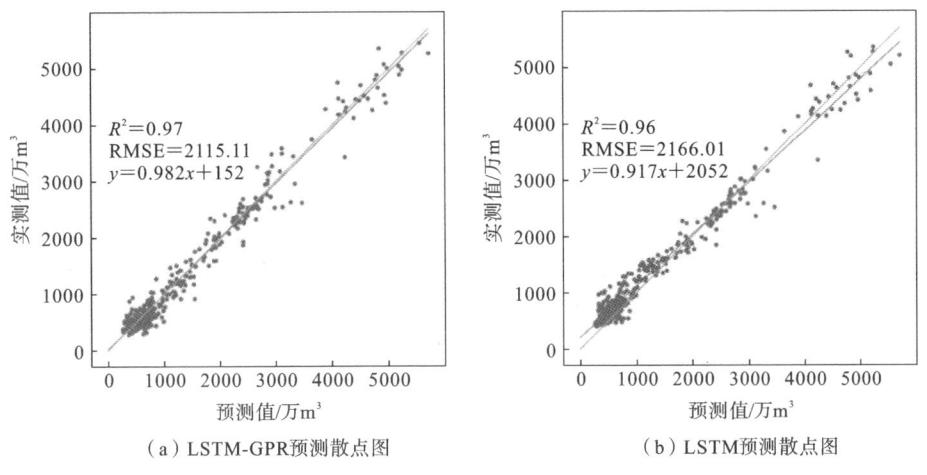

（a）LSTM-GPR预测散点图　　　　（b）LSTM预测散点图

图 5-17　各模型预测散点图

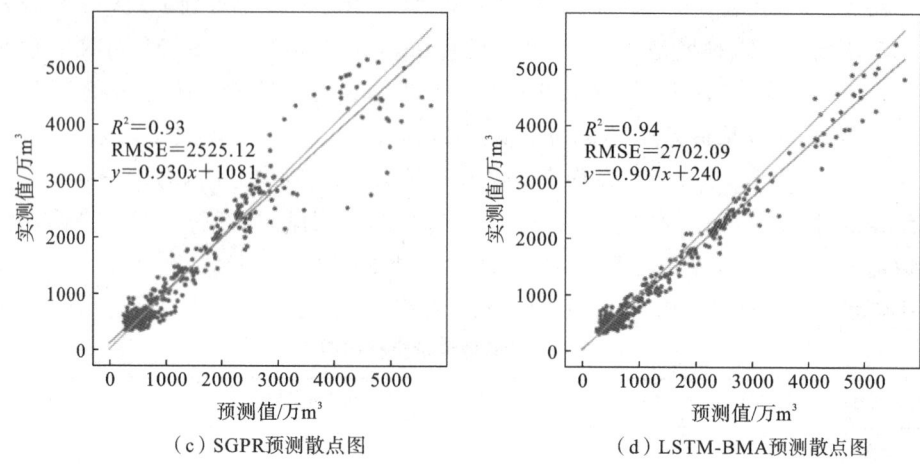

（c）SGPR预测散点图　　　　　　　（d）LSTM-BMA预测散点图

续图 5-17

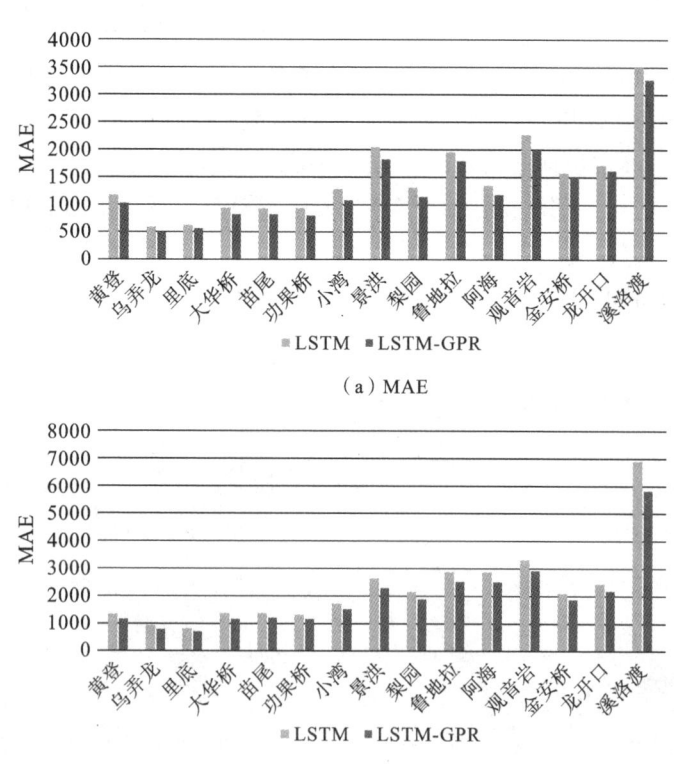

（a）MAE

（b）RMSE

图 5-18　LSTM 和 LSTM-GPR 点预测结果评价指标

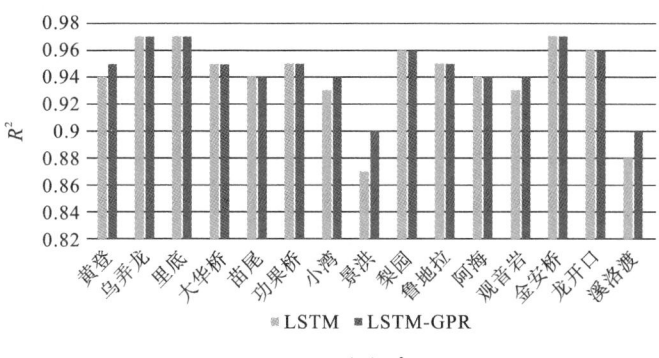

（c）R^2

续图 5-18

表 5-8　LSTM 和 LSTM-GPR 点预测结果对比

模型	MAE	RMSE	R^2
LSTM	1725.08	2608.48	0.91
LSTM-GPR	1472.06	2266.03	0.93

5.2.4.2　不确定性预测模型对比与分析

各站点及各模型的入库流量不确定性评价指标结果如表 5-9 所示,表中展示了三个概率预测模型在金沙江和澜沧江流域 15 个水电站的预测评价指标结果,接下来分别将所提模型与对比模型进行详细对比分析。

表 5-9　各模型在 15 个站点的不确定性预测评价指标

站点	评价指标	LSTM-GPR	SGPR	LSTM-BMA
景洪	CRPS	598.63	881.3	784.35
	PICP/(%)	89.69	89.65	87.35
	PINAW/(%)	18.68	13.79	16.41
乌弄龙	CRPS	279.36	315.94	302.53
	PICP/(%)	92.24	85.8	89.56
	PINAW/(%)	10.96	8.94	11.26
梨园	CRPS	182.36	203.9	243.29
	PICP/(%)	91.36	81.35	84.73
	PINAW/(%)	15.36	10.37	9.36

站点	评价指标	LSTM-GPR	SGPR	LSTM-BMA
里底	CRPS	298.25	368.99	341.58
	PICP/(%)	93.29	85.21	84.36
	PINAW/(%)	13.69	8.47	10.65
阿海	CRPS	459.69	597.64	526.83
	PICP/(%)	89.87	90.69	87.35
	PINAW/(%)	12.39	13.4	10.26
金安桥	CRPS	689.57	782.36	724.48
	PICP/(%)	94.35	91.16	90.26
	PINAW/(%)	12.36	9.38	11.29
黄登	CRPS	487.65	631.14	549.36
	PICP/(%)	91.36	94.95	92.34
	PINAW/(%)	7.68	7.89	10.38
大华桥	CRPS	403.68	548.6	469.26
	PICP/(%)	92.32	89.56	91.49
	PINAW/(%)	13.36	15.77	16.39
龙开口	CRPS	975.46	1230.36	1036.86
	PICP/(%)	95.35	91.23	90.39
	PINAW/(%)	20.39	19.83	16.37
苗尾	CRPS	486.39	627.4	536.46
	PICP/(%)	91.65	89.63	88.35
	PINAW/(%)	18.84	8.63	15.73
鲁地拉	CRPS	1236.87	1133.36	1436.27
	PICP/(%)	88.69	88.36	86.26
	PINAW/(%)	19.86	16.68	23.16
功果桥	CRPS	423.65	550.38	449.58
	PICP/(%)	93.69	90.29	89.38
	PINAW/(%)	18.39	7.8	14.31
观音岩	CRPS	1983.63	1727.02	1896.26
	PICP/(%)	90.39	88.34	89.36
	PINAW/(%)	16.96	15.41	18.96

续表

站点	评价指标	LSTM-GPR	SGPR	LSTM-BMA
小湾	CRPS	648.67	675.42	798.35
	PICP/(%)	88.16	90.36	86.74
	PINAW/(%)	16.25	9.7	14.85
溪洛渡	CRPS	1763.59	1747.67	1963.25
	PICP/(%)	86.69	85.32	84.32
	PINAW/(%)	19.89	20.5	22.68

1. LSTM-GPR 与 SGPR

对 LSTM-GPR 与 SGPR 的概率预测评价指标进行分析,可以发现 LSTM-GPR 具有更好的预测效果。具体来说,CRPS 得分降低了 9.3%,LSTM-GPR 的 PICP 比 SGPR 的 PICP 得分高 3%,LSTM-GPR 的 PINAW 比 SGPR 的 PINAW 得分高 3.6%,这说明 LSTM-GPR 在预测区间宽度上稍逊于 SGPR,但具有更好的综合性能和更高的可靠性。

2. LSTM-GPR 与 LSTM-BMA

通过对比 LSTM-GPR 与 LSTM-BMA 的预测评价指标结果,可以发现本章所提出的 LSTM-GPR 的概率预测结果评价指标在所有站点几乎都比 LSTM-BMA 模型表现得更好,具体到各个指标中,LSTM-GPR 的 CRPS 得分低 9.5%,LSTM-GPR 的 PICP 得分高 3.13%,但 LSTM-GPR 的 PINAW 比 LSTM-BMA 的 PINAW 得分高 0.8%。以上结果表明 LSTM-GPR 在保证预测可靠性的同时 (PICP>90%),预测区间的平均宽度与 LSTM-BMA 相差不大。这说明前面所提出的模型在性能上超过 LSTM-BMA 模型,并且在多个站点得到了验证。

为评价本章所提模型所需计算消耗,统计了三个不确定性预测模型所有站点建模总耗时,如表 5-10 所示。从表中可以看出,SGPR 所需时间最短,但是预测效果不如本章所提模型。LSTM-BMA 因要训练多个 LSTM 模型而耗时最长,但得到的预测结果也 LSTM-GPR 也有差距。LSTM-GPR 用相对较多的训练时间得到了更加精准和可靠的预测结果。

表 5-10　不确定性预测模型训练时间

模型	LSTM-GPR	SGPR	LSTM-BMA
训练时间/min	28	19	52

本章以金安桥站点为例对各模型的不确定性预测进行详细分析,三个模型

的预测结果如图 5-19 所示。

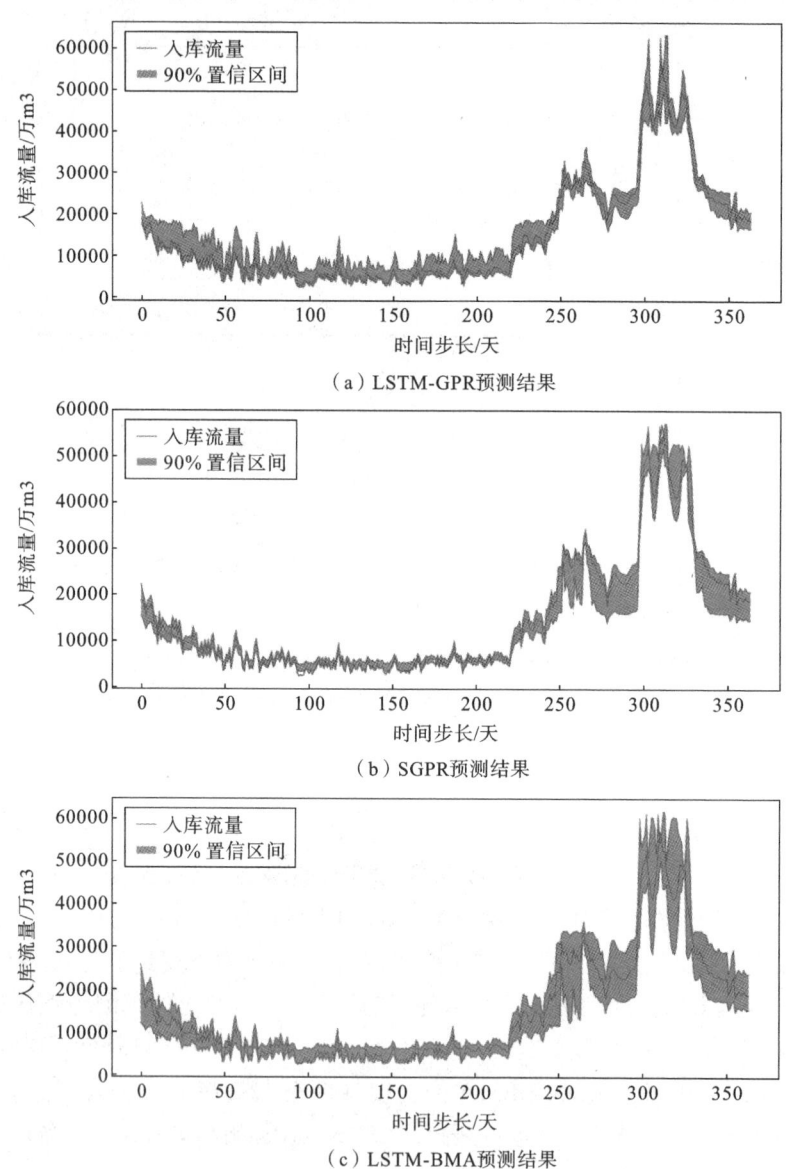

（a）LSTM-GPR预测结果

（b）SGPR预测结果

（c）LSTM-BMA预测结果

图 5-19　各模型不确定性预测结果

从图 5-19 可以看出,三个模型在区间覆盖率和平均区间宽度上都有差异,从图中可以得到以下结论。

（1）在区间覆盖率方面,只有 LSTM-GPR 超过了 90%,达到 91.27%,QRL

覆盖率最高。这说明在相同的置信水平下,LSTM-GPR 的预测结果具有较高的可靠性。

(2) 在区间预测宽度方面,从图中可以看出,在金安桥站点无论是入库流量较大还是变化较为剧烈时,LSTM-GPR 都给出了较为合理的预测范围,而 SGPR 和 LSTM-BMA 在径流变化剧烈时给出的预测区间过宽。

下面绘制三个模型预测结果的概率积分变换(PIT)图进行对比。概率积分变换的基本思想是将模型的预测分布转换为均匀分布,然后通过检验转换后的数据是否服从均匀分布来评估模型的可靠性。如果模型是完全可靠的,那么转换后的数据应该完全服从区间[0,1]上的均匀分布。LSTM-GPR、SGPR 和 LSTM-BMA 的 PIT 图如图 5-20 所示。

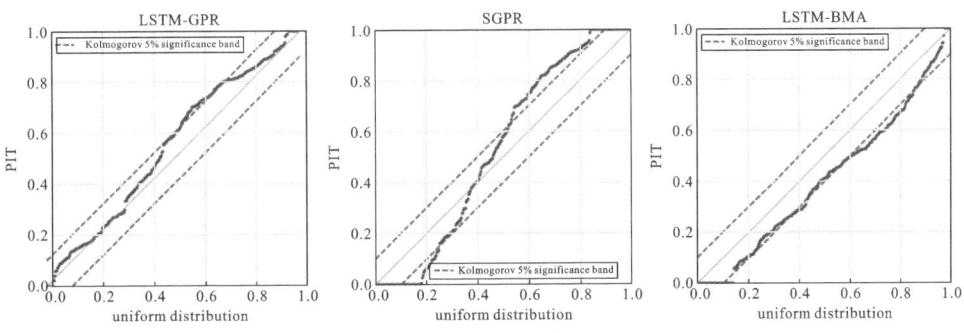

图 5-20　LSTM-GPR、SGPR、LSTM-BMA 可靠性验证

通过图 5-19 可以看出 LSTM-GPR 的 PIT 值均匀的分布在区间[0,1],几乎所有的 PIT 都落在 Kolmogorov 5% 置信区间之内,这表明 LSTM-GPR 的预测区间的宽度不存在过宽的情况,并且预测结果的概率密度函数也处于合适的区间内。相较于 LSTM-GPR 的 PIT 图,LSTM-BMA 和 SGPR 的 PIT 出现了明显的波动且分布不均,并且有一部分点超出了预测区间。LSTM-GPR 和 SGPR、LSTM-BMA 的 PIT 图的比较说明了本章所提模型具有更高的可靠性。

5.2.4.3　不确定性预测案例研究

LSTM-GPR 给出了一个置信度为 90% 的预测区间,统计各站点的预测区间覆盖率 PICP 和预测区间平均宽度百分比 PINAW 如图 5-21 所示,不确定性预测结果如图 5-22 所示。金沙江和澜沧江流域预测区间平均宽度为 5564 万 m^3,平均宽度百分比为 15.67%,预测区间覆盖率为 91.27%,可以将其预测结果认为是可靠的。

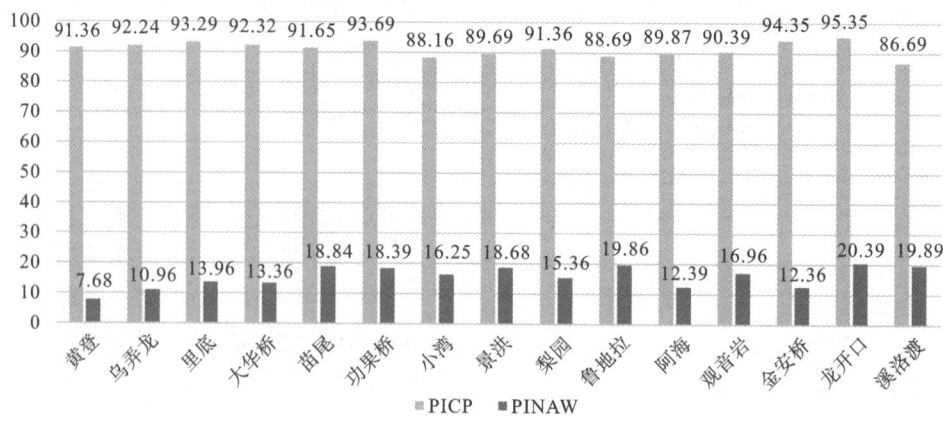

图 5-21　LSTM-GPR 不确定性预测指标统计

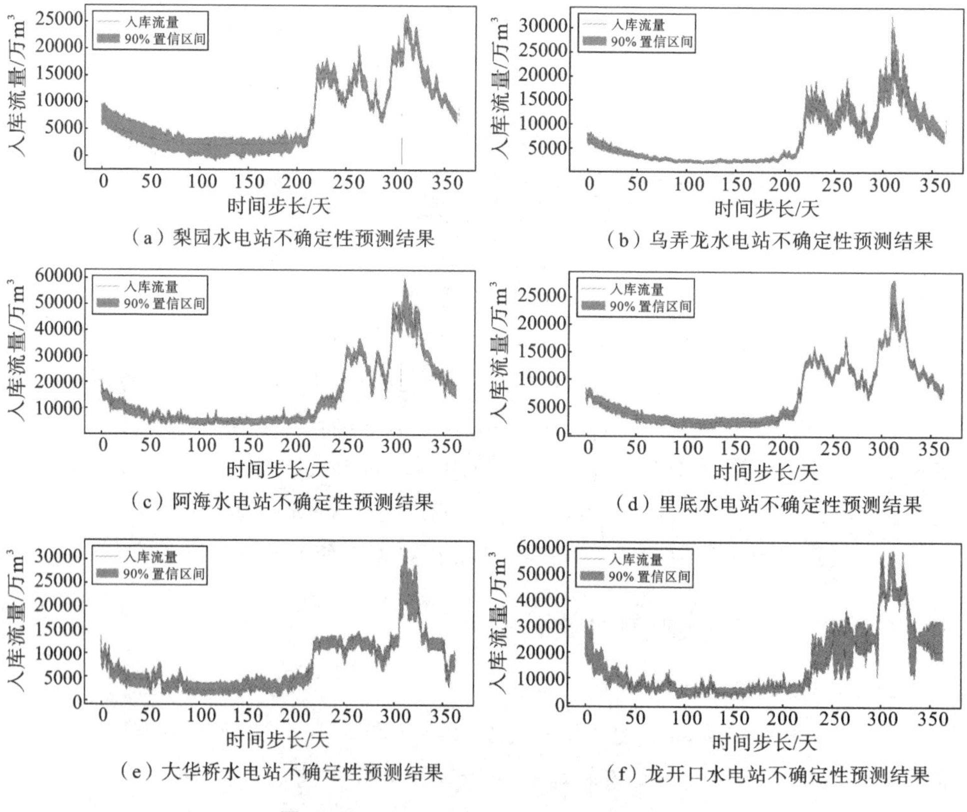

（a）梨园水电站不确定性预测结果　　　　（b）乌弄龙水电站不确定性预测结果

（c）阿海水电站不确定性预测结果　　　　（d）里底水电站不确定性预测结果

（e）大华桥水电站不确定性预测结果　　　　（f）龙开口水电站不确定性预测结果

图 5-22　LSTM-GPR 不确定性预测结果

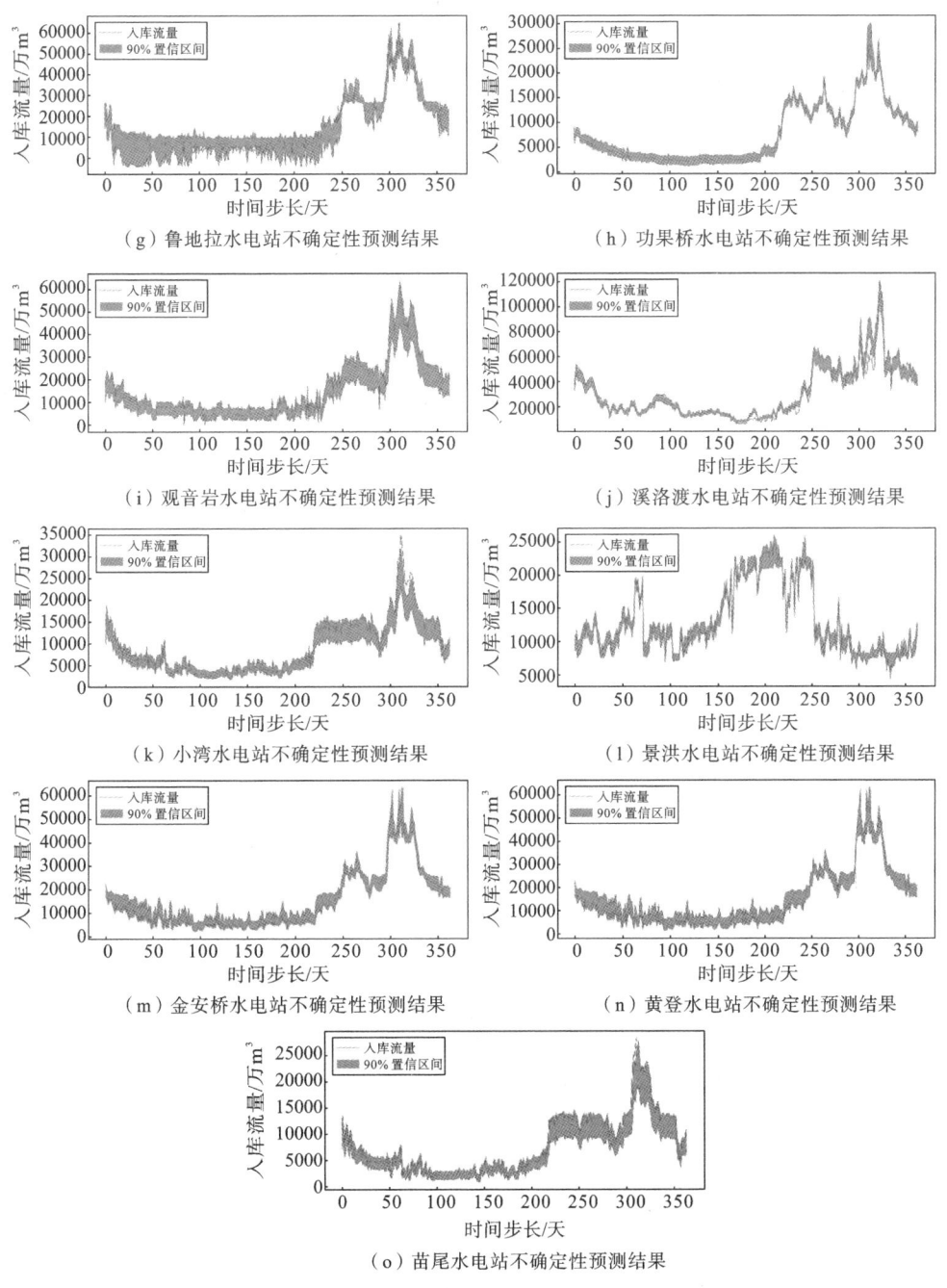

（g）鲁地拉水电站不确定性预测结果　　　　（h）功果桥水电站不确定性预测结果

（i）观音岩水电站不确定性预测结果　　　　（j）溪洛渡水电站不确定性预测结果

（k）小湾水电站不确定性预测结果　　　　（l）景洪水电站不确定性预测结果

（m）金安桥水电站不确定性预测结果　　　　（n）黄登水电站不确定性预测结果

（o）苗尾水电站不确定性预测结果

续图 5-22

5.2.5 结论

本节主要构建了基于 LSTM 和 GPR 的不确定性径流预测模型。首先介绍预测的建模流程,通过实验对各模型性能对比验证了各模型在小数据样本下的预测性能。使用金沙江-澜沧江干流上的 15 座水电站历史入库流量数据为基础构建预测模型,并给出模型的主要参数及相关评价指标。结果表明,经过误差校正 LSTM-GPR 的 MAE 和 RMSE 分别降低了 14.6% 和 13.1%,R^2 提高了 0.02。不确定性预测方面,与基于贝叶斯模型平均的 LSTM-BMA 相比,模型训练时间减少 46%,CRPS 降低 9.5%,PICP 提高 3.13%,说明将其预测结果更加可靠。

5.3 基于分位数回归和区间校正的不确定性径流预测方法

通过预测误差来量化径流预测的不确定性,还存在一定的缺陷,即需要考虑误差的相关性和分布,这样会导致得到的不确定性预测结果分布受到限制。同时,以往研究均是对确定性预测结果进行误差校正,对不确定性预测结果的误差校正研究不足,导致预报区间过宽,而预报区间越宽,真实值被区间覆盖的概率越高,水资源决策风险越小,但也导致预报模糊性越大,决策精准性和效益越小。最理想的不确定性预报结果是真实值被覆盖程度尽可能高的同时,预报区间尽可能窄。因此,本节提出了基于分位数回归和长短时记忆网络的 QRLSTM-GPR 概率性径流预测模型,通过构建条件分位数损失函数,直接生成不确定性预测结果,然后使用误差校正方法对预测区间进行校正,进一步提高预测精度,缩小预测区间,提高预测可靠性。

5.3.1 基于 LSTM、分位数回归和区间校正的不确定性预测模型结构

基于分位数回归和 LSTM 的入库流量预测模型的流程图如图 5-23 所示。该模型共四个模块,分别是特征选择及数据预处理模块、QRLSTM 模块、区间校正模块和核密度估计。

(1)数据预处理及预测因子筛选。在第一个模块中首先对数据自身相关性进行分析,确定个模型的输入步长,然后对预报因子进行筛选,主要是对处于同一干流上的各水电站历史入库流量和气象数据相关性进行计算,并划分训练集和测

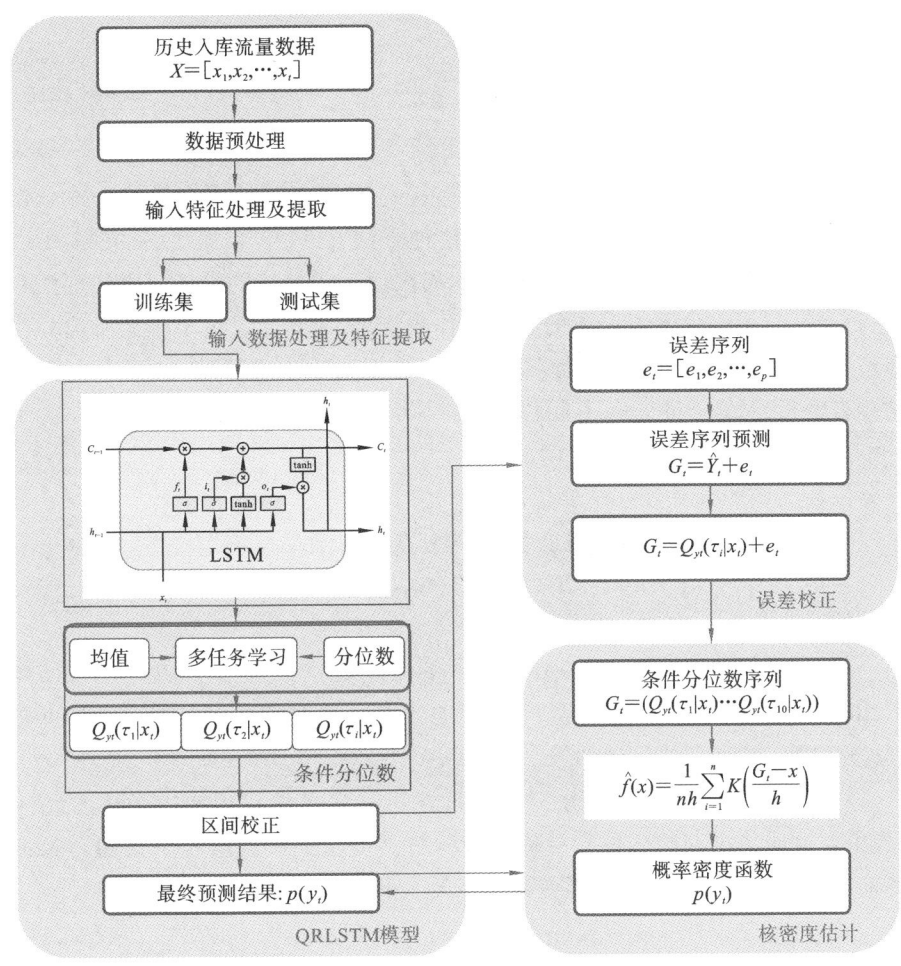

图 5-23 QRLSTM-GPR 建模流程图

试集。

（2）在 QRLSTM 模块,首先是基于 LSTM 模型对历史径流数据提取时间特征,设置多分位点和分位数损失函数,然后结合多任务学习机制将条件均值和条件分位数作为相关任务进行训练,得到分位数和均值预测值。

（3）使用上一步得到的预测值和观测值构建误差序列,然后使用 GPR 对误差序列进行训练和预测,得到误差均值和方差的预测值,最后应用误差的预测值对 QRLSTM 的预测结果进行校正,得到最终的不确定性预测结果。

（4）将校正后的分位数预测结果输入 KDE 模块得到最终的概率密度函数。

（5）对各模型的不确定性预测结果进行评价与分析。

5.3.2　模型理论基础

5.3.2.1　分位数回归

分位数回归(Quantile Regression,QR)是一种用于估计因变量的条件分位数作为自变量的线性函数回归分析方法。这种方法在 1978 年提出,旨在解决 OLS 回归在处理非对称误差分布和异常值时的局限性。与传统的最小二乘法(OLS)不同,它不是通过最小化平方误差的总和来预测结果,而是通过最小化从所选分位数切点产生的绝对误差之和来进行预测。QR 并不关注于平均效应,而是允许研究者估计自变量对因变量分布不同位置(如中位数或其他分位数)的影响,这使得 QR 可以从多个角度理解变量之间的关系。

分位数回归的计算过程主要包括以下几个步骤。

(1)确定分位数。假设随机变量 X 的分布函数满足

$$F(x) = P(X \leqslant x) \tag{5-37}$$

则分位数 $\tau(0 < \tau < 1)$ 可定义为

$$Q(\tau) = \inf\{x : F(x) \geqslant \tau\} \tag{5-38}$$

式中:$\inf\{x : F(x)\}$ 代表满足函数 $F(x)$ 的自变量 x 的最小值,即 $Q(\tau)$ 是随机变量 x 的 τ 分位数。

(2)确定损失函数。典型分位数回归方法首先寻求找到响应变量的线性组合,该组合最能通过回归分位数目标函数的解释变量的线性组合来预测。对于随机变量 $Y = Y_1, Y_2, \cdots, Y_n$ 及其因变量 $X = X_1, X, \cdots, X_n$,其目标函数如下:

$$\rho_\tau(u) = u(\tau - I(u < 0)) \tag{5-39}$$

式中:$I(u < 0)$ 是指示函数,可表示为

$$I(u < 0) = \begin{cases} 1, & u < 0 \\ 0 & u \geqslant 0 \end{cases} \tag{5-40}$$

这个目标函数使得样本 x 的第 τ 个分位数 $Q_Y(\tau | X)$ 满足所选分位数切点产生的绝对误差之和最小:

$$Q_Y(\tau | X) = \beta_0(\tau) + \beta_1(\tau)X_1 + \beta_2(\tau)X_2 + \cdots + \beta_k(\tau)X_k = X_i^T \beta(\tau) \tag{5-41}$$

式中:$\beta(\tau)$ 是第 τ 个分位点的回归系数,其表达式为

$$\beta(\tau) = \min_\beta \sum_{i=1}^{n} \rho_\tau(Y_i - X_i^T \beta(\tau)) \tag{5-42}$$

(3)分位数回归。对于随机变量 $Y = Y_1, Y_2, \cdots, Y_n$ 及其因变量 $X = X_1, X_2, \cdots, X_n$,条件分位数回归解的值可以表示为

$$\beta = \arg \min_{\beta \in \mathbf{R}} \left\{ \sum_{i=1}^{n} \rho_\tau (Y_i - X_i^T \beta(\tau)) \right\} \qquad (5\text{-}43)$$

分位数回归可以描述因变量 Y 在 τ 个分位点的完整条件分布,以此分析因变量在不同水平上的影响趋势和变化情况。与平均值回归相比,分位数回归能够揭示出更为复杂的数据结构和关系,使得研究者能够从多个角度分析和解释数据。

5.3.2.2　多任务学习

在单任务学习中,模型被训练来解决一个特定的任务,这意味着模型的整个学习过程只集中于一个目标或任务上,通过训练一个损失函数来优化模型。对于复杂的机器学习任务,通常是将其分解为多个简单的子任务分别进行训练,但是各个任务之间往往存在相关性,忽略这些相关信息会导致模型训练效果变差。多任务学习(Multi-Task Learning,MTL)是机器学习中的一种策略,旨在同时学习多个相关任务,通过共享表示来提高模型在各个任务上的性能。与传统的单任务学习相比,多任务学习通过利用任务之间的相关性,可以更有效地学习更泛化的特征表示,从而提高模型的泛化能力和效率。

多任务学习(MTL)中的参数共享是实现不同任务间学习和知识转移的关键机制。通过参数共享,不同任务可以利用共同的知识学习,从而提高模型的泛化能力和学习效率。根据模型在处理不同任务时网络参数的共享程度,多任务学习方法的网络结构可以分为硬参数共享和软参数共享两类,如图 5-24 所示。硬参数共享是指模型的主体部分共享参数,输出结构任务独立。这意味着模型的架构是固定的,所有任务都共享相同的网络结构和参数。硬参数共享的主要优点是模型参数数量相对较少,因为不需要为每个任务单独定义参数。这种方法适合处理有较

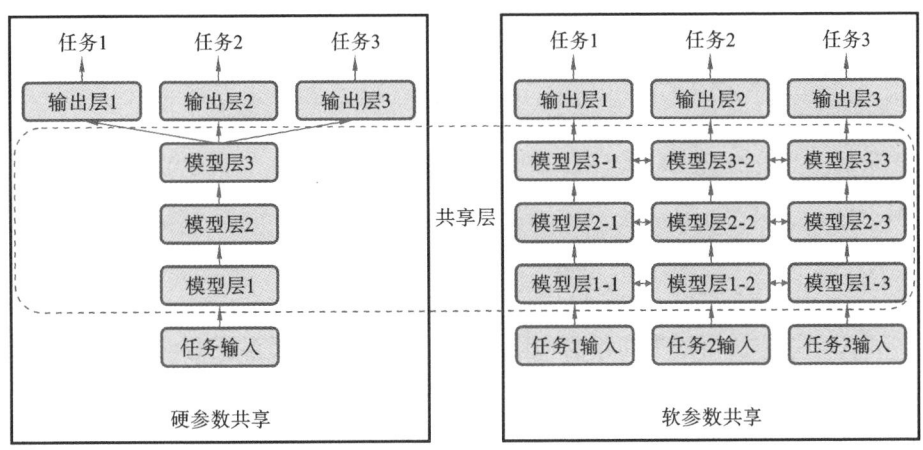

图 5-24　多任务学习参数共享机制

强相关性的任务,因为它允许模型在学习一个任务时自然地学习到其他任务的相关知识。软参数共享则允许模型在参数级别上进行更灵活的配置,既可以共享部分参数,也可以为每个任务定义独特的参数。这种方法允许模型在不同任务之间进行更细粒度的调整,以适应各自任务的特性和需求。软参数共享的优点是它可以更好地适应不同任务之间的差异,同时仍然保持模型的参数数量相对较少。然而,软参数共享的设计和实现可能更复杂,因为需要确定哪些参数应该共享,哪些参数应该是任务特定的。

5.3.2.3　区间误差校正

误差校正既适用于点预测,也适用于区间预测。点预测校正使预测均值更接近真实值。在基于分位数回归和 LSTM 的不确定性预测模型训练后,将径流预测值与真实值之间的差值构成误差序列,然后将误差信息应用于预测后预测区间的修正,可以提高预测的可靠性。本节使用 GPR 对 QRLSTM 的不确定性预报结果进行误差校正。在得到 QRLSTM 的预测结果后,使用点预测值与观测值作差得到的预测误差 $e(t)$,即

$$e(t) = Y_t - \hat{Y}_t \tag{5-44}$$

式中:Y_t,$\hat{Y}_t$ 分别为径流观测值和预测值。因为使用的径流数据是时序数据,因此相应的预测误差也由时序数据组成,将误差输入 GPR 中进行拟合,得到误差的均值预测值和方差预测值,其中误差的预测值可表示为

$$e(t)^{\text{pre}} = f_{\text{GPR}}(e(t-1), e(t-2), \cdots, e(t-n)) \tag{5-45}$$

式中:$e(t)^{\text{pre}}$ 为误差预测值,f_{GPR} 为 GPR 预测模型,n 为历史误差项数。

然后,将误差的预测值 $e(t)^{\text{pre}}$ 与 QRLSTM 的预测值相结合进行校正,校正后的点预测值为

$$G_t = \hat{Y}_t + e(t)^{\text{pre}} \tag{5-46}$$

最后,对不确定性预测上限 L_t^{upper} 和下限 L_t^{lower} 进行修正,修正后的预测区间上下限为

$$\begin{cases} L_t^{\text{upper}'} = L_t^{\text{upper}} - e(t)^{\text{pre}} \\ L_t^{\text{lower}'} = L_t^{\text{lower}} - e(t)^{\text{pre}} \end{cases} \tag{5-47}$$

采用上述方法可以提高预测区间的覆盖率,然后使用误差的均值预测值和方差预测值构建与 QRLSTM 相同置信度的预测区间,将式(5-47)中的预测区间上下限分别与 GPR 得到的预测区间上下限进行比较,上限取两者的最小值,下限取两者的最大值,构成最终的预测区间。区间误差校正效果示意图如图 5-25 所示。

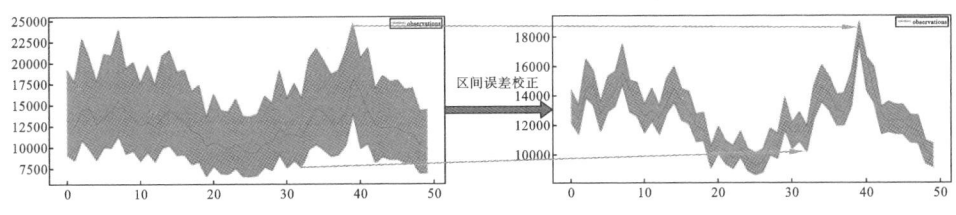

图 5-25　区间误差校正示意图

5.3.2.4　核密度估计 KDE

核密度估计是一种用来估计随机变量概率密度函数（PDF）的非参数方法,它通过对有限数据点集合进行平滑处理的方式,获得一个连续的概率密度函数,因此也称作 Parzen 窗口。在传统的参数估计方法中,需要根据数据的总体分布情况和样本信息对总体参数做出推断,这可能会使预设的分布与数据实际分布有较大的差距,最终导致得到的 PDF 不符合实际。与参数估计不同,非参数估计不假设数据遵循任何特定的分布（如正态分布）,能够适应更广泛的数据类型和分布形态。

KDE 是一种典型的非参数估计方法,它不依赖于相关数据的先验知识,也不对数据分布做任何假设。KDE 的基本思想是:对于给定的数据点,将其周围的空间划分为一个个小区间,然后对每个小区间内的数据点计数,并用这些计数除以总数据点数来估计该区间的密度。

$Q_{y_t}(\tau_i|x_t)$ 是 QRLSTM 预测得到的条件分位数值。每个点的 τ 个条件分位数构成一组样本 $G_t = (Q_{y_t}(\tau_1|x_t), \cdots, Q_{y_t}(\tau_{10}|x_t))$。样本 G_t 的 PDF 可以定义为

$$\hat{f}(x) = \frac{1}{nh}\sum_{i=1}^{n} K\left(\frac{G_t - x}{h}\right) \tag{5-48}$$

式中:n 是样本数,h 是 KDE 的带宽。使用 Python 的 sklearn 库中的 GridSearch-CV 方法选择核密度估计的带宽。核函数选择了通用性更强的 Epanechnikov 函数,可表示为

$$K(\alpha) = \begin{cases} \frac{3}{4}(1-\alpha^2), & \alpha \in [-1,1] \\ 0, & \alpha \neq [-1,1] \end{cases} \tag{5-49}$$

式中:α 是标准化样本点与估计点之间的距离。

5.3.3　实验设置

5.3.3.1　对比模型

本节选取 SGPR、LSTM-GPR、分位数回归神经网络（QRNN）作为对比模型,

其中 SGPR 和 LSTM-GPR 的具体介绍见第 3 章,QRNN 是一种结合了分位数回归和神经网络优势的模型,此算法使用神经网络作为特征提取器,并利用分位数解码器进行概率预测可以预测目标变量的不同分位数,从而提供关于预测分布的更全面信息。

5.3.3.2 模型参数设置

为了充分验证所提方法的性能,从概率预测综合性能、预测可靠性等方面对各模型进行了比较。为了充分发挥模型的性能,防止过拟合,在验证方法中加入了衰减学习率、小批量机制、L2 正则化方法。这些方法的超参数通过网格搜索或参考常用值进行优化,各模型的主要参数如表 5-11 所示。QRLSTM 和 QRNN 使用 Adam 算法进行权重和偏执的优化,使用训练 10 次后的平均值设置模型参数。本实验选择了 11 个分位数来预测径流的概率分布,它们分别是 $0.05,0.1,0.2,0.3$, $0.4,0.5,0.6,0.7,0.8,0.9$ 和 0.95,然后使用 0.05 和 0.95 量化值构建 90% 置信区间,具体模型参数如表 5-11 所示。

表 5-11　各模型主要参数

模型	输入变量	主要参数
QRLSTM-GPR	2018 年 1 月 1 日—2020 年 10 月 21 日各站点入库流量及气象数据	层数＝2,批大小＝64,学习率＝0.01,优化算法＝Adam,核函数＝高斯核函数
QRLSTM	2018 年 1 月 1 日—2020 年 10 月 21 日各站点入库流量及气象数据	层数＝2,批大小＝64,学习率＝0.01,优化算法＝Adam
LSTM-GPR	2018 年 1 月 1 日—2020 年 10 月 21 日各站点入库流量及气象数据	层数＝2,批大小＝64,学习率＝0.01,优化算法＝Adam,核函数＝高斯核函数
QRNN	2018 年 1 月 1 日—2020 年 10 月 21 日各站点入库流量及气象数据	层数＝2,神经元数＝500,批大小＝128,迭代次数＝100
SGPR	2018 年 1 月 1 日—2020 年 10 月 21 日各站点入库流量及气象数据	核函数＝高斯核函数,批大小＝100,迭代次数＝60

本节采用连续分级概率得分(CRPS)预测区间覆盖率(PICP)和预测区间平均宽度百分比(PINAW)作为概率预测指标,并使用概率积分变换(PIT)验证模型的可靠性。

5.3.4　实验结果对比与分析

各站点及各模型的入库流量不确定性评价指标结果如表 5-12 所示,表中展示了 5 个概率预测模型在金沙江和澜沧江流域 15 个水电站的预测评价指标结果,接下来分别将所提模型与对比模型进行详细对比分析。

表 5-12　各模型在 15 个站点的不确定性预测评价指标

站点	评价指标	QRLSTM-GPR	QRLSTM	LSTM-GPR	SGPR	QRNN
景洪	CRPS	445.37	654.23	598.63	881.3	925.63
	PICP/(%)	96.21	92.23	89.63	89.65	86.35
	PINAW/(%)	15.32	18.36	18.68	13.79	15.69
乌弄龙	CRPS	216.49	289.21	279.36	315.94	366.56
	PICP/(%)	93.76	94.31	92.24	85.8	85.32
	PINAW/(%)	11.33	13.26	10.96	8.94	10.26
梨园	CRPS	180.27	196.24	182.36	203.9	263.21
	PICP/(%)	94.69	93.28	91.36	81.35	81.23
	PINAW/(%)	5.74	8.98	15.36	10.37	9.36
里底	CRPS	264.32	302.39	298.25	368.99	396.36
	PICP/(%)	93.68	92.11	93.29	85.21	84.96
	PINAW/(%)	14.08	17.26	13.69	3.47	12.31
阿海	CRPS	453.16	489.86	459.69	597.64	685.32
	PICP/(%)	97.31	94.13	89.87	90.69	89.36
	PINAW/(%)	10.94	13.26	12.39	7.4	9.63
金安桥	CRPS	618.82	653.26	689.57	782.36	932.36
	PICP/(%)	95.1	92.63	94.35	91.16	86.36
	PINAW/(%)	11.23	15.26	12.36	9.38	18.36
黄登	CRPS	431.7	511.65	487.65	631.14	625.58
	PICP/(%)	98.62	95.36	91.36	94.95	86.39
	PINAW/(%)	6.61	8.91	7.68	7.89	9.63
大华桥	CRPS	383.82	452.32	403.68	548.6	596.35
	PICP/(%)	93.69	91.26	92.32	89.56	86.32
	PINAW/(%)	14.27	16.39	13.36	15.77	19.36

续表

站点	评价指标	QRLSTM-GPR	QRLSTM	LSTM-GPR	SGPR	QRNN
龙开口	CRPS	667.49	842.36	975.46	1230.36	962.54
	PICP/(%)	97.32	95.24	95.35	91.23	93.25
	PINAW/(%)	11.57	14.37	20.39	19.83	15.35
苗尾	CRPS	305.26	412.36	486.39	627.4	751.06
	PICP/(%)	93.15	94.34	91.65	89.63	88.28
	PINAW/(%)	13.65	15.23	18.84	8.63	16.32
鲁地拉	CRPS	1084.58	1163.69	1236.87	1133.36	1332.28
	PICP/(%)	94.56	95.33	88.69	88.36	86.32
	PINAW/(%)	15.49	18.42	19.86	16.68	18.23
功果桥	CRPS	339.09	441.03	423.65	550.38	486.36
	PICP/(%)	95.32	95.13	93.69	90.29	87.59
	PINAW/(%)	14.92	18.36	18.39	7.8	17.21
观音岩	CRPS	1806.92	1998.25	1983.63	1727.02	1632.95
	PICP/(%)	93.16	95.69	90.39	88.34	86.32
	PINAW/(%)	14.87	19.85	16.96	15.41	19.63
小湾	CRPS	504.73	598.36	648.67	675.42	587.36
	PICP/(%)	93.01	92.31	88.16	90.36	88.32
	PINAW/(%)	12.38	19.86	16.25	9.7	16.39
溪洛渡	CRPS	1536.65	1654.86	1763.59	1747.67	1635.82
	PICP/(%)	90.36	93.46	86.69	85.32	86.32
	PINAW/(%)	27.95	32.16	19.89	20.5	29.32

1. QRLSTM-GPR 与 QRLSTM

对 QRLSTM-GPR 与 QRLSTM 的概率预测评价指标进行分析,误差校正模块起到了提高概率预测模型表现,在保证预测可靠性的前提下缩小预测区间范围的作用。具体来说,CRPS 降低了 13.4%,QRLSTM-GPR 的 PICP 比 QRLSTM 的 PICP 得分高 0.8%,PINAW 得分低 2.4%,说明误差校正模块对于预测区间覆盖率改善并不明显,但是在保证区间覆盖率的前提下缩小了预测区间的覆盖范围,提高了概率预测模型的可靠性。

2. QRLSTM-GPR 与 QRNN

通过对比 QRLSTM-GPR 与 QRNN 的预测评价指标结果,可以发现本节所提出的 QRLSTM-GPR 的概率预测结果评价指标在所有站点几乎都比 QRNN 模型表现得更好。具体到各个指标中,QRLSTM-GPR 的 CRPS 得分比 QRNN 低 24.2%,QRLSTM-GPR 的 PICP 比 QRNN 的 PICP 得分高 7.95%,QRLSTM-GPR 的 PINAW 比 QRNN 的 PINAW 得分低 1.51%。以上结果表明,QRLSTM-GPR 在保证预测可靠性的同时(PICP>90%),预测区间的平均宽度也低于 QRNN 的预测结果。这说明本节所提出的模型在性能上远超 QRNN 模型,并且在多个站点得到了验证。

3. QRLSTM-GPR 与 SGPR

QRLSTM-GPR 与 SGPR 的预测评价指标结果对比表明,本节所提出的模型的概率预测结果评价指标比 SGPR 模型整体表现得更好。具体到各个指标中,QRLSTM-GPR 的 CRPS 比 SGPR 低 23%,QRLSTM-GPR 的 PICP 比 SGPR 的 PICP 得分高 5.08%,但是在 PINAW 指标方面,SGPR 的表现效果更好,比 QRLSTM-GPR 得分低 3.25%,但是预测区间更窄的代价是更多的预测点落在置信区间之外,降低了预测结果的可靠性。因此以上分析表明,QRLSTM-GPR 的综合预测能力更强。

4. QRLSTM-GPR 和 LSTM-GPR

与 LSTM-GPR 相比,QRLSTM 的不确定性预测效果更好,CRPS 的得分比 LSTM-GPR 低 15%,PICP 低了 3%,并且平均宽度百分比也比 LSTM-GPR 低 1.3%,说明 QRLSTM 在进行不确定性预测时既保证了预测的可靠度,也可以得到一个较窄的预测区间。

本节选择位于金沙江上的金安桥水电站和澜沧江上的黄登水电站的概率预测结果作为代表进行展示。金安桥水电站和黄登水电站入库流量概率预测结果分别如图 5-26 和图 5-30 所示。

从图 5-26 可以看出,三个模型在区间覆盖率和平均区间宽度都有差异,从图中可以得到以下结论。

(1)在区间覆盖率方面,QRLSTM-GPR 与 LSTM-GPR、QRLSTM 超过了 90%,QRLSTM-GPR 更是高达 95.1%,覆盖率最高。这说明在相同的置信水平下,QRLSTM-GPR 的预测结果具有较高的可靠性。

(2)在区间预测宽度方面,从图中可以看出,在金安桥站点无论是入库流量较大还是变化较为剧烈时,QRLSTM-GPR 都给出了合理的预测区间范围,这表明所提模型可在保持预测可靠性的情况下给出更为精准的预测范围。

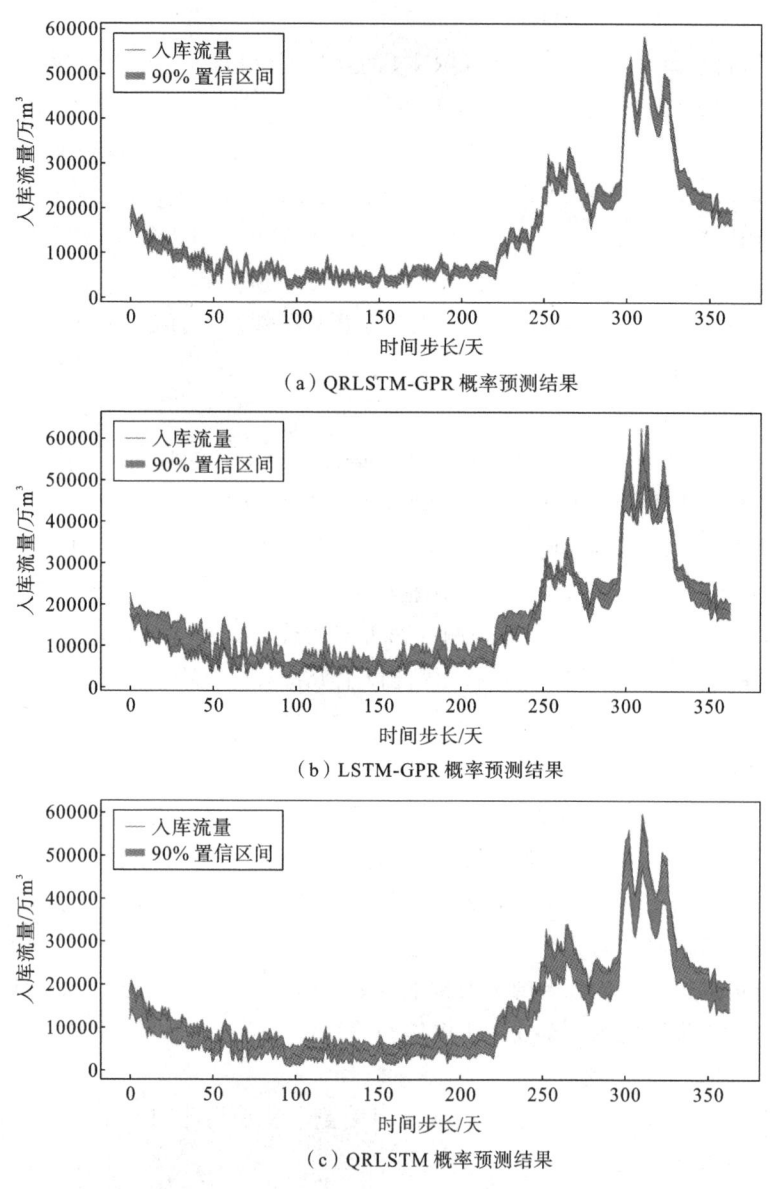

（a）QRLSTM-GPR 概率预测结果

（b）LSTM-GPR 概率预测结果

（c）QRLSTM 概率预测结果

图 5-26　四个模型在金安桥水电站得到概率预测结果

（3）从图中可以看出，相较于 LSTM-GPR 和 QRLSTM 的概率预测结果，入库流量真实值更加贴近 QRLSTM-GPR 预测范围的中间，这也说明了模型的预测精度更高。

下面绘制了表现较好的 LSTM-GPR 和 QRLSTM 的概率积分变换（PIT）图与

QRLSTM-GPR 进行对比。概率积分变换的基本思想是将模型的预测分布转换为均匀分布,然后通过检验转换后的数据是否服从均匀分布来评估模型的可靠性。如果模型是完全可靠的,那么转换后的数据应该完全服从区间[0,1]上的均匀分布。QRLSTM-GPR、LSTM-GPR 和 QRLSTM 的 PIT 图如图 5-27 所示。

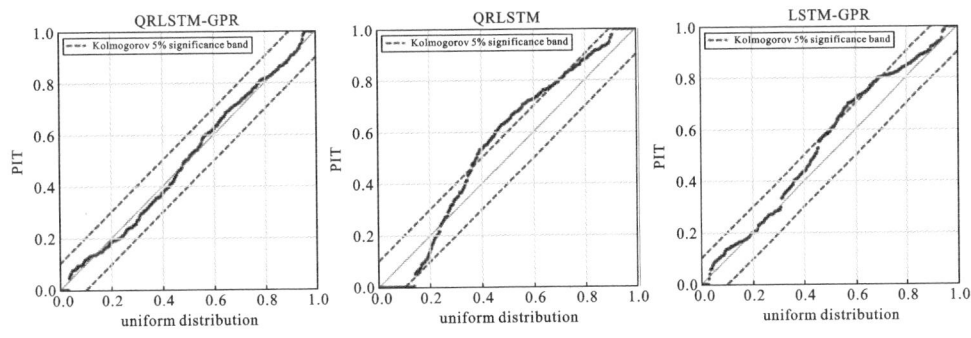

图 5-27　QRLSTM-GPR、LSTM-GPR 和 QRLSTM 的 PIT 图

通过上图可以看出 QRLSTM-GPR 的 PIT 值均匀地分布在区间[0,1]上,并且所有的 PIT 都落在 Kolmogorov 5% 置信区间之内,这表明 QRLSTM 的预测区间的宽度不存在过宽的情况,并且预测结果的概率密度函数也处于合适的区间内。相较于 QRLSTM-GPR 的 PIT 图,LSTM-GPR 和 QRLSTM 的 PIT 图出现了明显的波动且分布不均,并且有一部分点超出了预测区间。QRLSTM-GPR 与 LSTM-GPR 和 QRLSTM 的 PIT 图的比较,说明了本节所提模型具有更高的可靠性。

为了更好地比较本节所提模型的概率预测性能,对前面所提模型以及表现较好的 LSTM-GPR 的概率预测结果选择相应的点绘制概率密度曲线。选择间隔为 30 的 8 个点绘制,QRLSTM-GPR 和 LSTM-GPR 的概率密度曲线分别如图 5-28 和图 5-29 所示。

由 QRLSTM-GPR 和 LSTM-GPR 的概率密度曲线可以看出,两个模型的概率密度曲线在不同预测点分布都很均匀,没有出现概率密度曲线过高或过窄的现象,这说明两个模型的概率预测结果是合理的。具体来说,对于本节所提模型的概率密度曲线,在第 90 预测时间点,实际入库流量落在概率密度曲线的最大值上,这表明 QRLSTM-GPR 在这些时间点的预测非常精准。如在其余预测时间点的入库流量距概率密度曲线中心附近,则说明在这些时间点的预测有些误差,但是也在可接受的范围内。相较于本节所提模型,LSTM-GPR 在第 30 和 120 预测时间点出现较大偏差,并且在其他预测时间点的概率密度曲线表现也不如 QRLSTM-GPR。这表明 LSTM-GPR 的预测精度不如 QRLSTM-GPR。

综上所述,在金安桥水电站的入库流量概率预测中,本节所提模型的预测精度

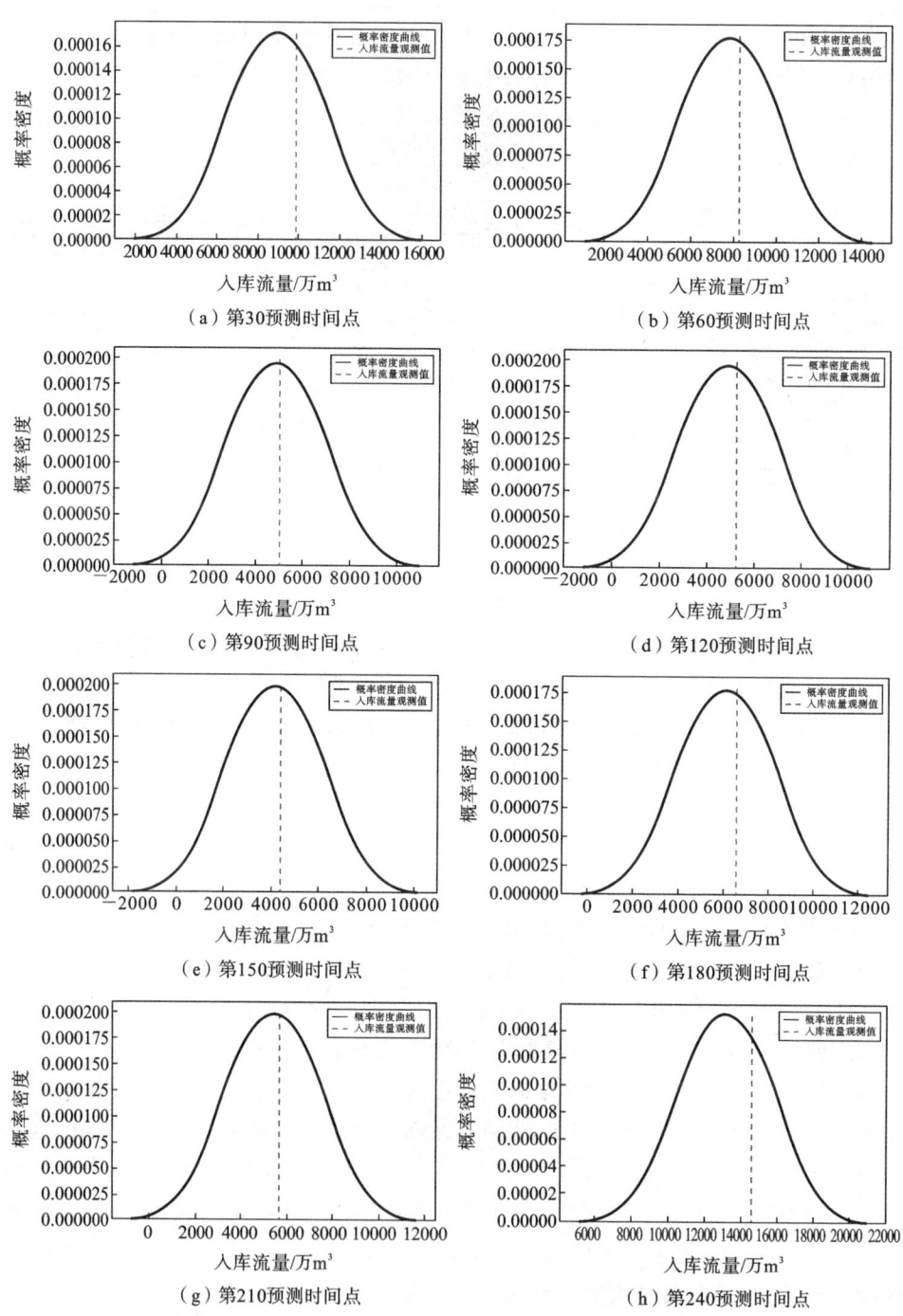

（a）第30预测时间点　　　　　　（b）第60预测时间点

（c）第90预测时间点　　　　　　（d）第120预测时间点

（e）第150预测时间点　　　　　　（f）第180预测时间点

（g）第210预测时间点　　　　　　（h）第240预测时间点

图 5-28　金安桥站点入库流量 QRLSTM-GPR 预测概率密度曲线

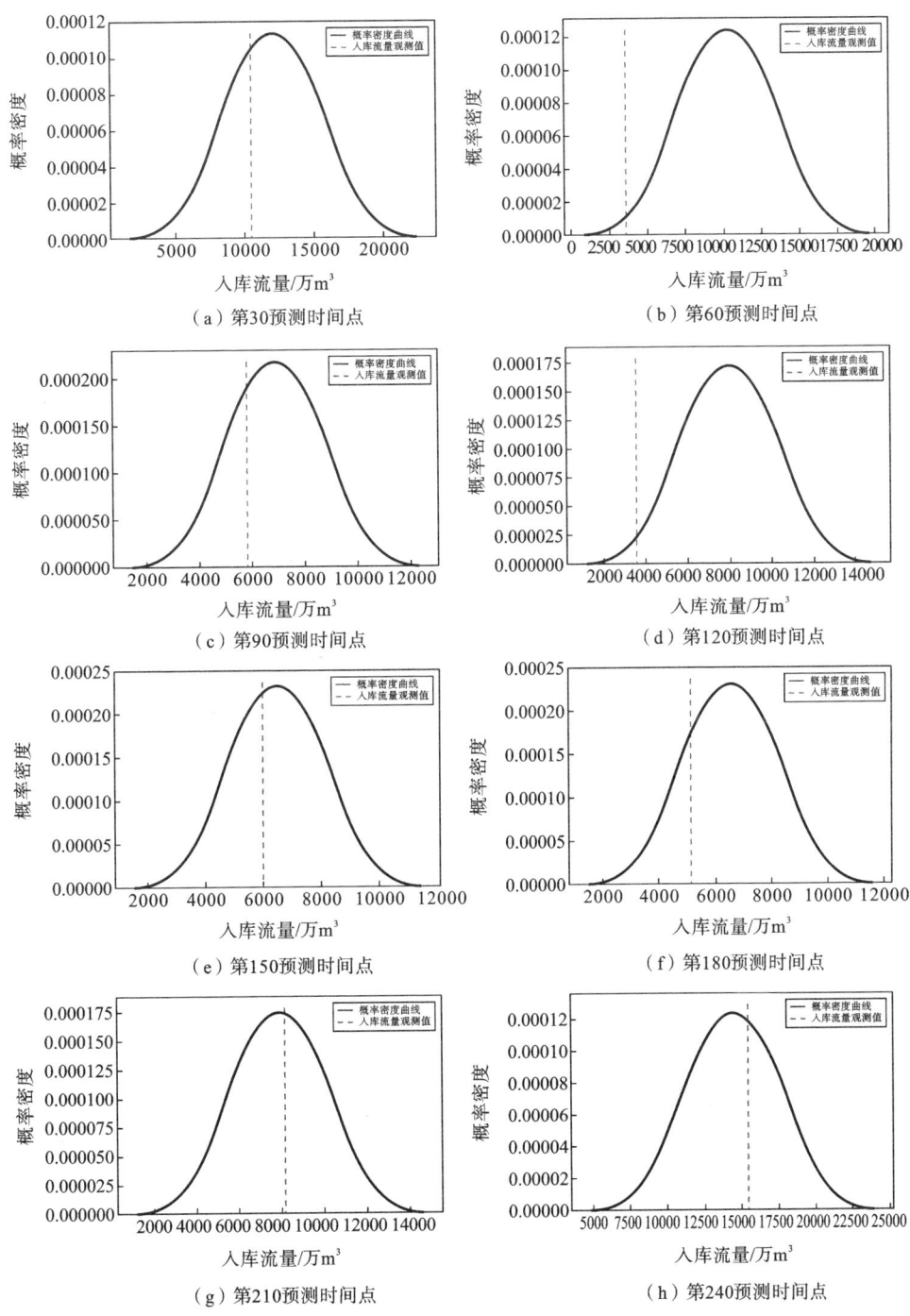

图 5-29 金安桥水电站入库流量 LSTM-GPR 预测概率密度曲线

及可靠性均高于对比模型,更适合于该水电站的入库流量预测工作。

图 5-30 为三个模型在黄登水站的概率预测结果。

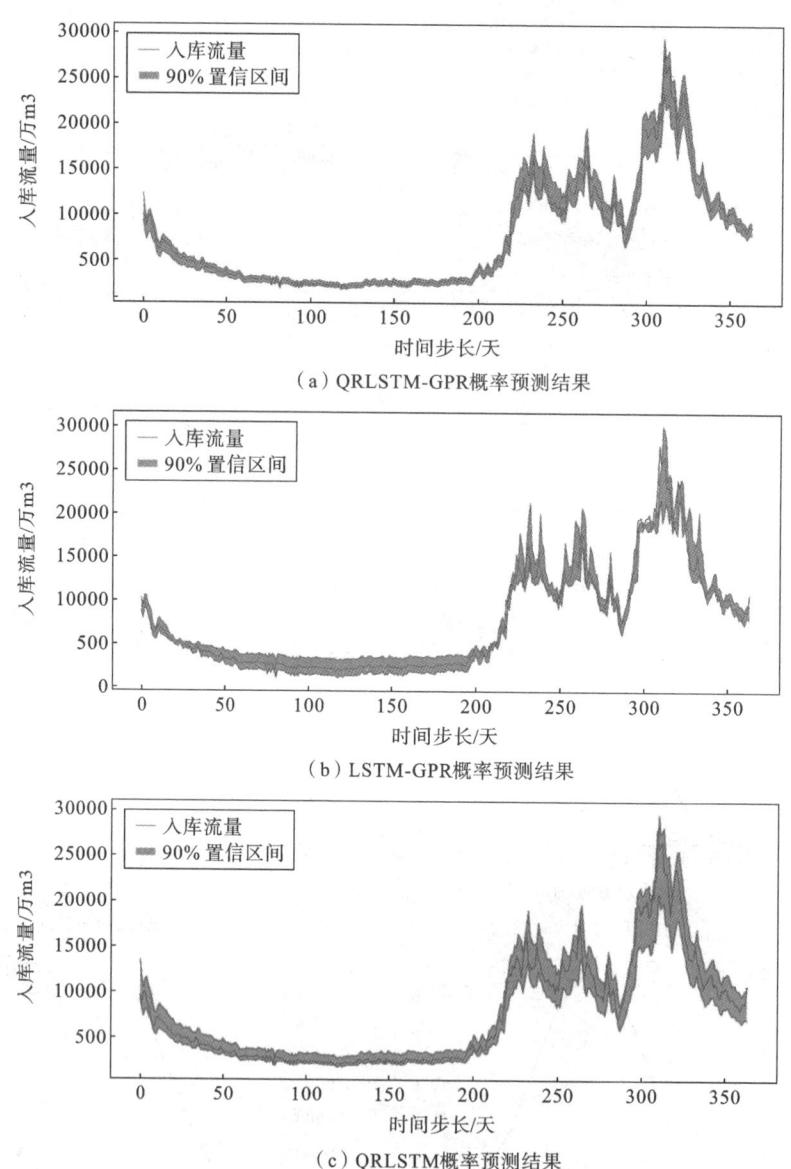

（a）QRLSTM-GPR概率预测结果

（b）LSTM-GPR概率预测结果

（c）QRLSTM概率预测结果

图 5-30　三个模型在黄登水电站的概率预测结果

从图 5-30 可以看出,三个模型在区间覆盖率和平均区间宽度都有差异,从图中可以得到以下结论。

（1）在区间覆盖率方面，QRLSTM-GPR 与 LSTM-GPR 的区间覆盖率均超过了 90%，而 QRLSTM-GPR 的更是高达 98.62%，QRLSTM 表现较差，没有达到相应的置信水平。这说明在相同的置信水平下，QRLSTM 的预测结果具有较高的可靠性。

（2）在区间预测宽度方面，从图中可以看出，在黄登站点无论是入库流量较大还是变化较为剧烈时，QRLSTM-GPR 都给出了合理的预测区间范围，这表明 QRLSTM-GPR 可在保持预测可靠性的情况下给出更为精准的预测范围。

（3）从图中可以看出，相较于 QRLSTM 和 LSTM-GPR 的概率预测结果，QRLSTM-GPR 预测区间的中点更接近于真实入库流量，这也说明了所提模型的预测精度。

为了更加具体地比较所提模型的可靠性，本节绘制了表现较好的 QRLSTM-GPR、QRLSTM 和 LSTM-GPR 的 PIT 图进行比较，如图 5-31 所示。

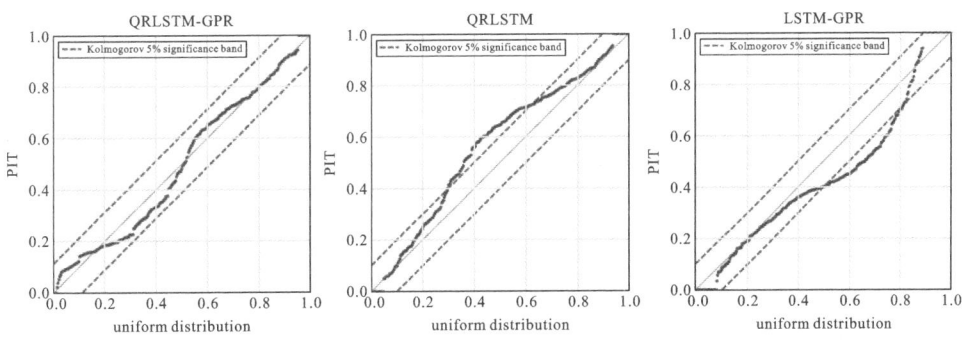

图 5-31　QRLSTM-GPR、QRLSTM、LSTM-GPR 的 PIT 图

通过图可以看出 QRLSTM-GPR 的 PIT 值的分布在区间[0,1]上，并且所有的 PIT 都落在 Kolmogorov 5% 置信区间之内，这表明 QRLSTM 的预测区间的宽度不存在过宽的情况，预测结果的概率密度函数也处于合适的区间内。相较于 QRLSTM-GPR 的 PIT 图，LSTM-GPR 和 QRLSTM 的 PIT 值波动变大，一部分点落在置信区间外。通过 PIT 图的比较说明了本节所提模型在黄登站点的径流不确定性预测中具有更高的可靠性。

为了更好地比较所提模型的概率预测性能，对所提模型以及表现较好的 LSTM-GPR 的概率预测结果选择相应的点绘制概率密度曲线。选择间隔为 30 的 10 个点绘制，QRLSTM-GPR 和 LSTM-GPR 的概率密度曲线分别如图 5-32 和图 5-33 所示。

由 QRLSTM-GPR 和 LSTM-GPR 的概率密度曲线可以看出，两个模型的概率密度曲线在不同预测点分布都很均匀，没有出现概率密度曲线过高或过窄的现

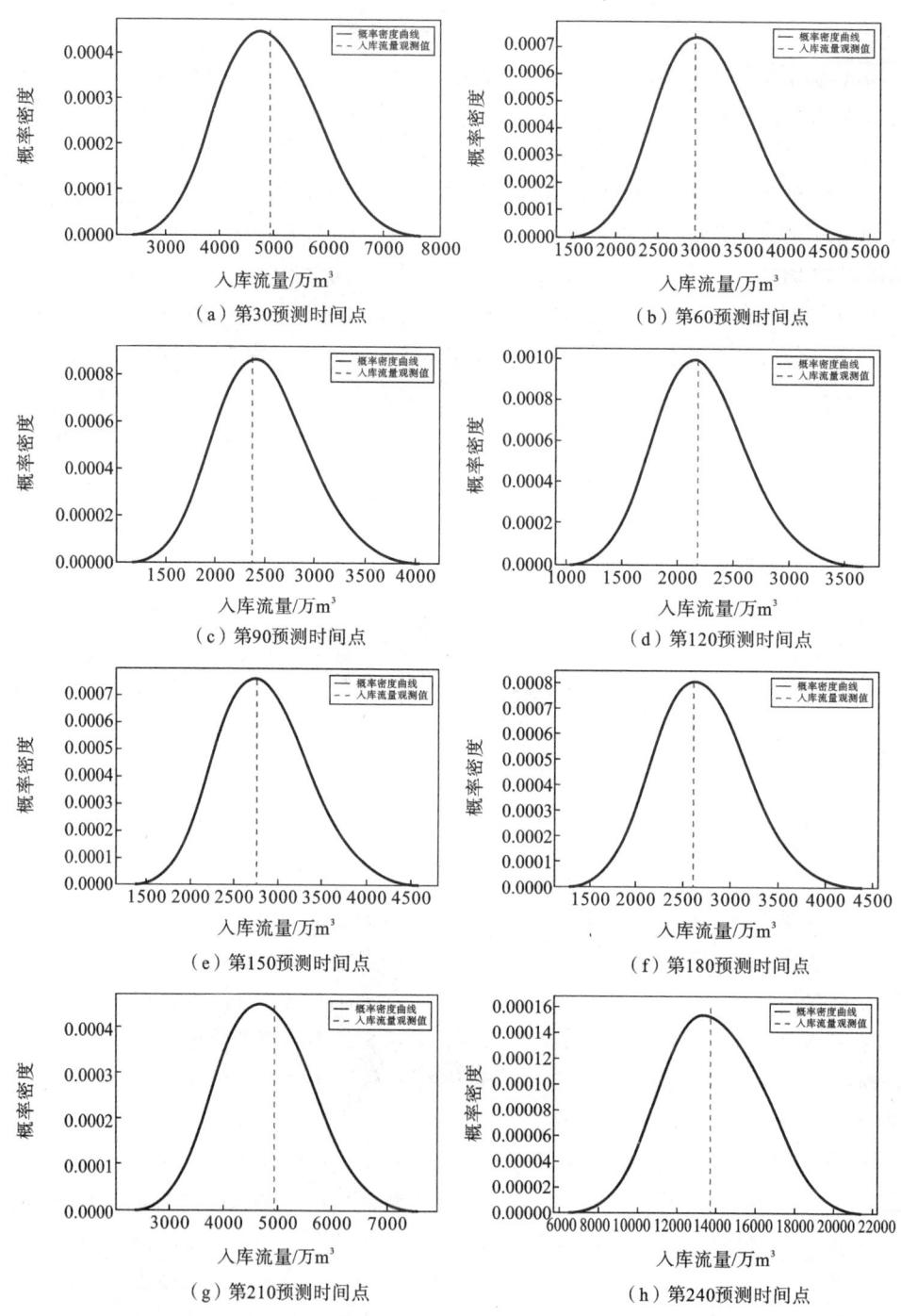

（a）第30预测时间点

（b）第60预测时间点

（c）第90预测时间点

（d）第120预测时间点

（e）第150预测时间点

（f）第180预测时间点

（g）第210预测时间点

（h）第240预测时间点

图 5-32　黄登站点入库流量 QRLSTM-GPR 预测概率密度曲线

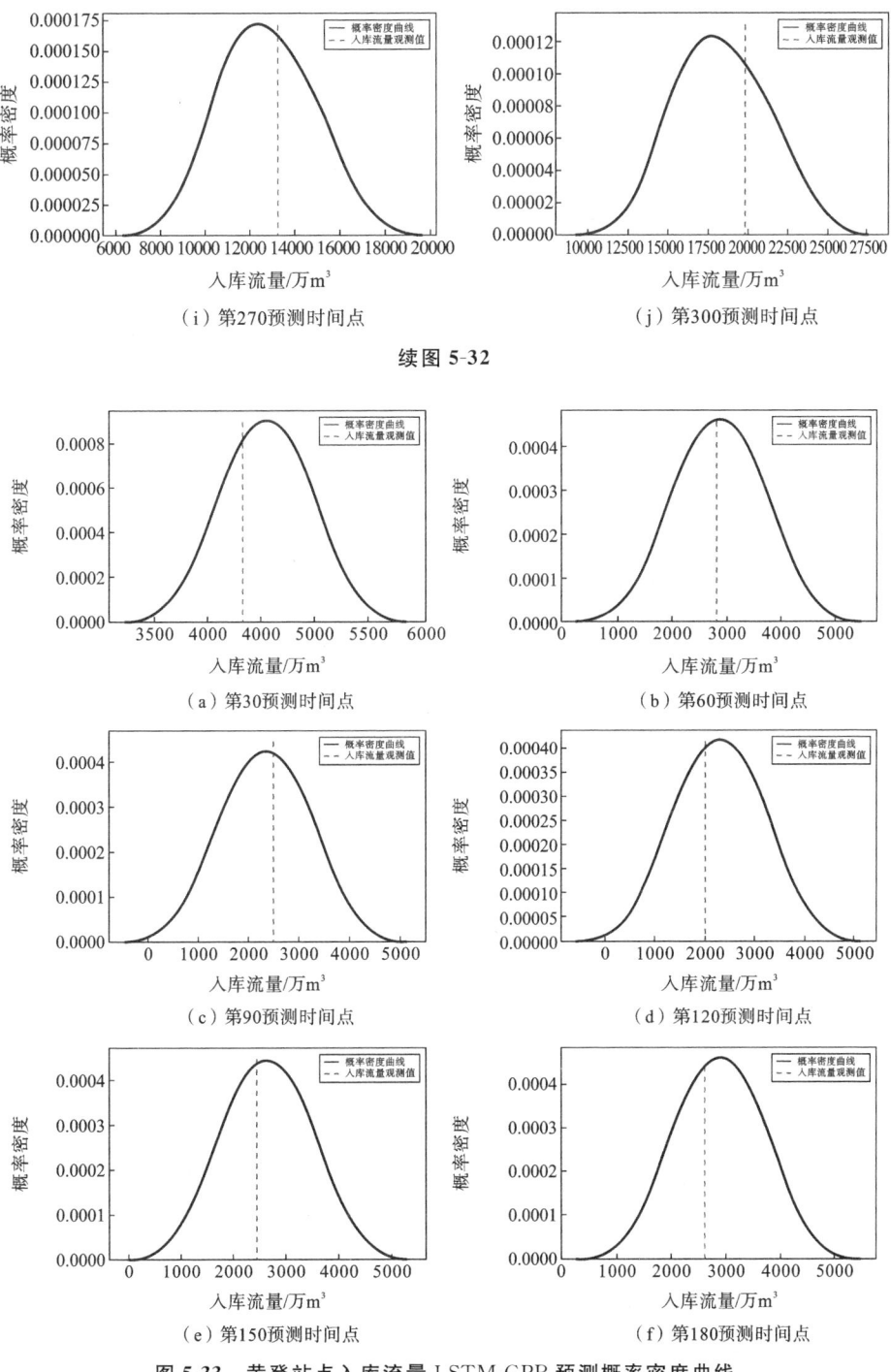

（i）第270预测时间点　　　　　　　　（j）第300预测时间点

续图 5-32

（a）第30预测时间点　　　　　　　　（b）第60预测时间点

（c）第90预测时间点　　　　　　　　（d）第120预测时间点

（e）第150预测时间点　　　　　　　　（f）第180预测时间点

图 5-33　黄登站点入库流量 LSTM-GPR 预测概率密度曲线

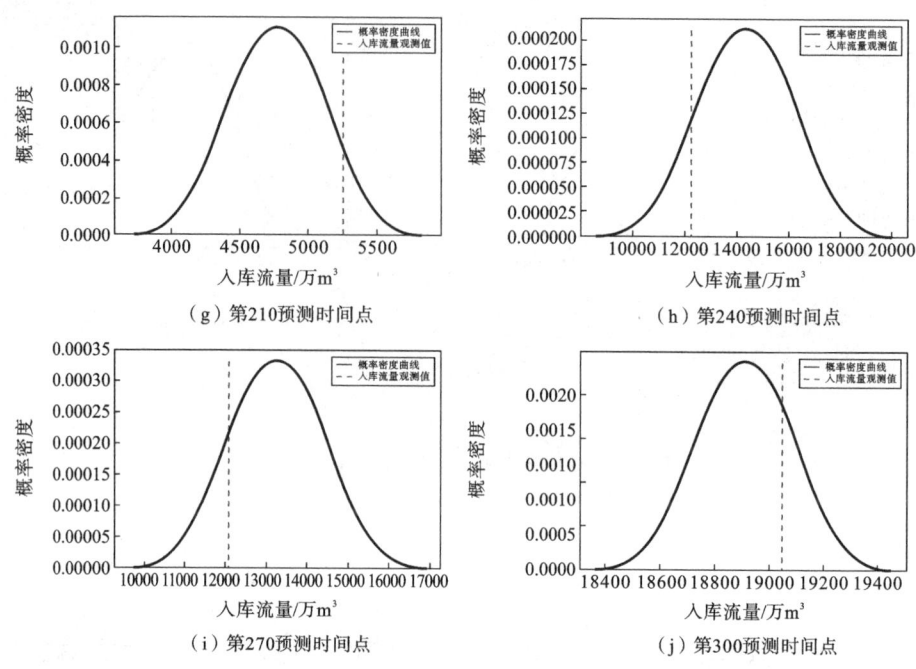

图 5-33 黄登站点入库流量 LSTM-GPR 预测概率密度曲线

象,这说明 QRLSTM-GPR 和 LSTM-GPR 都能得到合适的概率预测结果。从图 5-32 可以看出,在第 60、90、120、150、180 预测时间点,实际入库流量落在概率密度曲线的最大值附近,这表明 QRLSTM 在这些时间点的预测非常精准。其余时间点的入库流量距概率密度曲线中心较远,说明在这个时间点的预测误差较大,但是也在可接受范围内。相较于本节所提模型,LSTM-GPR 在第 210、240、270 及 300 预测时间点出现较大偏差。

综上所述,在黄登站点的入库流量概率预测中,QRLSTM-GPR 预测精度及可靠性均高于对比模型,更适合于该水电站的入库流量预测工作。

5.3.5 结论

径流概率预测对于防洪调度、充分利用水电资源具有重要意义。为了得到入库流量可靠的不确定性预测,本节提出了一种基于 LSTM 和分位数回归的入库流量概率预测模型。该模型使用 LSTM 提取历史入库流量中的隐藏信息,使用分位数回归得到各分位点的条件分位数预测结果,并基于多任务学习机制进行参数共享提高训练效率,然后使用误差校正模块进一步提高预测精度和预测可靠性,最终得到入库流量的概率性预测结果。

首先对误差校正模块的作用进行验证,结果表明误差校正模块可以在保证预测区间覆盖率的情况下缩小预测区间的宽度,提高概率预测的可信度。然后通过 CPRS、PICP、PINAW 对三个模型的概率预测结果的精度进行评价,结果表明 QRLSTM-GPR 模型具有最高的预测精度,此外为了评估径流概率预测的可靠性,本节选取了两个水电站的 300 个预测数据,计算并绘制了相应的概率积分变换图,通过 PIT 图的对比可以得出结论:QRLSTM-GPR 的概率预测结果具有更高的可靠性,LSTM-GPR 的 PIT 偏离置信区间,分布存在偏差。

最后通过概率密度曲线的对比可以看出,两种模型的预测结果分布比较稳定,但可以明显看出 QRLSTM-GPR 的预测结果的概率密度在入库流量观测值附近较高。特别是在后两幅图中,QRLSTM-GPR 的预测结果在真实值附近的概率密度远远大于 LSTM-GPR 的预测结果,预测值接近概率密度曲线的中心,这表明本节所提模型的预测精度更高,可靠性更强。

5.4　神经网络模型不确定性分析及降低不确定性方法

水文模型不确定性分析是水文学研究领域的重要内容之一,目前水文模型的不确定性分析研究主要针对概念性水文模型,对于系统理论水文预报模型的不确定性分析尚未见诸报道。事实上,系统理论水文模型同样会存在不确定性问题,与概念性水文模型类似,其不确定性来源主要有三种:模型输入不确定性、模型参数不确定性和模型结构不确定性。

本节以神经网络预报模型为例,以 Leaf River 流域神经网络水文预报模型为研究对象,基于 formal 范式首次开展系统理论水文模型不确定性研究,分析了神经网络水文模型的结构及参数不确定性,并提出了降低模型不确定的方法,对系统理论水文模型不确定性研究的深入开展具有重要的借鉴意义。

5.4.1　水文模型不确定分析方法参数设置

神经网络预报模型的结构为 6 个输入层节点、7 个隐含层节点和 1 个输出层节点,模型共有 57 个参数,因此,SCEM-UA 算法的参数设置 $q=25$ 和 $s=250$,同时为保证算法计算收敛,最大模型评价次数(或最大计算次数)设为 50000。另外,采用 Levenberg-Marquardt 算法试验性训练神经网络模型,得到模型参数值均在 $[-10,10]$ 上,因此,SCEM-UA 算法设置模型参数的搜索区间为 $[-10,10]$。

5.4.2 水文模型参数不确定性程度评价指标

本节采用变异系数 CV 评价模型参数的不确定性程度，CV 的定义式如下：

$$\text{CV} = \left| \frac{1}{\overline{x}} \right| \sqrt{\frac{1}{n-1} \sum_{i=1}^{n} (x_i - \overline{x})^2} \times 100\% \qquad (5\text{-}50)$$

式中：n 为 SCEM-UA 算法计算得到的参数组合个数，$\overline{x}$ 为参数平均值，x_i 表示第 i 个参数。

从上述定义可知，CV 值越大表明不确定性程度越大。

5.4.3 径流序列异方差性处理

结合 SCEM-UA 算法，通过试算不同 λ 值下的性能指标（见表 5-13）可知 λ 的值应取 0.3。

表 5-13　不同 λ 取值条件下的计算结果

λ	0.1	0.3	0.5	0.7	0.9
FREE_NEG	63769.8040	26.8000	35.4303	43.6233	48.8228
FREE_POS	22394.9976	7.1275	9.9564	15.5941	17.0626
FREE	86164.8016	33.9276	45.3867	59.2174	65.8854

5.4.4 误差分布类型确定

误差分布类型的选择对于模型不确定性结果影响较大，为确定合理的误差分布类型，本节采用与上述确定变换参数 λ 类似的方法，根据上述得到的 λ 值，计算拟定的几种典型误差分布类型下的性能指标，如表 5-14 所示。

表 5-14　典型误差分布类型下的性能指标结果

γ	-0.99	-0.5	0	0.5	1
FREE_NEG	—	21.8226	26.8000	22.2065	26.6578
FREE_POS	—	9.8012	7.1275	34.1573	32.4438
FREE	—	31.6238	33.9276	56.3639	59.1016

表中"—"表示算法无法收敛。

从上表可知，当 $\gamma = 0$ 时，可得到最小的不确定带宽宽度（FREE_POS 值最小），而当 $\gamma = -0.5$ 时，可以得到最高的不确定带宽覆盖率（FREE_NEG 值最小）。本节进一步绘制了 $\gamma = 0$ 和 $\gamma = -0.5$ 两种条件下的误差分布，如图 5-34 所示，从图可知当 $\gamma = 0$ 时，误差分布的对称性更好。因此，我们最终确定误差分布类型参数 $\gamma = 0$。

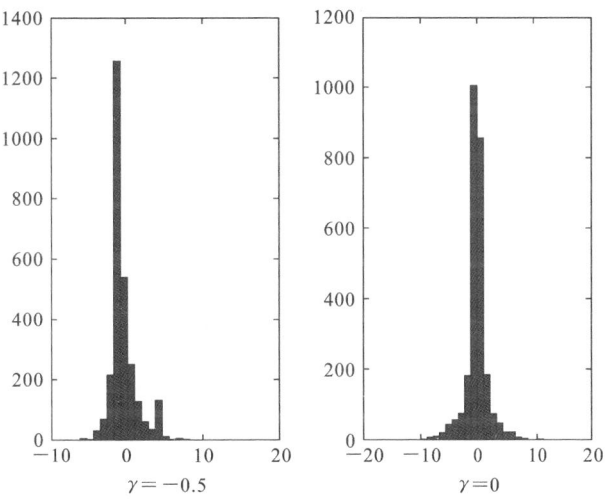

图 5-34　误差分布柱状图

5.4.5　模型不确定性结果分析

将 SCEM-UA 算法应用于神经网络模型参数不确定性分析,得到模型的 57 个参数收敛性指标 $\sqrt{SR}$ 随模型计算次数的变化特性,如图 5-35 所示,从图中可以看出算法在模型计算约 20000 次时开始收敛。

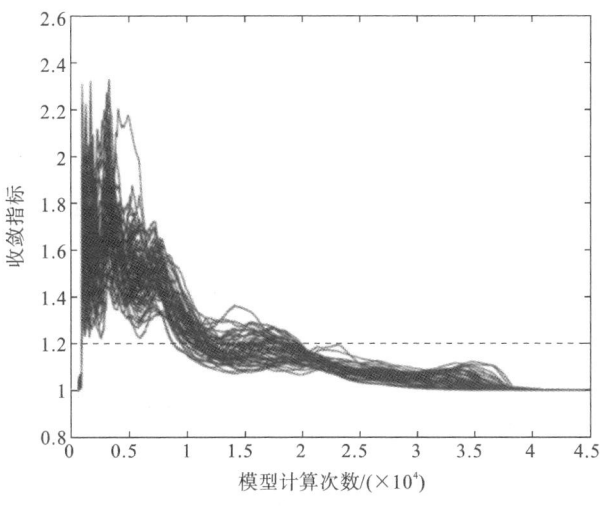

图 5-35　ANN 模型参数收敛性变化特性

根据算法收敛后得到的参数组合,分析计算模型中 57 个参数的不确定性分布图,限于篇幅,本节只展示其中 16 个参数的不确定性分布图,如图 5-36 所示,图中 $P(i)$ 表示模型第 i 个参数,模型参数的编号规则为:前 42 个参数为神经网络输入层和隐含层间的连接权值参数,第 43～49 个参数为模型隐含层的偏置参数,第 50～56 个参数为隐含层和输出层间的连接权值参数,最后一个参数为输出层的偏置参数。

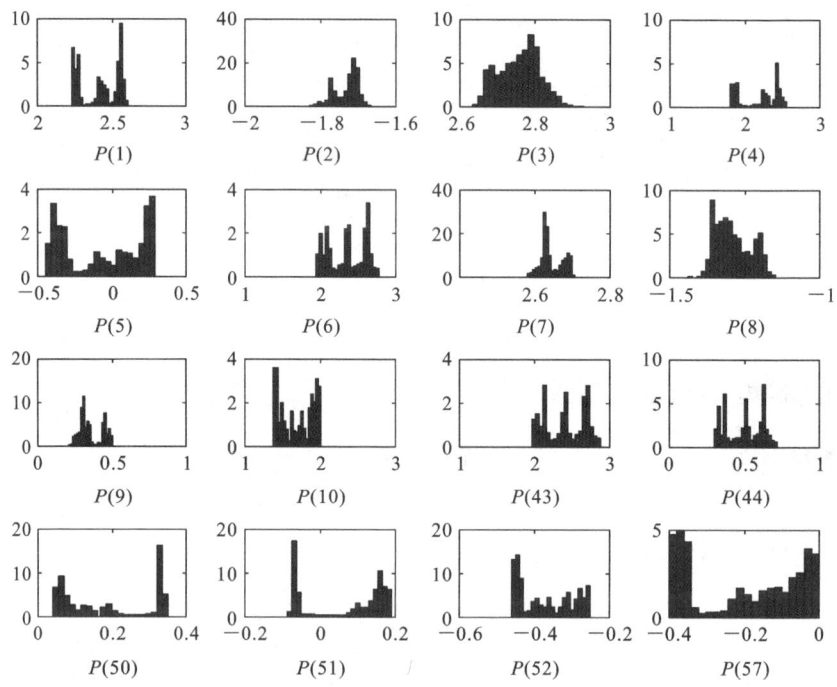

图 5-36 模型参数不确定性分布图(模型参数组合个数为 20000)

从参数的不确定性分布图可知:① 神经网络水文预报模型中存在明显的"异参同效"现象;② 模型参数的不确定性分布图存在明显的不同,如第 2 个参数的不确定性分布图比较"尖瘦",而第 5 个参数的分布图比较"矮胖",说明各个参数的不确定性程度存在显著差异,在下节中将重点分析各个参数的不确定程度,并根据不确定性程度降低模型预报结果的不确定性;③ 模型参数的不确定性范围均远小于原设定区间 $[-10, 10]$,说明 SCEM-UA 算法能有效识别模型的最优参数组合。

同时,为验证 SCEM-UA 算法计算的稳定性,本节计算了不同参数组合个数条件下的参数不确定性分布图,如图 5-37 和图 5-38 所示。

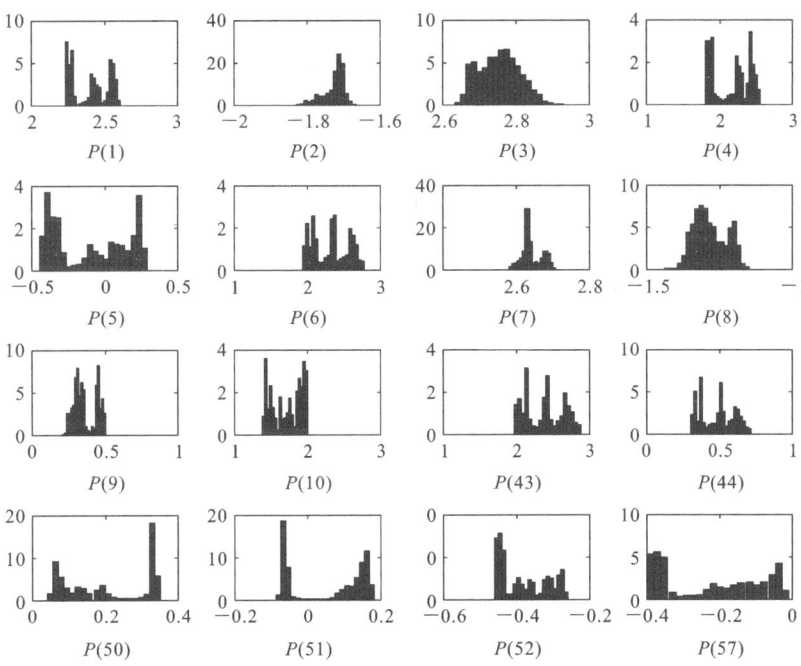

图 5-37 模型参数不确定性分布图(模型参数组合个数为 15000)

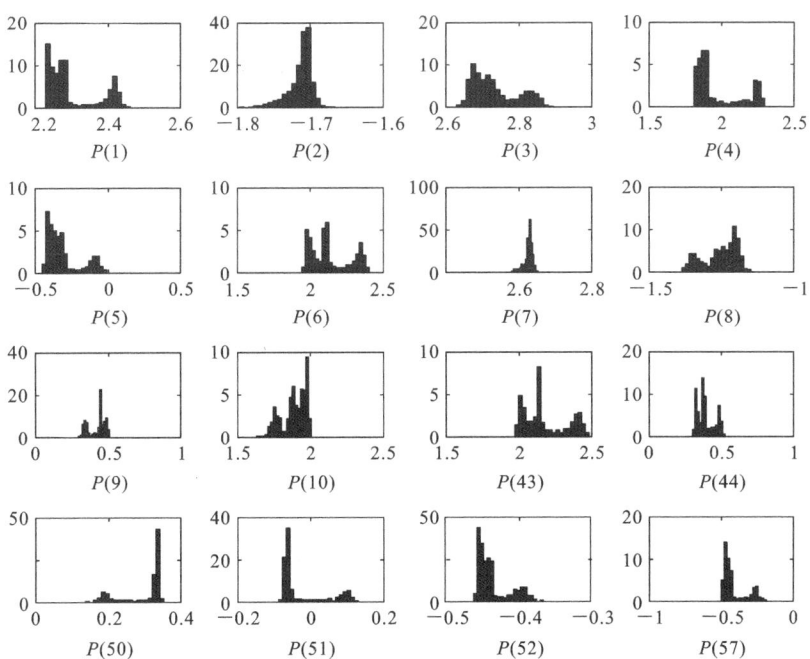

图 5-38 模型参数不确定性分布图(模型参数组合个数为 10000)

对比图 5-37、图 5-38 和图 5-36,参数不确定性分布图基本保持一致,而图 5-36 中的部分参数(如第 3、5、57 个参数)与图 5-38 有较大差异,主要原因是由于算法 SCEM-UA 本质上尚未完全收敛,从模型参数收敛性变化特性图中也可看出,当模型计算次数达到 20000 次左右时,部分参数的收敛性指标仅略低于 1.2。

此外,本节还给出了模型在训练期和两个验证期预报结果的不确定性分布,如图 5-39、图 5-40 和图 5-41 所示,图中阴影部分为 95% 不确定性预测带宽,散点为实测值,实线为最大似然函数值对应的预测值。

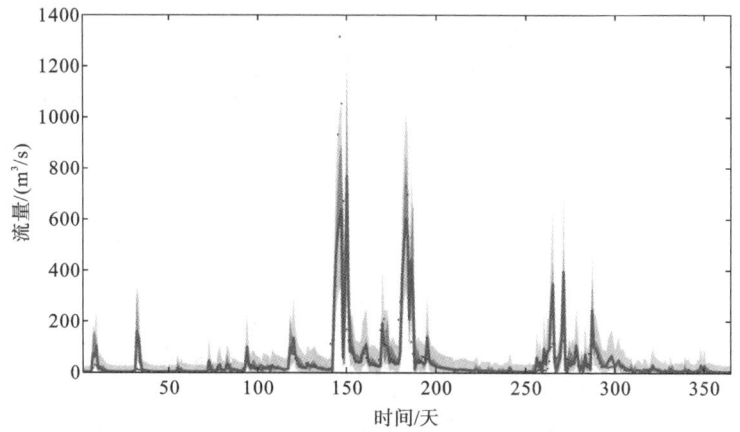

图 5-39 ANN 模型训练期预报结果不确定性分布

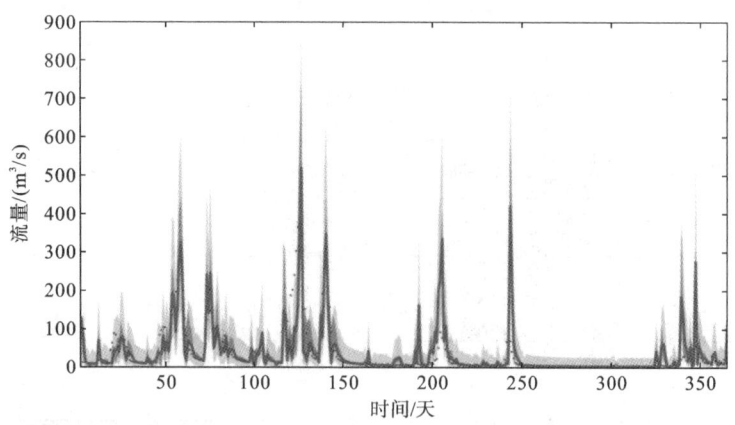

图 5-40 ANN 模型验证期 1 预报结果不确定性分布

同时,表 5-15 中评价了模型训练期和两个验证期的预报性能,其中模型的预测结果选取最大似然函数值对应的预测结果。

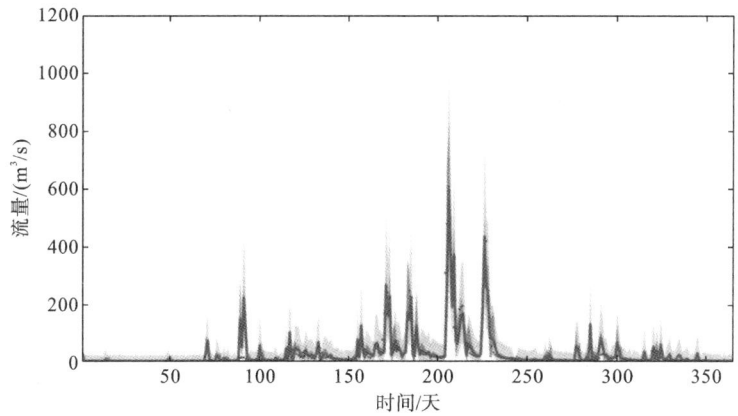

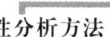

图 5-41 ANN 模型验证期 2 预报结果不确定性分布

表 5-15 模型训练期和两个验证期性能评价

模型	训练期		校验期 1		校验期 2	
	RMSE	R^2	RMSE	R^2	RMSE	R^2
ANN	47.2714	0.5547	35.7229	0.3704	32.3638	0.6255
ICANN(-6)	40.6913	0.6701	22.3982	0.7525	33.1360	0.6074
ICANN(-10)	38.5548	0.7038	17.3916	0.8508	34.2213	0.5813
ICANN(-15)	29.6112	0.8253	14.5469	0.8956	23.5252	0.8021
ICANN(-17)	26.3795	0.8613	14.9442	0.8898	21.5850	0.8334
ICANN(-18)	28.1804	0.8418	15.0551	0.8882	21.9767	0.8273
ICANN(-19)	24.5474	0.8799	14.9027	0.8904	20.7053	0.8467
ICANN(-20)	28.2145	0.8414	14.9086	0.8903	22.0576	0.8260
ICANN(-25)	26.5722	0.8593	14.9574	0.8896	21.1404	0.8402
ICANN(-30)	46.6827	0.5658	24.8619	0.6950	37.0562	0.5090

从上述结果可知:① ANN 预报模型能够反映流域径流的峰枯变化特性;② 在模型训练期,模型在枯期流量的预报精度要高于峰值流量,主要是由于径流序列的 Box-Cox 变换使得模型对于小流量模拟效果更好;③ 在模型训练期,模型 95% 不确定预报带宽能包含绝大部分观测值,而在两组验证期,模型对于洪峰流域往往出现过预报的现象,表明模型的结构仍然存在优化的余地,下一节将着重介绍模型结构的优化思路与方法。

5.4.6 模型结构优化及不确定性分析

Beven 在 2006 年提出:在水文模拟中由于对水文系统的认识不足,往往会导致模型结构的不准确性,如模型的"过参数化"现象等。在 ANN 模型中,模型的参数(包括连接权值和偏置)众多,这类模型很可能存在一定程度的"过参数化"现象。本节尝试根据模型参数的不确定分析结果,降低模型参数维数,从而减小模型预报的不确定性。

1. 模型参数不确定性程度分析

根据模型参数不确定性分析结果,采用 5.4.2 节的变异系数 CV 评价模型参数不确定性程度,计算结果如图 5-42 所示。从图中可以发现参数间的不确定性程度存在明显差异,部分参数的不确定性程度较大。

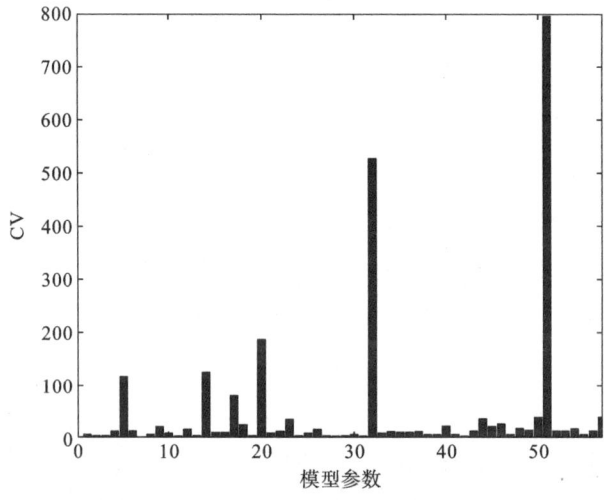

图 5-42 模型参数不确定性程度的计算结果

2. 模型结构优化

根据模型参数不确定性程度的计算结果,本研究尝试剔除模型中不确定性程度最大的参数,建立不完全连接的神经网络模型(Incomplete Connection Artificial Neural Network,ICANN)。为确定最优的参数剔除个数,本节采用试算法,设定不同的参数剔除个数,并评价模型在训练期和两个验证期的预报性能,如表 5-15 所示,表中 ICANN($-m$)表示剔除前 m 个不确定性程度最大的参数。从表中计算结果可知:随着模型不确定性参数的剔除,模型预报性能会得到一定程度提升,但是当模型参数剔除数量超过 25 时,模型的预报性能开始下降,说明 ANN 模型中存在"过参数化"现象;进一步,ICANN(-19)在训练期和验证期 2 获得最优的预报效果,在验证期 1 的预报效果略次于 ICANN(-15),而 ICANN(-15)在训练期和验证期 2 的性能远劣于 ICANN(-19)。因此,本节最终确定最优的模型结构为 ICANN(-19)。下一节将重点分析 ICANN(-19)的不确定性特征,为叙述简便,下文中提及的 ICANN 均代表 ICANN(-19)。

3. ICANN 模型不确定性分析

将 SCEM-UA 算法应用于 ICANN 模型参数不确定性分析,得到模型的 38 个参数收敛性指标 $\sqrt{SR}$ 随模型计算次数的变化特性,如图 5-43 所示,从图中可以看出算法在模型计算约 8200 次时开始收敛,相比于 ANN 模型,其收敛速度有了显著提高。

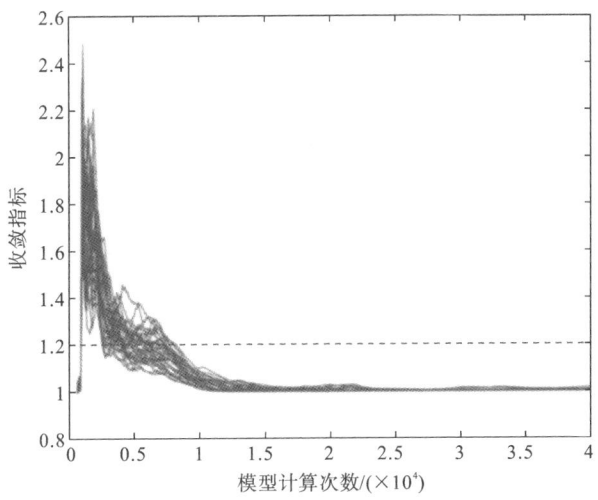

图 5-43　ICANN 模型参数收敛性变化特性

根据算法收敛后得到的参数组合,分析的计算模型 38 个参数的不确定性分布图,限于篇幅,本节只展示其中 16 个参数的不确定性分布图,如图 5-44 所示,图中 $P(i)$ 表示模型第 i 个参数,ICANN 模型参数的编号规则与 ANN 模型相同。

对比图 5-44 和图 5-36 可知,ICANN 模型参数的不确定性分布与 ANN 模型存在明显差异,其主要原因可能有两方面:① 由于剔除了 ANN 模型中的不确定性参数,使得 SCEM-UA 算法的计算效率提高,进而可以搜索到更优的参数组合;② 随着模型结构的改变,模型最优参数区域发生显著变化。

同时,本节给出了不同参数组合个数条件下的参数不确定性分布图,如图 5-45 和图 5-46 所示。对比图 5-44、图 5-45 和图 5-46,参数不确定性分布图基本保持一

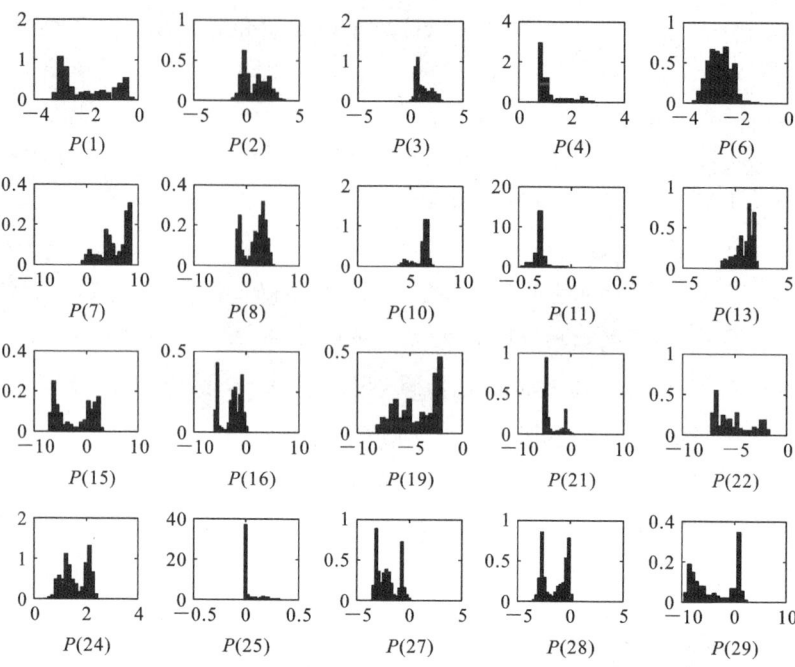

图 5-44　ICANN 模型参数不确定性分布图(模型参数组合个数为 30000)

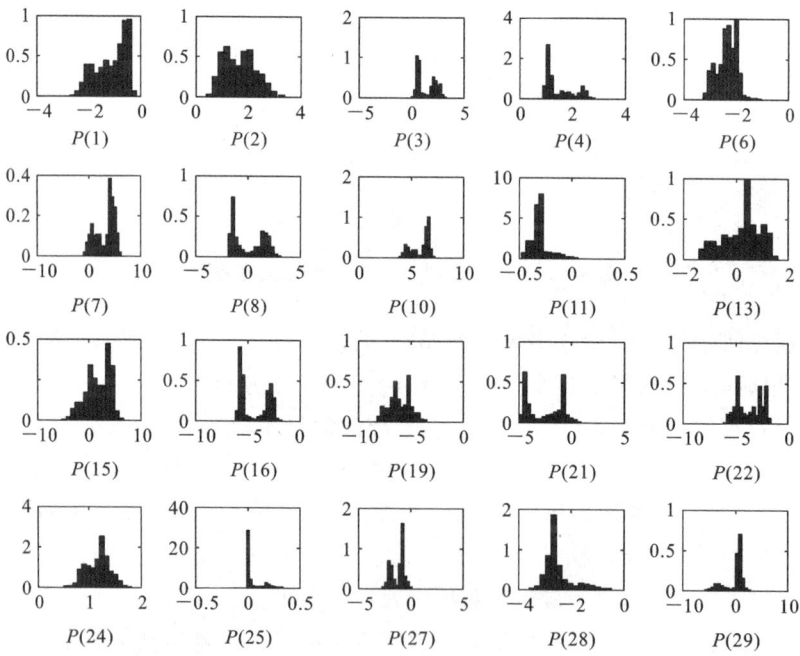

图 5-45　ICANN 模型参数不确定性分布图(模型参数组合个数为 15000)

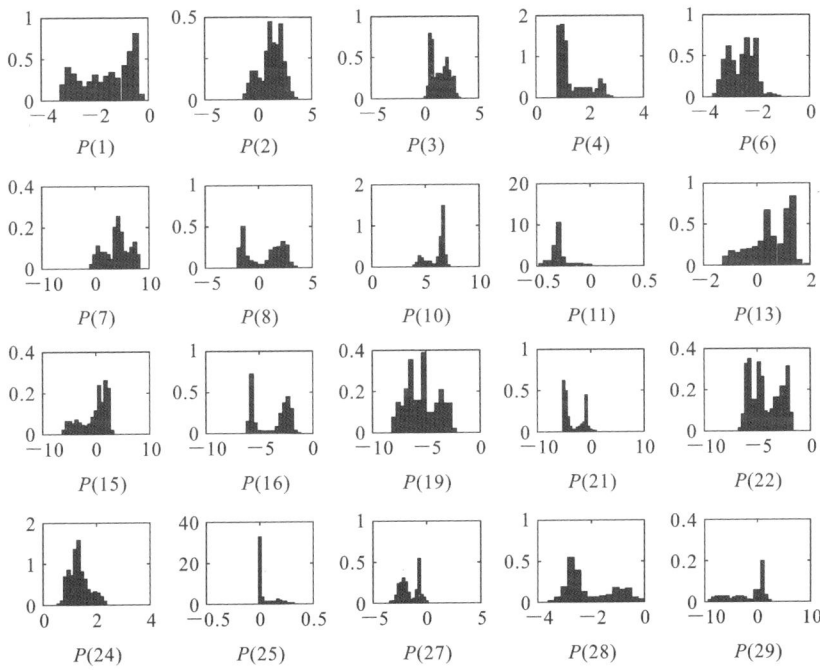

图 5-46 ICANN 模型参数不确定性分布图（模型参数组合个数为 20000）

致,表明了 SCEM-UA 算法计算的稳定性。

另外,本节还给出了 ICANN 模型在训练期和两个验证期预报结果的不确定性分布,如图 5-47～图 5-49 所示,图中阴影部分为 95% 不确定性预测带宽,散点为实测值,实线为最大似然函数值对应的预测值。

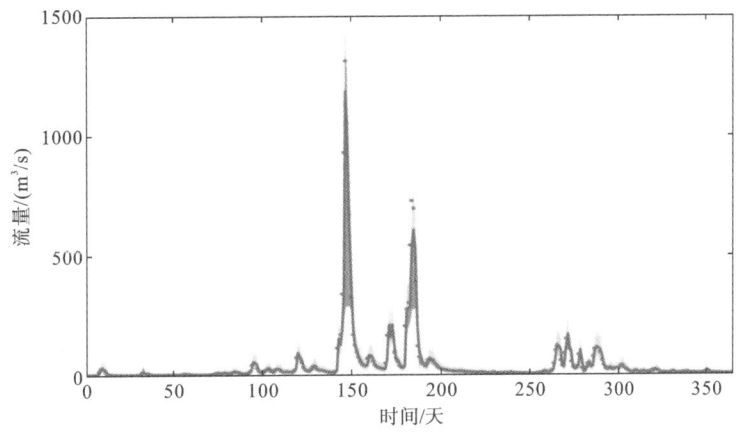

图 5-47 ICANN 模型训练期预报结果不确定性分布

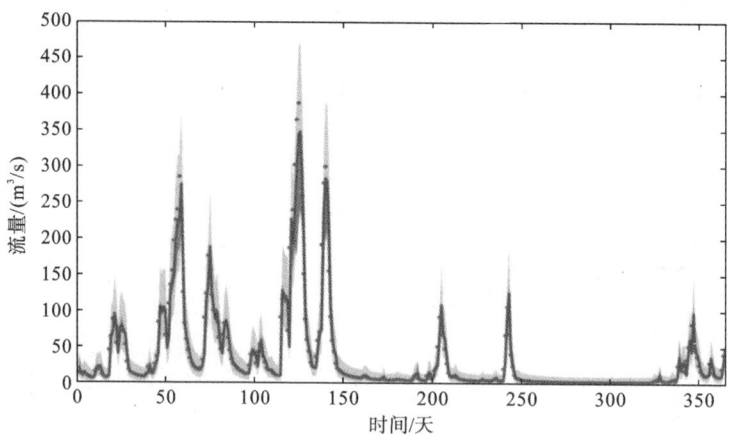

图 5-48　ICANN 模型验证期 1 预报结果不确定性分布

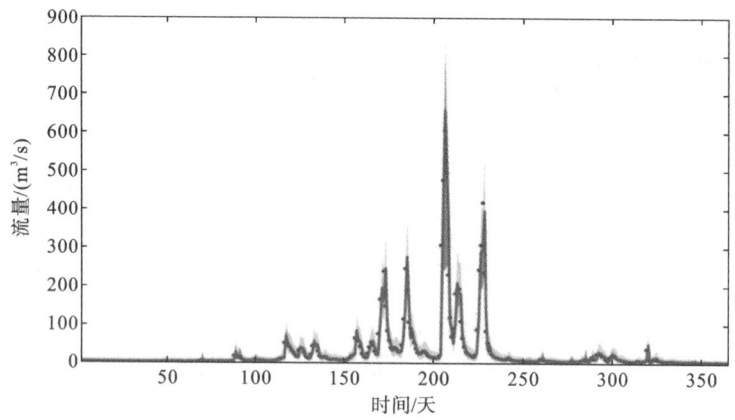

图 5-49　ICANN 模型验证期 2 预报结果不确定性分布

　　对比图 5-47～图 5-49 和图 5-39～图 5-41,可以得到以下结论:① 训练期和两个验证期中,ICANN 模型预报结果的不确定带宽均远小于 ANN 模型,表明剔除模型的不确定性参数有效降低了模型预报不确定性;② ICANN 模型由于 Box-Cox 变换的作用,其对峰值流量的预报性能仍存在一定偏差,模型预报不确定性带宽尚未完全包含观测值;③ 在模型验证阶段,ICANN 模型避免了峰值流量的过预报现象,有效提高了模型预报性能。

　　此外,为研究模型误差分布假定的合理性,本节给出了误差分布曲线图和误差偏自相关图,如图 5-50 所示,从图中可以看出,模型误差分布柱状图基本服从正态分布,且误差间不存在明显的相关关系,说明本文的误差假定是合理的。

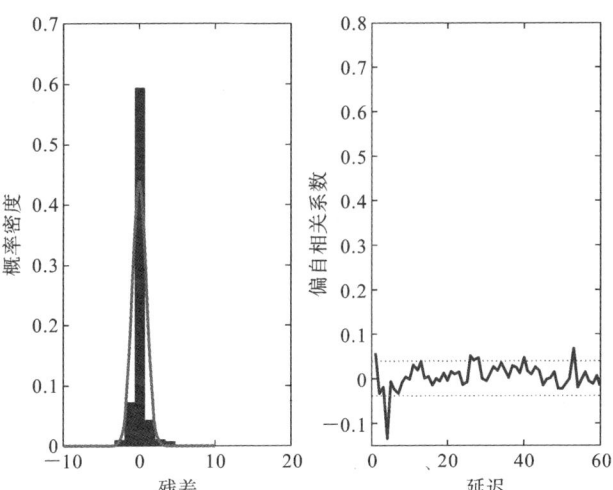

图 5-50　误差分布曲线和误差偏自相关图

5.5　小　　结

(1) 聚焦于流域径流的区间预测方法,针对传统区间预报评价体系的不足,创新性地提出了区间拟合系数(PIFC)和综合评价指标(CWFC),完善了区间预报的评价体系。在此基础上,构建了基于随机权重粒子群算法(RWPSO)和基于参考点的非支配遗传算法(NSGA-Ⅲ)的单目标和多目标 LUBE 区间预报模型。以雅砻江流域梯级电站为研究对象,结果表明,引入 PIFC 后,单目标区间预报模型的计算效率和预报效果均有提升,多目标条件下 Pareto 非劣解集为决策者提供了更多选择。汛期模型的区间预报性能显著提升,证明了所提方法的有效性。

(2) 提出了一种基于 LSTM 和高斯过程回归(GPR)的径流不确定性预测方法。首先,利用 LSTM 提取径流序列的时间特征,然后结合 GPR 的不确定性量化能力,构建了 LSTM-GPR 模型,并通过误差校正技术进一步提升预测性能。以金沙江和澜沧江流域 15 个水电站的入库流量数据为基础,结果表明,LSTM-GPR 模型在确定性预测和不确定性预测方面均表现出色。与传统模型相比,LSTM-GPR 的 MAE 和 RMSE 分别降低了 14.6% 和 13.1%,R^2 提高了 0.02,同时在不确定性预测中,CRPS 得分降低 9.5%,PICP 提高 3.13%,模型训练时间减少 46%。这表明 LSTM-GPR 在保证预测可靠性的同时,显著提升了预测精度和效率。

（3）构建了基于分位数回归和长短时记忆网络（LSTM）的 QRLSTM-GPR 概率性径流预测模型。该模型通过分位数回归直接生成不确定性预测结果，并引入误差校正模块进一步提高预测精度。以金沙江和澜沧江流域的水电站为研究对象，结果表明，QRLSTM-GPR 模型在概率预测综合性能、预测可靠性等方面均优于对比模型。具体而言，QRLSTM-GPR 的 CRPS 得分比 QRLSTM 低 13.4%，比 QRNN 低 24.2%，PICP 得分高于 QRLSTM 和 QRNN，且在保证预测可靠性的同时，预测区间的平均宽度更窄。通过概率密度曲线和 PIT 图的对比，进一步验证了 QRLSTM-GPR 模型的高可靠性和精准性。

（4）以神经网络水文预报模型为研究对象，基于 SCEM-UA 算法首次开展系统理论水文模型的不确定性研究。通过分析神经网络模型的结构及参数不确定性，提出了降低模型不确定性的方法。研究结果表明，神经网络模型中存在明显的"异参同效"现象，且各参数的不确定性程度差异显著。通过剔除不确定性程度最大的参数，构建了不完全连接的神经网络模型（ICANN），有效降低了模型的不确定性。与原始 ANN 模型相比，ICANN 模型在训练期和验证期的预报性能均有所提升，不确定带宽显著缩小，且避免了峰值流量的过预报现象，证明了所提方法的有效性和优越性。

参 考 文 献

[1] Alabbad Y，Yildirim E，Demir I. Flood mitigation data analytics and decision support framework：Iowa Middle Cedar Watershed case study[J]. Science of The Total Environment，2022，814：152768.

[2] Guo J，Liu Y，Zou Q，et al. Study on optimization and combination strategy of multiple daily runoff prediction models coupled with physical mechanism and LSTM[J]. Journal of Hydrology，2023，624：129969.

[3] Li Q W，Wang J Z，Zhang H P. A wind speed interval forecasting system based on constrained lower upper bound estimation and parallel feature selection[J]. Knowledge-Based Systems，2021，231：107435.

[4] Moknatian M，Mukundan R. Uncertainty analysis of streamflow simulations using multiple objective functions and Bayesian Model Averaging [J]. Journal of Hydrology，2023，617：128961.

[5] Nakhaei M，Ghazban F，Nakhaei P，et al. Successive-Station Streamflow Prediction and Precipitation Uncertainty Analysis in the Zarrineh River Basin Using a Machine Learning Tech-

nique[J]. Water，2023，15(5):999.

[6] Ren W W，Li X，Zheng D H，et al. Enhancing Flood Simulation in Data-Limited Glacial River Basins through Hybrid Modeling and Multi-Source Remote Sensing Data[J]. Remote Sens-Basel，2023，15(18):4527.

[7] Xu H B，Song S B，Li J，et al. Hybrid model for daily runoff interval predictions based on Bayesian inference[J]. Hydrological Sciences Journal，2023，68(1):62-75.

[8] Zhou T，Jie Y X，Wei Y J，et al. A real-time prediction interval correction method with an unscented Kalman filter for settlement monitoring of a power station dam[J]. Scientific Reports，2023，13(1):4055.

[9] Ding A A，He X. Backpropagation of pseudo-errors: neural networks that are adaptive to heterogeneous noise[J]. IEEE Transactions on Neural Networks，2003，14(2):253-262.

[10] Khosravi A，Nahavandi S，Creighton D C，et al. Lower Upper Bound Estimation Method for Construction of Neural Network-Based Prediction Intervals[J]. IEEE Transactions on Neural Networks，2011，22:337-346.

[11] Nourani V，Jabbarian Paknezhad N，Sharghi E，et al. Estimation of prediction interval in ANN-based multi-GCMs downscaling of hydro-climatologic parameters[J]. Journal of Hydrology，2019，579:124226.

[12] Nourani V，Sayyah-Fard M，Alami M T，et al. Data pre-processing effect on ANN-based prediction intervals construction of the evaporation process at different climate regions in Iran[J]. Journal of Hydrology，2020，588:125078.

[13] Bazionis I K，Kousounadis-Knudsen M A，Konstantinou T，et al. A WT-LUBE-PSO-CWC Wind Power Probabilistic Forecasting Model for Prediction Interval Construction and Seasonality Analysis[J]. Energies，2021，14(18):5942.

[14] Kousounadis-Knousen M A，Bazionis I K，Soudris D，et al. A New Co-Optimized Hybrid Model Based on Multi-Objective Optimization for Probabilistic Wind Power Forecasting in a Spatio-Temporal Framework[J]. IEEE Access，2023，11:84885-84899.

[15] Peng G，Cheng Y，Zhang Y，et al. Industrial big data-driven mechanical performance prediction for hot-rolling steel using lower upper bound estimation method[J]. Journal of Manufacturing Systems，2022，65:104-114.

[16] Sarveswararao V，Ravi V，Huq S T U. Optimal prediction intervals for macroeconomic time series using chaos and evolutionary multi-objective optimization algorithms[J]. Swarm and Evolutionary Computation，2022，71:101070.

[17] Tian X H，Luan F，Li X，et al. Interval prediction of bending force in the hot strip rolling process based on neural network and whale optimization algorithm[J]. Journal of Intelligent & Fuzzy Systems，2022，43(6):7297-7315.

[18] Li H J. SCADA Data Based Wind Power Interval Prediction Using LUBE-Based Deep Residual Networks[J]. Frontiers in Energy Research，2022，10:920837.

[19] Quan H，Srinivasan D，Khosravi A. Uncertainty handling using neural network-based prediction intervals for electrical load forecasting[J]. Energy，2015，73：916-925.

[20] Quan H，Srinivasan D，Khosravi A. Particle swarm optimization for construction of neural network-based prediction intervals[J]. Neurocomputing，2014，127：172-180.

[21] Ye L，Zhou J，Gupta H V，et al. Efficient estimation of flood forecast prediction intervals via single and multi-objective versions of the LUBE method[J]. Hydrological Processes，2016，30(15)：2703-2716.

[22] Zhang H，Zhou J，Ye L，et al. Lower upper bound estimation method considering symmetry for construction of prediction intervals in flood forecasting[J]. Water Resources Management，2015，29：5505-5519.

[23] Taormina R，Chau K. ANN-based interval forecasting of streamflow discharges using the LUBE method and MOFIPS[J]. Engineering Applications of Artificial Intelligence，2015，45：429-440.

[24] Holland J H. Adaptation in natural and artificial systems：an introductory analysis with applications to biology，control and artificial intelligence[M]. MIT press，1992.

[25] Deb K，Jain H. An evolutionary many-objective optimization algorithm using reference-point-based nondominated sorting approach，part I：solving problems with box constraints [J]. IEEE Transactions on Evolutionary Computation，2014，18(4)：577-601.

[26] Marini F，Walczak B. Particle swarm optimization（PSO）. A tutorial[J]. Chemometrics and Intelligent Laboratory Systems，2015，149：153-165.

第6章

乏资料地区暴雨洪水预报应用示范系统开发、集成与应用

白龙江为嘉陵江水系的右岸一级支流,地处青藏高原边缘向四川盆地的过渡带上,地形起伏,复杂多变,是我国暴雨洪水灾害多发的地区。本研究以白龙江为对象,开展乏资料地区暴雨洪水预报应用示范系统开发、集成与应用,开发了智慧白龙江系统,集成了研究的降水预报模型、暴雨洪水建模方法,为白龙江暴雨洪水灾害防御提供技术支撑。

6.1 白龙江暴雨洪水灾害概况

白龙江发源于岷山西段郎木寺以西的廓尔莽梁北麓,源地海拔约 4072 m,昭化河口高程为 465 m,落差达 3607 m。东南流 4 km 进入四川省若尔盖县,至东列乡达木村复入甘肃省境内,经迭部、舟曲、武都等县境,干流过碧口镇在中庙出甘肃,又转入四川省境内,经青川县东北部,在广元县宝珠镇土基坝附近注入嘉陵江干流,全长 576 km,甘肃省境内长 465 km,占 80.7%。总流域面积为 31808 km^2,在甘肃省境内面积为 27391 km^2,占 83%。多年平均径流量 389 m^3/s。

6.1.1 白龙江流域地形地貌

白龙江流域自上而下根据地形地貌特征分为如下三段。

（1）白龙江从河源到舟曲县城为上游段，长 228 km，集水面积为 10630 km²，河床比降大，山洪灾害、地质灾害频发。白龙江流域迭部以上水量很小，迭部至舟曲县属高山峡谷区，水流湍急。该段流域丛林分布，植被覆盖度高，调蓄能力强，蒸发量小，冬天地面有积雪。

（2）白龙江中游段植被覆盖差，水土流失严重，泥石流多发。从舟曲到薅子店为中游段，长 157 km，集水面积为 7650 km²，该段流域右岸林线后退较小，覆盖度好，左岸林线后退较远，局部山地只有稀疏薅草，广阔的地面没有植被覆盖，水土流失严重，是白龙江泥沙的主要来源地带，主要河道受泥石流及其次生灾害的风险高。

（3）下游段水汽供应充分，雨量充沛，年降水量为 800～1100 mm，为白龙江流域的主要产洪区，山洪与中小河流洪水风险高。薅子店到昭化出口为下游段，长 150 km，集水面积为 14530 km²，武都以下至临江，是比较开阔的峡谷区。临江以下到碧口，又转入高山峡谷区，地形险峻，山势雄伟，植被良好。碧口以下川谷相间，水流平稳。

6.1.2　白龙江流域水文气象特征

白龙江流域属于亚热带向北温带过渡的气候区，上中下游依次为温带湿润、暖温带湿润和北亚热带湿润气候。流域年均气温为 2～15 ℃，1980—2022 年气温呈显著上升趋势，气温变化主要有 4～6 年、10～15 年和 18～32 年共 3 类尺度的周期变化规律，27 年为第一主周期。1980—2022 年气温呈显著上升趋势，与全球气温变暖趋势一致。

白龙江流域年降水量为 500～900 mm，主要集中在 5～10 月，降水由南向北递减，东南多于西北。汛期（5 月至 10 月底）暴雨频繁，强度大，范围广，7 月暴雨最多，强度最大。夏季降水充沛，冬季降水最少，夏季降水呈减少趋势，春季、秋季、冬季降水增加趋势不明显。1980—2022 年年降水量呈波动上升趋势，上升趋势不明显。

白龙江流域河川径流绝大部分由天然降雨补给，有少量融雪径流。年径流模数从上游向下游递增，越向下游水量越丰。1961—2018 年径流呈显著减小趋势，1986 年以后持续减少，1990 年发生由多到少的突变。

白龙江流域洪水主要由暴雨形成，主汛期为 6～9 月，年最大洪峰流量大部分出现在 7～8 月。一场洪水过程以单峰为主，历时 3～5 天，主峰历时 1 天左右，峰型尖瘦。

6.1.3　白龙江历史重大暴雨洪水灾害

2010 年 8 月 7 日 22 时左右,舟曲县城东北部山区突降特大暴雨,降雨量达 97 mm,持续 40 多分钟,引发三眼峪、罗家峪等四条沟系发生特大山洪地质灾害,泥石流长约 5 km,平均宽度为 300 m,平均厚度为 5 m,总体积为 750 万立方米,流经区域被夷为平地。

2018 年 7 月 10 日晚至 11 日凌晨,舟曲县普降大到暴雨。12 日上午 8 时,该县南峪乡南峪村江顶崖滑坡体发生重大险情。滑坡冲毁南峪大桥,造成舟曲县唯一通向外面的国道中断。南峪乡南峪村江顶崖下滑大约 22 m,滑坡体前缘崩塌,崩塌体体积约 1 万立方米,崩塌体堆积于白龙江中,造成南峪乡南一村、南二村进水,25 户 135 间民房浸水,造成白龙江堵塞形成堰塞湖,严重威胁舟曲县城及下游陇南市。此次暴雨洪涝造成舟曲县 19 个乡镇 101 个行政村 9122 户 36205 人受灾,紧急疏散转移 96 户 380 人,直接经济损失达 21377.36 万元,造成 2 人死亡,1 人失踪。

2020 年 8 月 18 日凌晨 3 时许,甘肃甘南迭部县境内白龙江支流多儿沟旺藏镇班藏村下方 100 m 处跨河桥涵发生塌陷,形成堰塞湖,造成水位迅速上涨,至 18 日上午 8 时 53 分,堰塞湖冲开,水位陆续下降。迭部县组织人员抢险救援,安排沿途乡镇紧急疏散沿岸群众,未发生人员伤亡。地处迭部县下游的邻县舟曲县新老城区同时拉响防空警报,紧急疏散两岸人员撤离危险地带。

2020 年 8 月 6 日以来,舟曲县境内先后发生 4 次强降水过程,引发暴洪泥石流灾害。截至 8 月 17 日 17 时,累计降水量达 257.5 mm。白龙江舟曲站流量峰值达 880 m³/s,超 20 年一遇,拱坝河流量峰值达 610 m³/s 以上,超百年一遇,造成 19 个乡镇 176 个自然村 15312 户 61875 人不同程度受灾,直接经济损失达 36.08 亿元,造成 108 个自然村交通中断,119 个自然村电力中断,17 个乡镇 91 个行政村 113 个自然村人饮工程损毁,101 个自然村通信中断。

2022 年 7 月 15 日晚 7 时 30 分,南峪乡境内磨坪村遭受罕见的强降雨、山洪滑坡泥石流自然灾害,117 户 444 人不同程度受灾,农作物被掩埋,护村护田防洪堤、田间道路被冲毁,倾泻而下的泥石流填满沟道,溢出路面,部分农户房屋和党群服务中心进水,财产受损。

2022 年 8 月 10 日以来,暴雨倾斜在甘肃陇南,暴雨次数、降水量均突破历史极值,仅在 8 月 17 日文县碧口一日降水量累计 569.1 mm,引发的暴雨泥石流百年一遇,公路、电力、通信中断。暴雨导致陇南境内多条国省干线遭受重创,公路千疮百孔,公路水毁灾情超过"5·12"地震灾害,据统计,截至 8 月 26 日,暴雨洪水累计路基损坏 334 处约 144.71 万立方米,塌方、泥石流 1169 处约 127.25 万立方米,路面受损 19.74 万立方米,挡墙损坏 67.8 万立方米,洪水淹没路面 16 处共 4640 m,桥梁受损 14 座,造成经济损失约 50402.36 万元,累计阻断交通公路 104 处。

2024 年 7 月 24 日,甘肃文县碧口镇遭遇了严重的洪水灾害。当日上午,大暴雨导致碧口镇区及辖养路段积水成灾,道路通行面临严峻挑战。由于持续的强降雨和上游泄洪的影响,白龙江江水骤涨,局地出现洪涝灾害,碧口公路段机关大院和家属院被洪水淹没。此外,碧口水库高水位运行,上游持续来水,降雨及河流洪水持续,甘肃省水利厅决定自 7 月 24 日 10 时 30 分将陇南市的洪水防御Ⅱ级应急响应提升至Ⅰ级。此次洪水是 2024 年入汛以来最大的一次,碧口地区最大降雨量达 207mm,引发江河水势急速上涨。此次洪水灾害对碧口镇造成了严重的破坏,低洼地段房屋被洪水淹没,道路和基础设施受损严重。

6.2　系统架构设计

6.2.1　系统总体架构

智慧白龙江(迭部段)系统遵循甘肃智慧水利总体框架,按照数据源层汇聚数据,数据中台处理和共享交换数据,智能中台运用 AI、模式识别等先进信息技术整合现有信息资源和业务系统,应用中台整合异构信息资源和汇聚应用组件的思路,搭建实时监测、预报预测、灾情模拟和抢险应急模块,为智慧白龙江(迭部段)提供支撑。

智慧白龙江系统总体框架如图 6-1 所示。

智慧白龙江(迭部段)系统功能包括数据源层、智慧水利大脑层、智慧应用层等三层结构,系统在数据源层实现视频监控数据、雨情数据、河道水情、水库水情、气象数据、历史洪水数据、预报数据、事件数据、模型参数等数据的收集。具体分析如下。

(1) 数据源层:包括视频监控数据、雨情数据、河道水情、水库水情、气象数据、历史洪水数据、预报数据、事件数据、模型参数等。

(2) 数据中心:通过汇集各类数据,经过数据清洗、数据比对整合、数据加工、数据融合等手段,制定统一的数据标准,形成统一的数据资产,提供统一的数据服务、自动化和标准化数据共享服务。

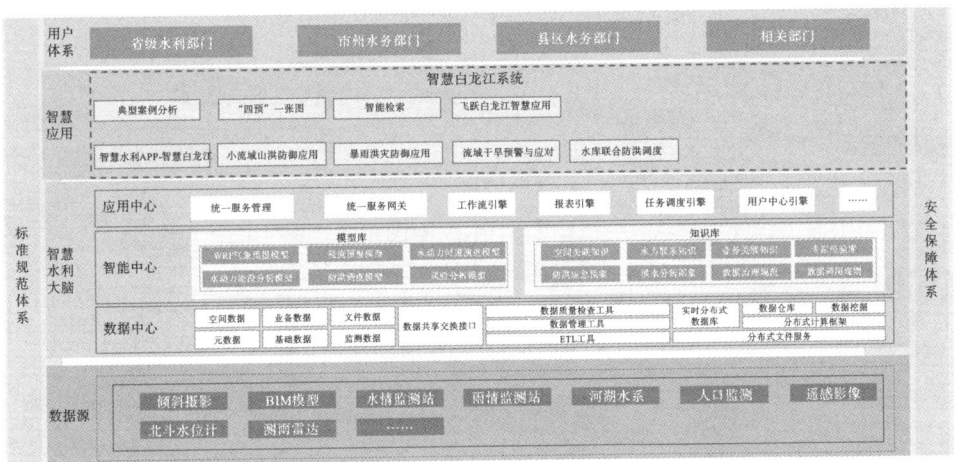

图 6-1　系统总体框架图

（3）应用中心：以数据为抓手，基于微服务架构技术，为智慧白龙江（迭部段）系统提供统一认证、报表统计、GIS服务、规则引擎、移动应用、报表分析等基础组件，提高功能组件的复用性，便于快速开展新业务。

（4）智能中心：依托知识图谱库建立数据预处理、机器学习算法、AI识别等能力、数值模型之间的关系，满足洪水预报、淹没范围分析、淹没演进仿真等迭代优化的业务数据分析需求。

（5）智慧应用层：智慧白龙江（迭部段）系统以智慧水利应用需求为导向，提供三维场景可视化、三维仿真模拟、三维仿真操作分析、数值模型管理等功能，提高防洪沙盘的智能化应用水平。

6.2.2　系统部署架构

系统部署模块分为客户端、应用服务器、GIS服务器、模型计算节点（见图6-2），模型计算节点通过 Redis 缓存数据库完成与其他服务器的数据传递，将运算结果反馈给应用服务器。

6.2.3　模型总体架构

本研究模型库包含气象预报模型、栅格水文模型、河道洪水演进模型、灾情模拟模型、防洪调度模型，其中气象预报模型为栅格水文模型提供输入数据支撑，栅格水文模型为河道洪水演进模型提供数据支撑，河道洪水模拟为灾情模拟、防洪调

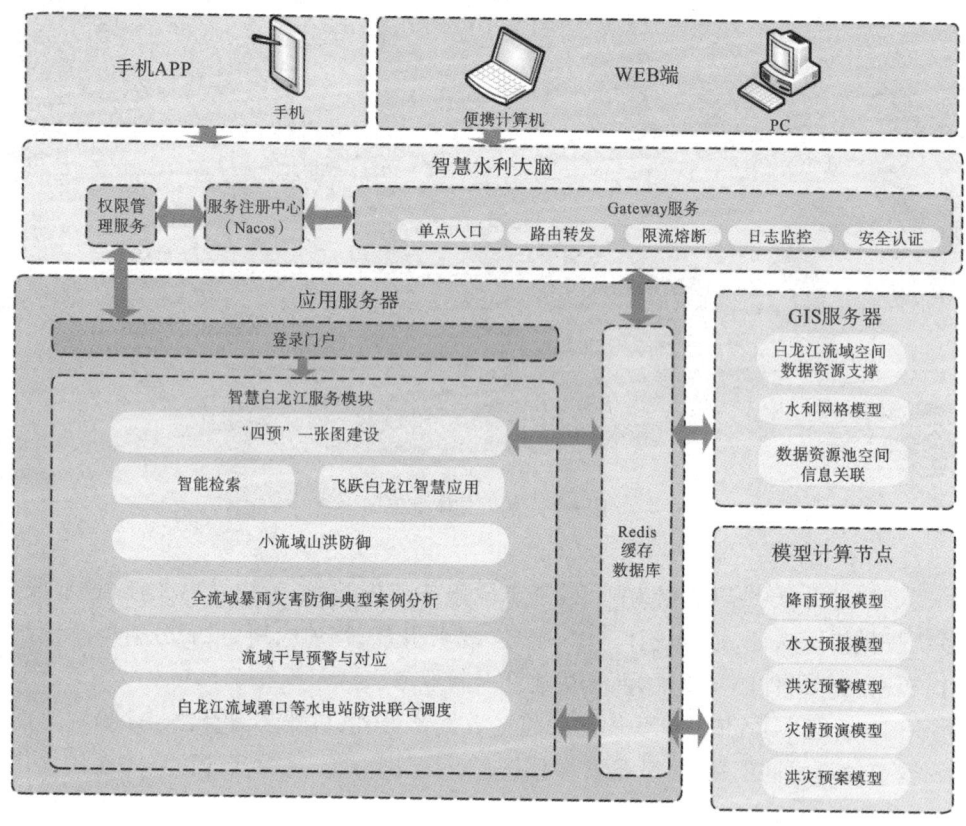

图 6-2　系统部署架构图

度模型提供数据支撑。

模型总体架构需要遵循以下原则。

（1）需要确保模型数据流的时效性,确保数据流正常,当出现数据流阻断情况时需要有次优方案生成。

（2）模型运行需要充分考虑资源占用情况,充分利用闲置时段、闲置硬件资源。

（3）需要保证模型串联方案松耦合,可单独对单个模型触发运算。

（4）充分发挥计算节点并行计算能力,提高模型计算节点效率,提高模型计算结果时效性。

（5）模型运算结果发布方案需要与实际防汛工作业务需求保持高度同步。

6.3　系统功能设计

6.3.1　气象预报模型

针对舟曲地区的洪水预警问题，引入 WRF 预报模型[2]，设置模拟区域、模拟网格，开展气象模拟。WRF 模型的核心原理是求解大气动力学方程，包括 Navier-Stokes 方程、能量方程、水汽方程等，通过对这些方程进行数值求解，WRF 模型能够模拟大气环流、天气系统、云和降水等现象。

6.3.1.1　建模过程

白龙江流域的 WRF 模型采用三重嵌套网格，最外层为 15 km 间距的网格，中间层为 9 km 间距的网格，最内层为 3 km 间距的网格，投影方式采用 Lambert 投影，网格分布以白龙江流域为网格中心，如图 6-3 所示。建模过程中涉及多种参数化方案。

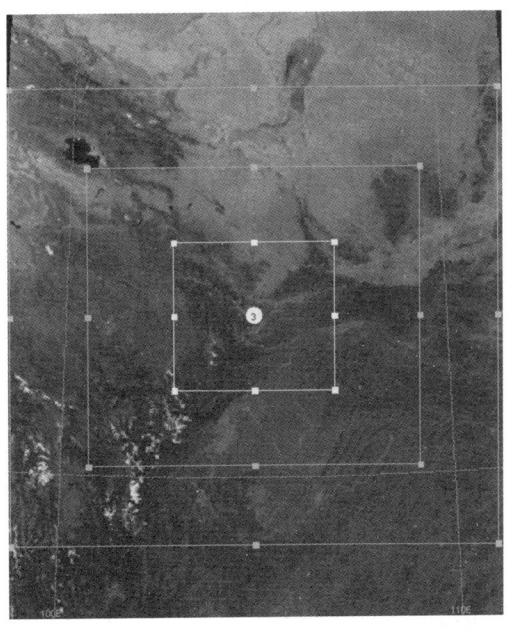

图 6-3　白龙江流域的三重嵌套网格分布

边界层过程参数化用于描述近地面层的湍流和混合过程。WRF-ARW 提供了多种边界层方案,经测试,该地区适用于选取 MYJ(Mellor-Yamada-Janjic)边界层方案[3]。微物理过程参数化用于描述云滴、雨滴、冰晶等的形成和演变。经测试,该地区适用于 Thompson 微物理方案[4]。

辐射过程选取 CAM(Community Atmosphere Model)辐射方案[5],陆面过程采用 Noah 陆面模型[6],该模型考虑了土壤湿度、温度、植被覆盖等因素,能够较好地模拟陆面过程。

6.3.1.2　参数校准与模型验证

为了评估 WRF 模型在降水预报业务中的表现,我们对模拟结果进行了验证。验证过程主要针对几次较为显著的日降水事件,对这些事件进行模拟。

通过搜集几次独立的降水事件,对比实测结果和预测结果来完成评价。

图 6-4 为 2024 年汛期的几次重要降水事件,图中 Observed 表示日降水量的观测数据,Predicted 表示 WRF 模型模拟的降水量结果。从模型中看出,降水预测结果与实测结果之间的趋势是一致的,雨量预测与实测结果之间有一定差异,但在可接受范围内。

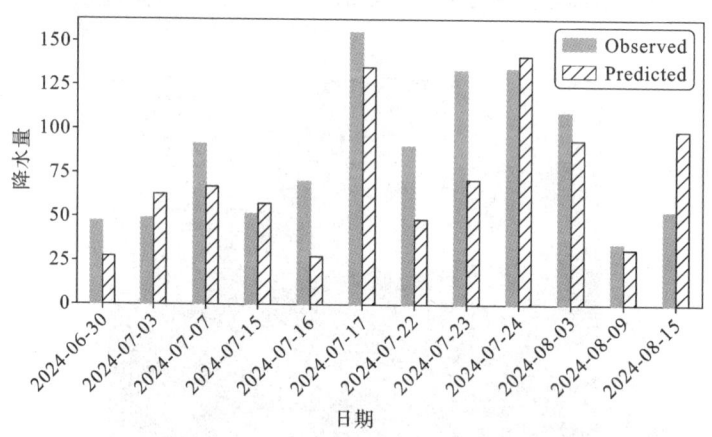

图 6-4　模型预测的日降水量和站点实测的日降水量

6.3.1.3　模型集成情况

本研究集成在多个应用模块中,包括值班模式下的"支流及沟道面雨量"预报预警、"支流及沟道水雨情"预报预警,以及专业模式下的"支流及沟道降雨"预报预警等,分别如图 6-5 至图 6-7 所示。气象预报(WRF)模型为干流水情预测的多种应用提供支持。

图 6-5　值班模式—"支流及沟道面雨量"预报预警

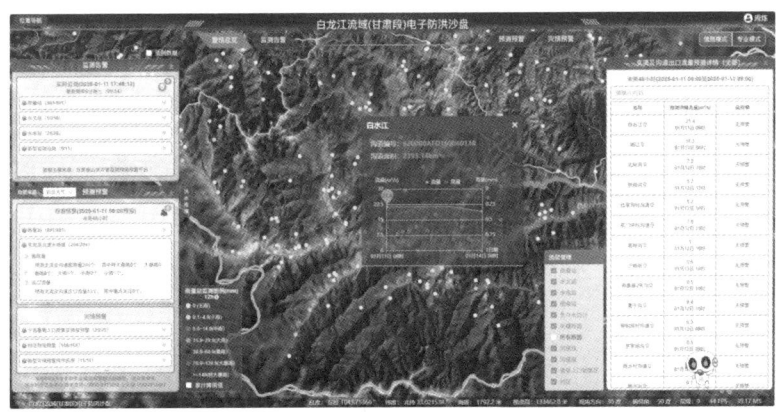

图 6-6　值班模式—"支流及沟道水雨情"预报预警

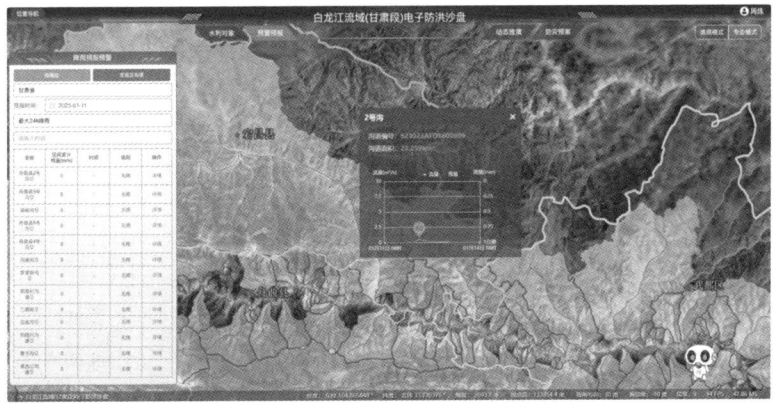

图 6-7　专业模式—"支流及沟道降雨"预报预警

6.3.2 分布式栅格新安江水文模型

采用分布式栅格新安江水文模型开展径流预报,分布式栅格新安江(XAJ-Grid)水文模型[7]基于新安江三水源模型的产汇流计算基本原理,结合流域气候条件和下垫面时空变异规律,充分考虑流域下垫面空间分布的异质性和不同水文单元间的水平联系,将流域划分成若干个具有水平联系和垂直联系的栅格单元,并用严格的数学物理方程表述各子栅格单元水文循环的子过程以及栅格单元间的水量交换关系,实现流域水文高精度模拟。

6.3.2.1 建模过程

模型构建共分为五步,包括模型范围及边界确定、地形及河网提取、泰森多边形划分、栅格水文模型水文分区划分、产汇流计算,模型为白龙江流域支流提供未来 48 小时径流预报结果。

1. 模型范围及边界确定

模型建模范围包含白龙江流域甘肃段的迭部县、舟曲县、武都区、文县四段,分布情况如图 6-8 所示。

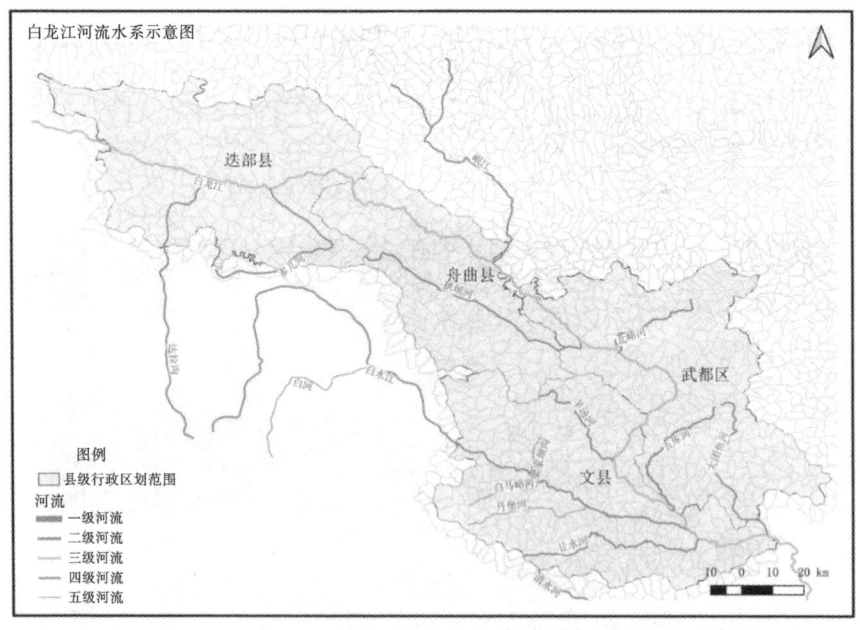

图 6-8　模型建模分布情况

2. 地形及河网提取

干流地形采用 0.05 m 网格地形数据，支流及沟道采用 12.5 m 网格地形数据，经过 Arcgis 软件进行处理、拼接后如图 6-9 所示。

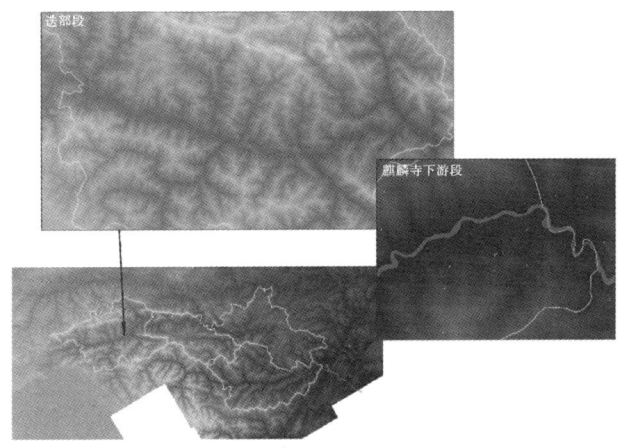

图 6-9　DEM 处理结果

3. 泰森多边形划分

采用泰森多边形法对 881 个雨量站构建泰森多边形（见图 6-10），用于后续降雨点面转换。

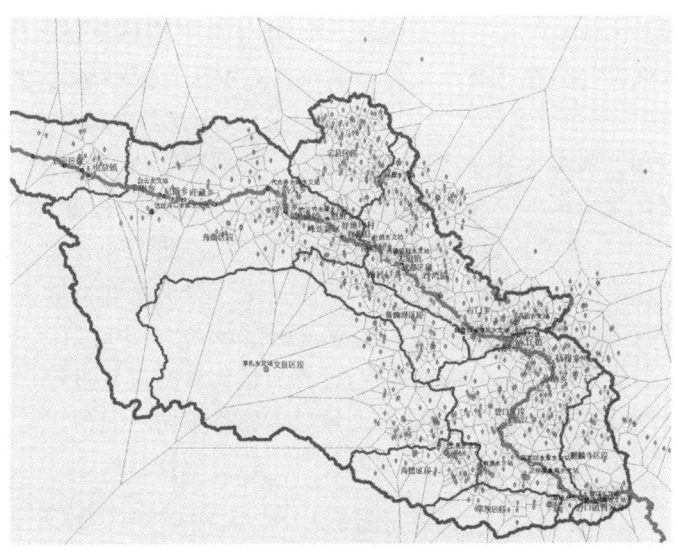

图 6-10　泰森多边形构建

4. 栅格水文模型水文分区划分

根据白龙江流域水文特性,将流域分为 10 个水文分区(见图 6-11),分块进行栅格水文模型计算,可以实现并行计算提高模型效率。

图 6-11   栅格水文模型水文分区划分

5. 产汇流计算

产流与集总式新安江模型计算原理一致,由于流域栅格单元划分已经考虑了流域分布异质性,因此,在产流计算和分水源计算中认为栅格单元内部分布均匀。根据蓄满产流原理,当土壤湿度达到田间持水量后,所有降雨都产流。计算每个栅格的净降雨量和土壤蓄水量,然后根据蓄水容量曲线和产流公式计算产流量。

地面径流汇流采用单位线法计算地面径流的汇流过程,根据每个栅格的地面径流量和汇流时间,计算地面径流对河网的入流过程。地下径流汇流采用线性水库法计算地下径流的汇流过程,根据每个栅格的地下径流量和消退系数,计算地下径流对河网的入流过程。河网汇流采用 Muskingum 法或滞时演算法进行河网汇流计算。根据各支流和干流的汇流过程,计算流域出口的流量过程。最终,不仅能获得流域出口断面的流量,而且能获得流域每个栅格不同时间的产汇流信息,提高水文预报的空间精度,为洪水水动力演算提供了重要数据基础。

6.3.2.2   参数校准与模型验证

栅格水文模型校准采用白龙江干流白云水文站、舟曲水文站、武都水文站、碧口水文站 2020 年 366 天的实测数据进行校准。白云区段和武都区段的校准实测、预测流量对比如图 6-12、图 6-13 所示。

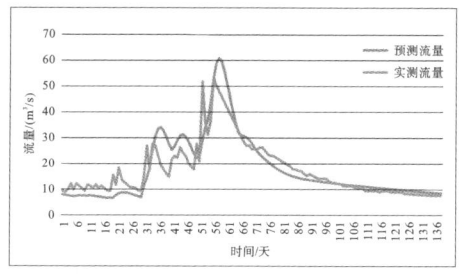

图 6-12　白云区段结果对比　　　　　图 6-13　武都区段结果对比

6.3.2.3　模型集成情况

将分布式栅格新安江水文预报模型集成在径流预报预警模块(见图 6-14),水文预报结果为干流雨情预测的多种应用提供支持。

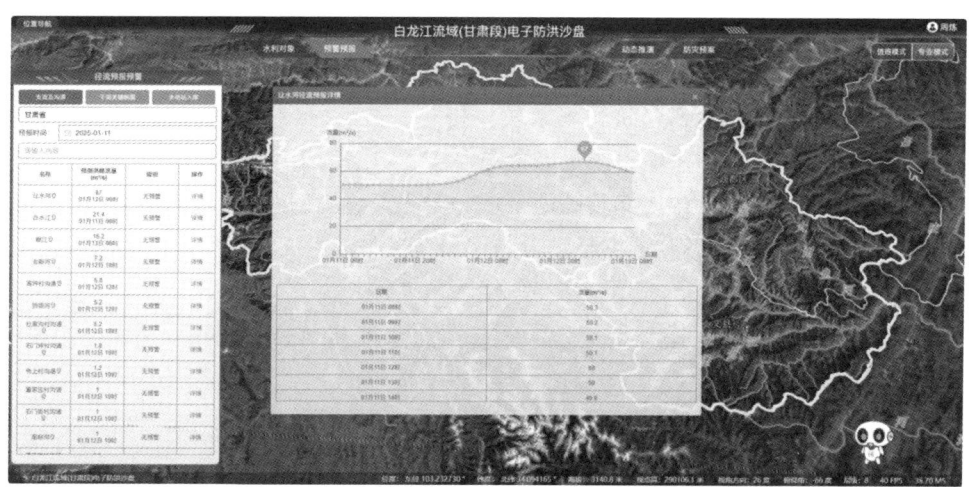

图 6-14　支流及沟道径流预报预警

6.3.3　灾情推演模型

采用二维地表洪水演进模型进行灾害推演建模,二维地表洪水演进模型是一种基于流体动力学的数值模型,旨在模拟洪水在二维地表上的流动过程。它考虑了地表的地形特征、降雨条件、边界条件等因素,通过求解水动力学方程,模拟洪水的传播、水流速度、水位变化以及洪水对地表地形的影响。

6.3.3.1　建模过程

为舟曲县白龙江沿岸 25 个重点城集镇补充构建二维地表洪水演进模型,用于评估量级洪水条件下区域淹没情况。这 25 个重点城集镇分别为电尕镇、卡坝乡、尼傲乡、旺藏镇、洛大镇、巴藏镇、立节镇、杰迪村、憨班镇、嘎麦诺村、瓜咱村、峰迭新区、舟曲老城区、南峪乡、大川镇、两河口镇、沙湾镇、石门镇、角弓镇、两水镇、武都城关镇、汉王镇、碧口镇、肖家坝村、中庙镇。

首先导入网格文件数据,检查插值地形,对特殊地形、错误地形进行修正处理。特殊地形包括线状地物、湖泊水域及过水涵洞等。对于保护区内的铁路、公路、隔堤等线状地物,通过网格节点高程的修正,使得网格地形能反映线状地物的阻水效果。之后设置边界,将模型上边界控制断面处设置为流量边界,下边界出口断面处设置为水位边界。流量边界为不同频率下的设计洪水过程,水位边界为河底高程值。再进行糙率设置,由于河道、农田、居民地、林地、草地等不同区域的地形地貌不同,为保证模型计算精度,需要分别设置不同土地利用类型的糙率,模型糙率在0.025～0.1 之间。此外,为模拟洪水演进过程中建筑物对其演进过程的影响,在网格尺度制约及收集到的地形难以准确代表建筑物高程的情况下,对建筑物采用加大糙率的方法使其达到建筑物阻水效果概化。最后对模型参数进行设置,包括计算模拟时段、时间步长、输出结果参数等。

各片区以两侧淹没区地势较高的上坡脚为界,采用三角网格进行剖分,可准确拟合任意不规则边界,各片区网格剖分情况见表 6-1。

表 6-1　网格剖分情况统计

研究区域	总面积/km²	网格单元数量/个	网格平均面积/m²	节点数/个	计算边数/条
电尕镇	7.1	21962	323.8	11838	33799
卡坝乡	0.4	11251	43.4	22336	66088
尼奥乡	0.95	6488	146.5	3546	10033
旺藏镇	4.27	28126	151.7	15995	44120
洛大镇	0.52	22974	22.5	12388	35361
巴藏镇	2.10	26115	80.4	13756	39869
立节镇	2.34	10831	216.1	5922	16751
杰迪村	0.54	3537	153.9	1985	5521
憨班镇	1.04	6633	157	3714	10346

续表

研究区域	总面积/km²	网格单元数量/个	网格平均面积/m²	节点数/个	计算边数/条
嘎麦诺村	0.45	5086	88.6	2850	7935
瓜咱村	0.99	6127	162.4	3434	9560
峰迭新区	3.02	19229	157.1	10416	29643
舟曲老城区	1.87	33822	55.3	17833	51653
南峪乡	1.52	19507	77.9	10355	29860
大川镇	0.44	1501	292.9	1296	2795
两河口镇	1.46	35114	41.6	18432	53544
沙湾镇	2.28	45646	50	23226	68871
石门镇	1.18	31749	37.1	16117	47865
角弓镇	4.4	25576	172.2	13924	39499
两水镇	12.83	148133	86.64	82099	230213
武都城关镇	18.38	11398	162.1	60516	173913
汉王镇	15.05	60421	249	33844	94264
碧口镇	8.20	13170	622.3	7678	20847
肖家坝村	1.14	43838	25.9	27354	71191
中庙镇	0.79	11901	66.8	7540	19440

基于 1：10000 比例的数字高程模型（DEM），对河道两侧可能淹没区的网格进行高程插值；根据路堤实际高程，对路堤等线状建筑物处网格节点高程进行修正；根据支流河口处的实测河底高程以及河道坡降，对支流河道的网格地形进行修正。各片区网格剖分和地形插值情况见表 6-2。

表 6-2 网格剖分和地形插值情况统计

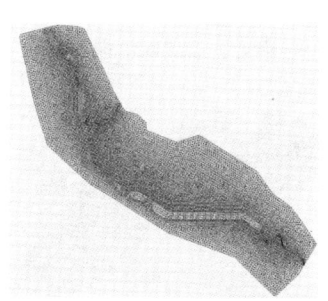

电尕镇区域网格

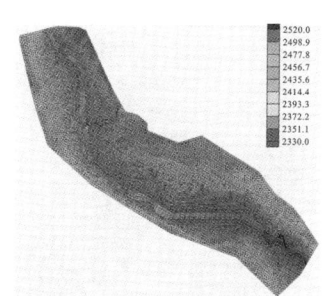

2520.0
2498.9
2477.8
2456.7
2435.6
2414.4
2393.3
2372.2
2351.1
2330.0

电尕镇区域网格地形

续表

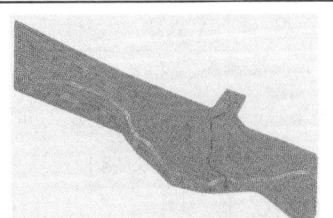
卡坝乡区域网格

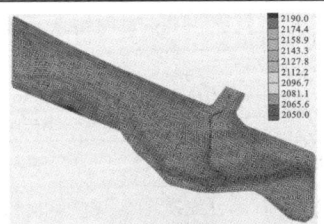
卡坝乡区域网格地形

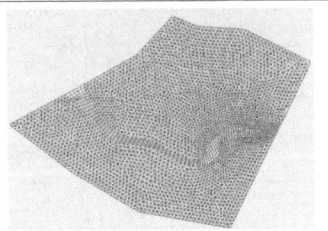
尼奥乡区域网格

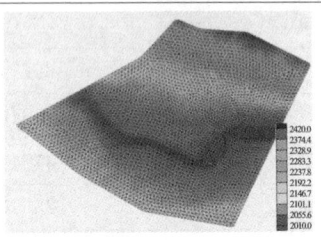
尼奥乡区域网格地形

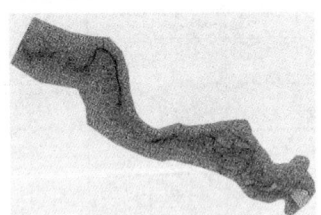
旺藏镇区域网格

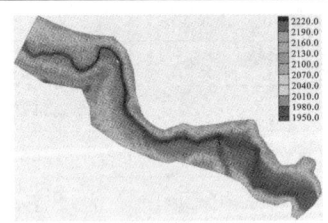
旺藏镇区域网格地形

洛大镇区域网格

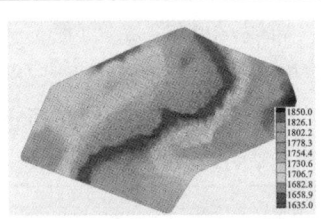
洛大镇区域网格地形

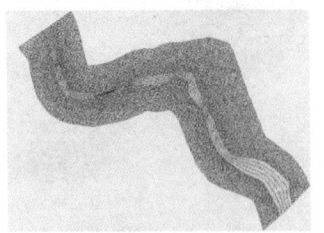
巴藏镇区域网格

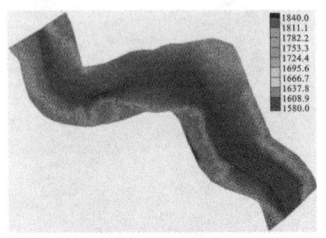
巴藏镇区域网格地形

续表

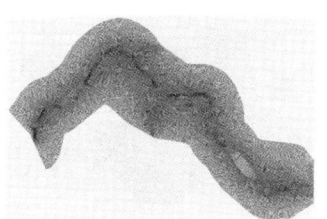

立节镇区域网格

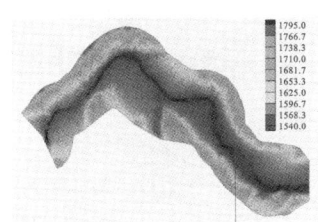

立节镇区域网格地形

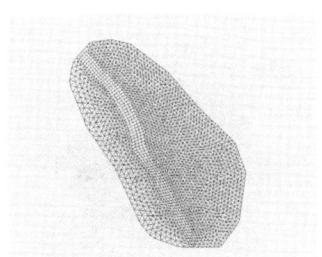

杰迪村区域网格

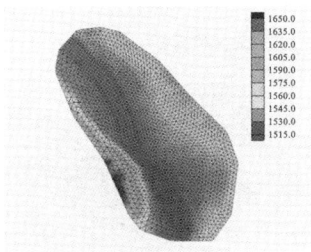

杰迪村区域网格地形

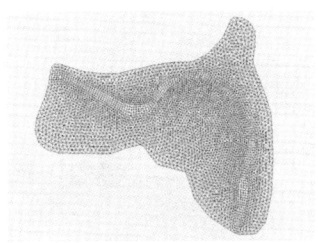

憨班镇区域网格

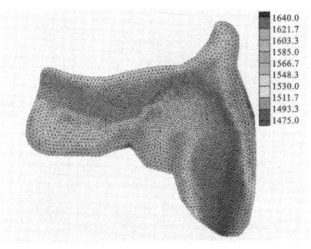

憨班镇区域网格地形

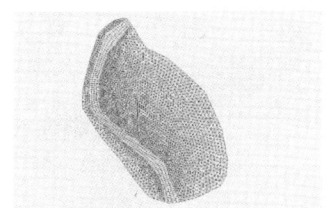

嘎麦诺村区域网格

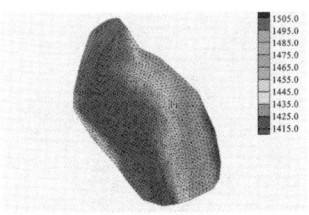

嘎麦诺村区域网格地形

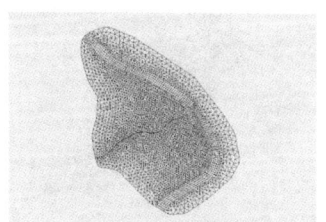

瓜咱村区域网格

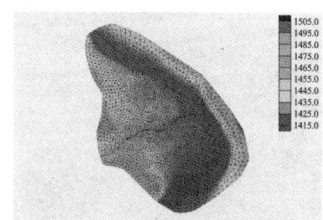

瓜咱村区域网格地形

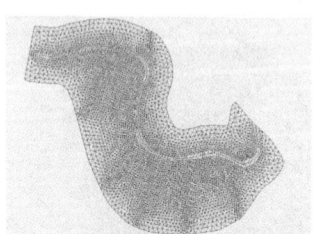

峰迭新区区域网格

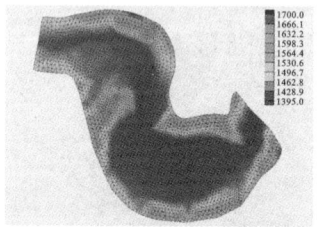

峰迭新区区域网格地形

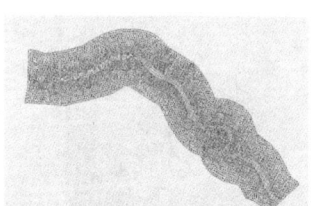

舟曲老城区区域网格

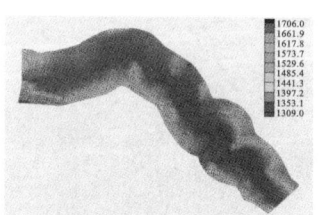

舟曲老城区区域网地形

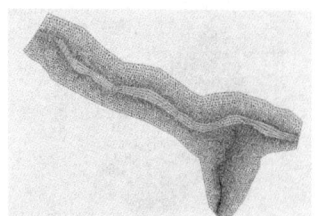

南峪乡区域网格

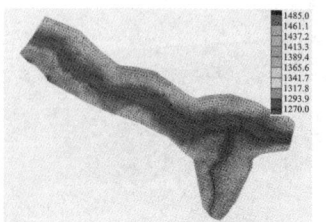

南峪乡区域网格地形

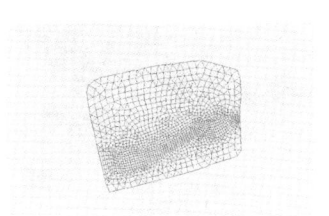

大川镇区域网格

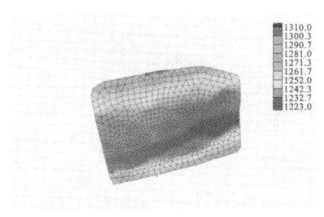

大川镇区域网格地形

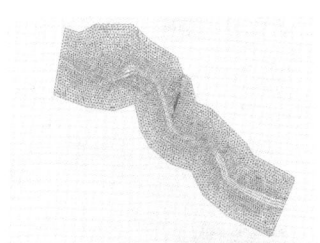

两河口镇区域网格

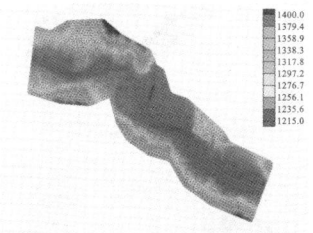

两河口镇区域网格地形

沙湾镇区域网格

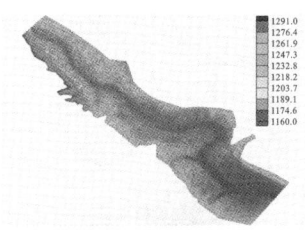

沙湾镇区域网格地形

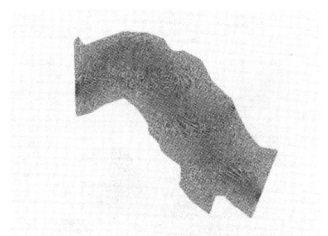

石门镇区域网格

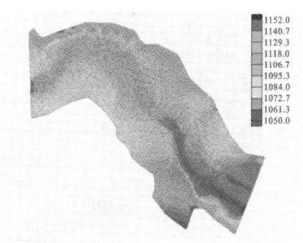

石门镇区域网格地形

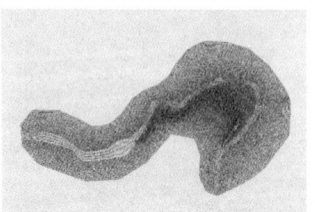

角弓镇区域网格

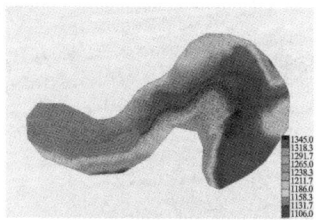

角弓镇区域网格地形

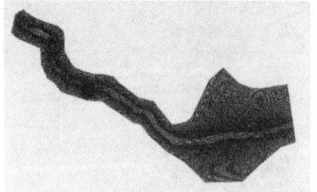

两水镇区域网格

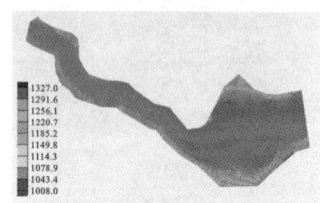

两水镇区域网格地形

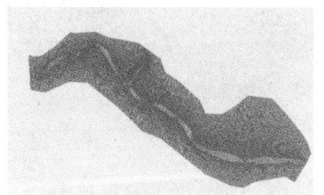

武都城关镇区域网格

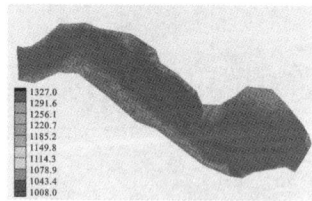

武都城关镇区域网格地形

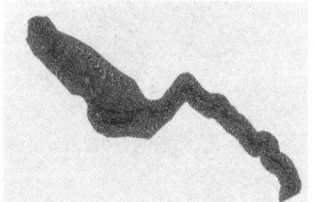

汉王镇区域网格

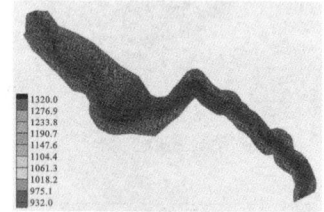

汉王镇区域网格地形

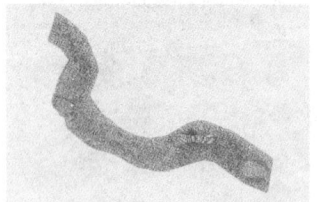

碧口镇区域网格

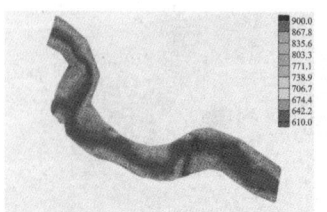

碧口镇区域网格地形

续表

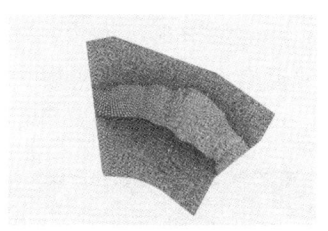

肖家坝村区域网格

肖家坝村区域网格地形

中庙镇区域网格

中庙镇区域网格地形

6.3.3.2　参数校准与模型验证

研究区域内土地利用类型多且分布零散,河道、滩地、林地、草地、居民地、耕地水域等不同区域的地形地貌不同,为保证模型计算精度,需要分别设置不同土地利用类型的糙率。此外,为模拟建筑物对洪水演进的影响,在网格尺度制约及收集到的地形难以准确代表建筑物高程的情况下,采用加大糙率的方法进行建筑物阻水效果概化。本研究根据《洪水风险图编制技术细则》和《水力计算手册》,结合土地利用类型数据,按照下垫面情况选取糙率参数,根据表 6-3 进行相应初始糙率赋值。

表 6-3　糙率取值参考表

下垫面	密集建成区	村庄	树丛	旱田	水田	道路	河道水面
糙率	0.1	0.07	0.065	0.06	0.05	0.035	0.025

通过查阅历史洪水数据影像和资料,反复调整,最后确定糙率的取值:河道水面为 0.038,道路为 0.042,密集建成区为 0.1。

白龙江干流梯级电站众多,各电站的调度过程对水动力影响较大,为尽量避免梯级电站未知性调度过程对模型水动力计算的影响,本节选取二维洪水演进模型中的碧口镇为例进行模拟计算,与 2024 年 7 月 24 日洪水的碧口镇实际淹没情况(见图 6-15)进行比对验证。局部段模型中,上游边界给定碧口镇的实际出库流量过程,下游边界给定甘肃段出口断面固定水位 612.1 m,如图 6-16 所示。与实际淹没情况进行对比,碧口镇 2024 年 7 月 24 日洪水模拟淹没范围与真实淹没范围基本一致,糙率校准结果较合理。

图 6-15　碧口镇 2024 年 7 月 24 日洪水淹没情况模拟

图 6-16　碧口镇 2024 年 7 月 24 日洪水淹没情况模拟(局部)

6.3.3.3　模型集成情况

将所建立的 25 个重要城集镇二维水动力学模型应用在白龙江电子防洪沙盘系统洪水淹没情况分析的相关功能中,主要包括专业模式下的"动态推演-洪水淹没分析",洪水淹没分析包含"典型洪水分析"(见图 6-17)和"历史洪水模拟"(见图 6-18)。洪水淹分析功能能够详细展示的洪水淹没情况、提供洪水事件的时空分布信息以及淹没范围等,通过模拟不同降雨情景下的洪水演进过程,预测可能的淹没区域和程度,有助于提前发布洪水预警,减少灾害损失,在实际的防汛减灾工作中提供实时的淹没分析结果,为防汛指挥提供科学依据。

图 6-17　动态推演—典型洪水分析

图 6-18　动态推演—历史洪水模拟

281

6.4 小　结

　　围绕白龙江暴雨洪水预报预警需求,设计了涵盖气象预报模型、分布式栅格新安江水文模型、灾情推演模型等功能的智慧白龙江系统,通过构建流域全要素、多维度、多尺度、实时监测网络和区域自动化串联耦合预报体系,为决策部门提供10天内区域降雨、洪水预报、灾情推演分析等数据服务,为山洪灾害防御治理提供了有力支撑。

参 考 文 献

［1］张苏娜,牛最荣,陈学林,等. 白龙江舟曲特大山洪泥石流发生前后径流年内变化研究［J］. 水利规划与设计,2024,09:63-69,91.

［2］Skamarock W C, Klemp J B, Dudhia J, et al. A Description of the Advanced Research WRF Model Version 4［R］. Boulder:NCAR Tech. Notes NCAR/TN-556＋STR,2019.

［3］张碧辉,刘树华,Liu He-Ping,等. MYJ 和 YSU 方案对 WRF 边界层气象要素模拟的影响［J］. 地球物理学报,2012,55(7):2239-2248.

［4］徐之骁,漆梁波,王元. 上海地区三类主要暴雨天气的云微物理和边界层敏感性模拟研究［J］. 南京大学学报(自然科学版),2022,58(5):766-779.

［5］李鑫,刘煜. CAM5 模式中两气溶胶模块的评估［J］. 应用气象学报,2013,24(1):75-86.

［6］张果,薛海乐,徐晶,等. 东亚区域陆面过程方案 Noah 和 Noah-MP 的比较评估［J］. 气象,2016,42(9):1058-1068.

［7］郭俊. 流域水文建模及预报方法研究［D］. 武汉:华中科技大学,2014.